单片机从入门到实战
（视频自学版）

何应俊　邓守政　孙　峰　主编

机 械 工 业 出 版 社

本书以STC89C52单片机为例，围绕着项目的实施，介绍了单片机C语言的知识，以及用C语言知识结合单片机的特点编程解决实际问题的方法。本书共3篇10章，内容包括学习单片机的必备基础，入门关键——通过实现流水灯掌握单片机C语言知识，指令器件和单片机的接口，显示器件与单片机的接口，单片机内部资源——中断及应用示例，单片机内部资源——串口及应用示例，A/D与D/A的应用入门，步进电机的控制，DS18B20温度传感器及智能换气扇，电子密码锁。本书还配有与书中内容相吻合的视频教程，能够帮助初学者快速实现从入门到实战。

本书适合单片机的初学者，大中专院校电子信息、电气控制等专业学生，用于入门和提高的实战训练。

图书在版编目（CIP）数据

单片机从入门到实战：视频自学版/何应俊，邓守政，孙峰主编. —北京：机械工业出版社，2021.1

ISBN 978-7-111-66891-6

Ⅰ. ①单… Ⅱ. ①何… ②邓… ③孙… Ⅲ. ①单片微型计算机－程序设计 Ⅳ. ①TP368.1

中国版本图书馆CIP数据核字（2020）第219754号

机械工业出版社（北京市百万庄大街22号　邮政编码100037）

策划编辑：刘星宁　责任编辑：刘星宁　闫洪庆

责任校对：王　欣　封面设计：马精明

责任印制：李　昂

北京铭成印刷有限公司印刷

2021年1月第1版第1次印刷

184mm×260mm · 13.5印张 · 334千字

0 001—2 500册

标准书号：ISBN 978-7-111-66891-6

定价：49.00元

电话服务　　网络服务

客服电话：010－88361066　　机　工　官　网：www.cmpbook.com

010－88379833　　机　工　官　博：weibo.com/cmp1952

010－68326294　　金　书　网：www.golden-book.com

机工教育服务网：www.cmpedu.com

前　　言

单片机在智能控制领域的应用已非常普遍，发展也很迅猛，学习和使用单片机的人员在不断增加。单片机也是大中专院校电子信息、电气控制等很多专业的必设课程。为了帮助初学者快速入门和提高，我们在总结教学和辅导学生参加技能大赛的经验和教训的基础上，编写了本书。

本书特点如下：

1）根据初学者的特点，本书按先易后难的顺序编排。每章设有“本章导读”“学习目标”和“学习方法建议”，有利于初学者在学习过程中掌握重点，有的放矢。

2）知识和技能都围绕着具体的应用示例展开，初学者能感受到学习单片机的应用价值，能看到学习效果，体会到成功的喜悦，容易激发进一步学习、探索的积极性。

3）为了使初学者阅读轻松，本书对可能造成初学者阅读障碍的内容做了详细的文字解释，读者可以根据自身情况进行选择性阅读。

4）每章后面附有典型的训练题（任务书）。多数训练题比较典型，有一定的应用价值。其中，部分章节设有拓展，其特点是有一定的拔高和扩宽，与生产实践联系较为紧密，有利于读者的后续提高。

5）本书免费赠送以下资源（注：在正文中一律简称《资料》。读者将购买的图书翻开，拍一张照片发送至邮箱 3261141928@qq.com，可获得《资料》的地址、密码和QQ交流群群号）：

① 原创的与本书相吻合的视频教程，有利于读者实现快速入门和实战。

② 书中例程、拓展部分以及训练任务书的代码及解释，便于读者动手实践。对于较容易的程序代码，则没有列入。

③ 常用工具软件及使用方法。

④ 部分生产实践中有价值的项目任务书及软、硬件实现方法。

⑤ 省、市职业院校技能大赛备赛典型任务书及解答（硬件搭建、程序代码以及部分效果视频）。这些内容非常适合训练、提高解决实际问题的实战能力，因为篇幅所限，没有列入本书正文中。

⑥ 建立QQ群，免费对读者在学习本书的过程中遇到的疑问进行交流和定期答疑，书中若有疏漏和不妥之处，也会在群内修正。

6）为了读者注重实践，给读者的实践提供方便，我们制有与本书基本吻合的实用、成本价的实训开发板，读者可自行决定是否购买。也赠送使用该开发板和其他类型开发板的使用方法示例。

7）本书目录较为详细，有利于需要选择性阅读的读者阅读相关知识点和相关章节。

本书适合学习单片机的初学者、大中专学生用于入门和初步提高。

本书由湖北省宜昌长阳职教中心何应俊、邓守政、孙峰担任主编，参编人员有长阳职教中心高光俊、王功胜、覃建平、董玉芳、张泽、谭洪丽。

目　录

第2篇　初步提高——单片机基本接口和内、外部常用资源的使用

第 3 篇 综合实践篇

第1篇　入　门　篇

第1章　学习单片机的必备基础

【本章导读】

本章简洁明了地介绍了什么是单片机，以及单片机的应用、单片机引脚功能、工作条件（最小系统）、数制和数转换方法、单片机的开发环境等，是学习单片机的必备基础知识。本章从实用的角度省略了一些知识，大幅降低了阅读难度。

【学习目标】

1）了解单片机的基本结构和单片机控制系统的基本结构。

2）熟悉STC89C52（AT89S52）单片机的4组I/O口，了解端口的第二功能。

3）理解STC89C52（AT89S52）单片机的最小系统。

4）理解二进制、十六进制和十进制数，掌握用计算器对二进制、十六进制、十进制数之间进行转换的方法。

5）了解单片机控制系统的硬件搭建方法。

6）掌握Keil μVision软件的安装方法。

7）掌握单片机编程环境的建立方法。

8）掌握单片机程序代码的编译、下载（烧写方法）。

【学习方法建议】

1）本章难度不大。

2）按顺序阅读，基本理解就可以了。读者通过学习后续章节所述的应用，可逐步深入理解。

3）按照书中的提示学习相关的视频教程，可以较为轻松地理解掌握。

1.1　单片机的基本知识

1.1.1　单片机的作用

单片机是单片微型计算机的简称，它用于智能控制领域，所以通常将其称为微电脑或微型控制器（英文缩写为MCU）。设计人员根据人们生产和生活的需求，可以选用一些元器件，将这些元器件和单片机通过导线连接成一个完整的电路。要使该电路按我们的思路去工作，要用专用的语言将我们的思路编写成一定的程序，烧入单片机内，这样上电后，单片机就会根据我们的思路去控制外围元器件工作，满足我们的需求。

1.1.2　单片机的结构

单片机和普通微型计算机一样都由中央处理器（CPU）、存储器（RAM 和 ROM）和输入/输出接口（称为 I/O 口）等组成，但它们的结构有很大的不同，详见表 1-1。

表 1-1　普通微型计算机和单片机在结构上的相同点和不同点

名称	结构图示	说明
微型计算机	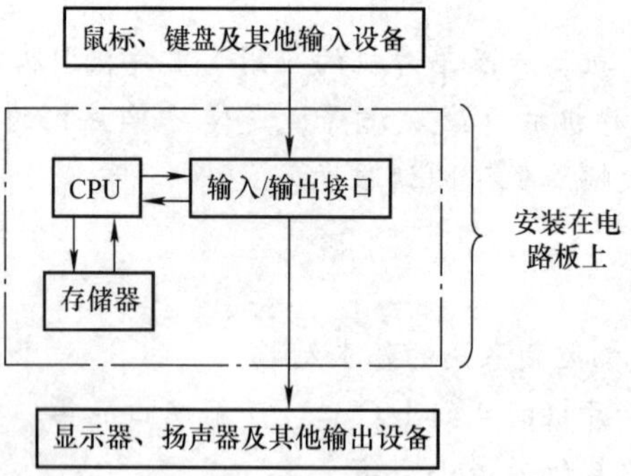 鼠标、键盘及其他输入设备 CPU 输入/输出接口 存储器 安装在电路板上 显示器、扬声器及其他输出设备	将 CPU、存储器、输入/输出接口等部件（点画线框内的部分）安装在电路板（称为主板）上，外部的输入/输出设备（如键盘、显示器、扬声器等）通过插接件与主板上的 I/O 口连接起来就组成了微型计算机
单片机	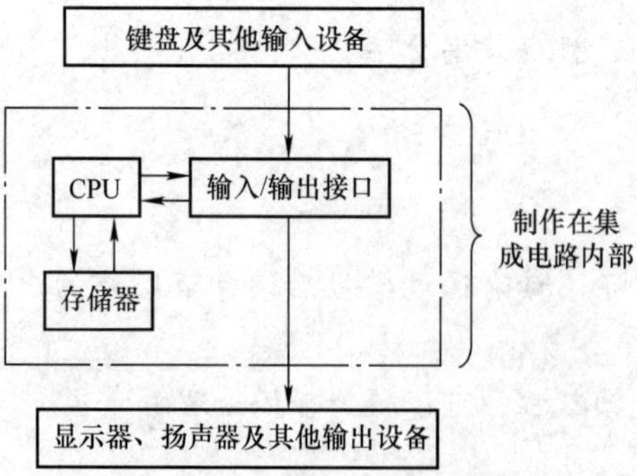 键盘及其他输入设备 CPU 输入/输出接口 存储器 制作在集成电路内部 显示器、扬声器及其他输出设备	将 CPU、存储器、输入/输出接口等（点画线框内的部分）制造在一块集成电路的内部，这样的集成电路（常称为芯片）就是单片机。外部的输入/输出设备通过单片机的引脚与单片机内部的 I/O 口相连

1.1.3　单片机的封装

单片机的外形（封装）有直插式和表面安装式两种，详见表 1-2。

表 1-2　单片机的外形（封装）

名称	图　示	说　明
双列直插式封装（DIP）	 	可以将配套的插座焊接在电路板上，再将单片机引脚插入插座的相应插孔，实现单片机与外围元器件相连接。其好处是可以很容易地将单片机从电路板上拔出和插入，更换方便，因而常用于单片机的学习和实验，也可以在对体积要求不严格的自动化产品中用作控制器 当然也可以不使用插座，直接将单片机焊入电路板
小引出线封装（SOP）		这是一种很常见的表面贴装的封装之一，引脚从封装两侧引出呈 L 形。材料有塑料和陶瓷两种 这类单片机体积小，通过锡焊方式与电路板相连接。常用于在试验成功的产品中作为控制器
带引线的塑料芯片载体（PLCC）封装		这是表面贴装式封装之一。引脚从封装的四个侧面引出，呈 T 形。是塑料制品，外形尺寸比 DIP 小得多
方形扁平式封装（QFP）	 	QFP 为四侧引脚扁平封装，为表面贴装式封装之一。这种芯片引脚之间距离很短，引脚很细，一般大规模或超大规模集成电路都采用这种封装形式 根据芯片的厚度可分为 QFP（2.0 ~ 3.6mm 厚）、LQFP（1.4mm 厚）和 TQFP（1.0mm 厚）三种 用途很广的 STM32 系列单片机大多采用该封装形式

1.1.4　单片机的应用场合

计算机性能好、功能强，但价格贵、体积大，而单片机价格低廉、体积小、种类丰富、功能齐全，因此在控制领域有广泛的应用，如下所示：

1）在家电领域，如彩电、电冰箱、空调器、洗衣机的控制系统，以及中高档微波炉、电风扇、电饭煲等。

2）在通信领域，如移动电话、传真机、调制解调器、程控交换机、智能线路检测仪等。

3）在商业领域，如自动售货机、防盗报警系统、IC 卡等。

4）在工业领域，如无人操作系统、机械手、工业生产过程控制、生产自动化、数控机床、设备管理、远程监控、智能仪表等。

5）在汽车领域，如汽车智能化检测系统、汽车自动诊断系统、交通信息的接收系统、汽车卫星定位系统、汽车音响等。

6）在航空、航天和军事领域也有广泛的应用。

1.1.5　单片机控制系统的基本结构

单片机控制系统包含硬件部分和软件（程序代码）部分。

硬件部分就像人的身体（不含大脑内的思想），包含输入部分、控制器、驱动部分和负载这几部分。控制器（单片机）根据输入的信号，经过处理后，输出控制信号，作用于驱动电路，从而控制相应的负载按设计者的思想去完成工作，如图 1-1 所示。

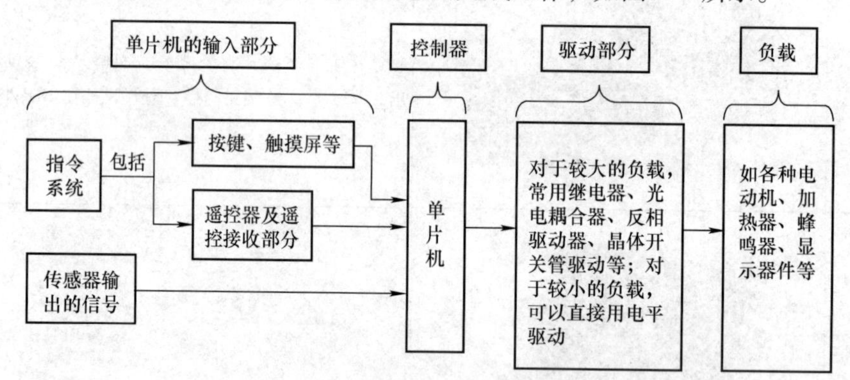

图 1-1　单片机控制系统的硬件基本结构

软件部分就像人的大脑内的思想。要使单片机按设计者的想法去完成控制工作，设计者就要把自己的想法用特定的语言（如 C 语言、汇编语言等）编写成程序代码，并输入、存储在单片机内部的存储器内，于是单片机就有了思想，就能按设计者的意愿去进行控制。

1.1.6　单片机控制系统的开发过程

1）根据控制系统要完成的工作任务选取元器件。

2）根据元器件的特性和电路原理将其连接成完整的电路。

3）根据工作任务编写程序。

4）调试、修改程序，下载（烧入）单片机，使之满足工作任务的需要。

5）制作单片机控制系统成品，批量生产。

注：对于很多控制系统，第1）~4）步可以在实训板（开发板）上进行模拟，成功后再选用元器件连接成硬件电路，烧入程序，制作控制系统成品。

1.2　单片机的引脚功能

单片机的种类很多，性能各有差异，功能也各有所侧重。本书旨在帮助读者快速入门并进行实战，因此以经典的51单片机（STC89C52）和相应的实训板进行讲解。

1.2.1　STC89C52单片机的引脚功能

初学单片机，要着重掌握单片机各引脚的功能，特别是要掌握输入、输出端口（简称I/O口）的功能，因为它们的作用是接收外界信号、输出控制指令。至于单片机部分引脚的第二功能［即图1-2中（）内的内容］，暂不过多介绍，将在后续章节结合具体应用实例详细介绍。STC89C52单片机的封装有40脚塑料双列直插式封装（PDIP）、44脚PLCC封装等。PDIP的引脚名称如图1-2所示。

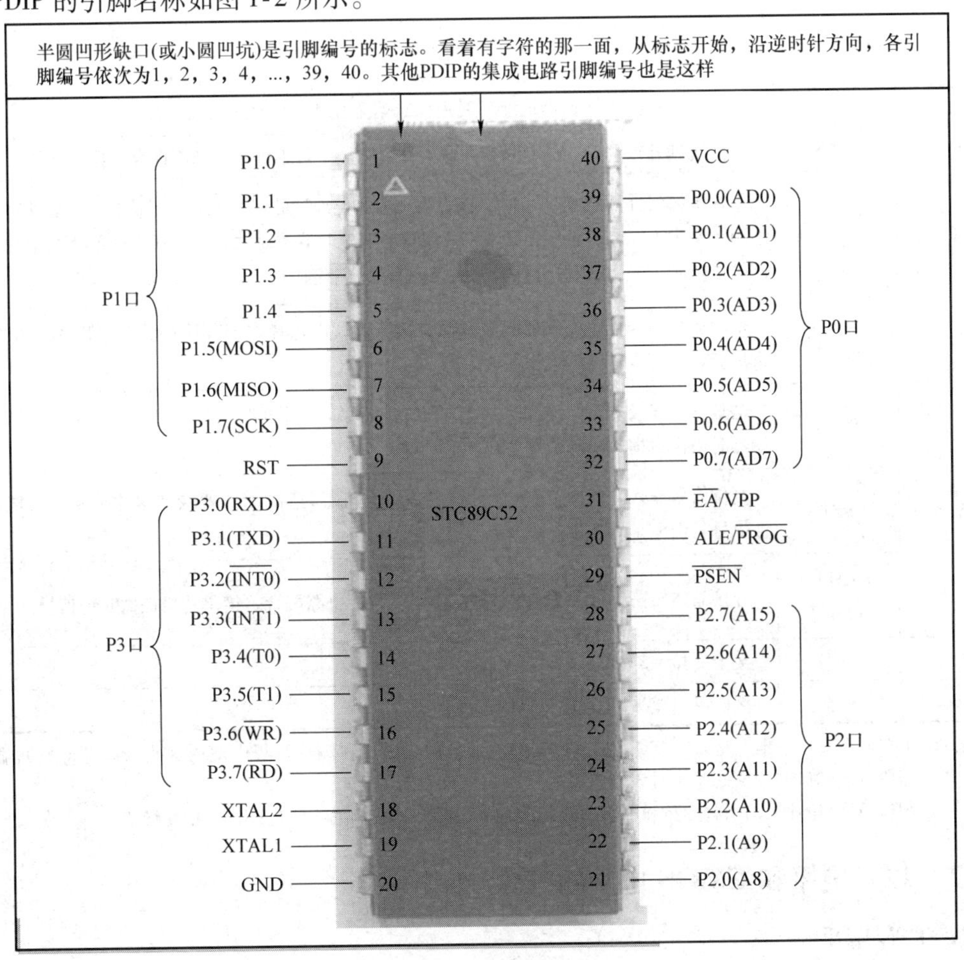

图1-2　STC89C52单片机的引脚名称

图 1-2 所示的 STC89C52 单片机各引脚的基本功能详见表 1-3。

表 1-3　STC89C52 单片机各引脚的基本功能

引脚编号	功能	说　明
1 ~ 8	P1 口	这是一个具有内部上拉电阻的 8 位准双向 I/O 口，每位能驱动 4 个 TTL 电平，即每个引脚能够与 4 个 TTL 芯片的逻辑引脚并联，同时控制这 4 个芯片进行逻辑运算 注意：TTL 负载就是由晶体管等双极性器件集成的器件；CMOS 负载是由场效应晶体管这种单极性晶体管集成的器件 TTL 电平信号规定：+5V 等价于逻辑“1”，0V 等价于逻辑“0”。采用二进制来表示数据时，这种数据通信及电平规定方式，被称作 TTL（晶体管 - 晶体管逻辑）电平信号系统。这是计算机处理器控制的设备内部各部分之间通信的标准技术 CMOS 电平逻辑“1”电平接近于芯片电源电压，逻辑“0”电平接近于 0V
10 ~ 17	P3 口	这是一个具有内部上拉电阻的 8 位准双向 I/O 口，每位能驱动 4 个 TTL 电平。第二功能：P3.0（RXD）、P3.1（TXD）分别用于串口通信的接收数据和发送数据；P3.2（$\overline{\text{INT0}}$）、P3.3（$\overline{\text{INT1}}$）为外中断 0、外中断 1 的请求信号输入端；P3.4（T0）、P3.5（T1）为定时器/计数器作为计数器使用时，计数脉冲的输入端；P3.6（$\overline{\text{WR}}$）为读、写外部程序或外部存储器的数据时自动产生写选通信号；P3.7（$\overline{\text{RD}}$）为读、写外部程序或数据时自动产生读选通信号
21 ~ 28	P2 口	这是一个具有内部上拉电阻的 8 位准双向 I/O 口，每位能驱动 4 个 TTL 电平。第二功能：在扩展外部存储器（扩展地址）时用作数据总线和地址总线的高 8 位
29	$\overline{\text{PSEN}}$	单片机读外部程序存储器时的选通信号引脚。一般不需用外部程序存储器，该脚悬空
30	ALE/$\overline{\text{PROG}}$	单片机访问外部“地址”时，该脚输出低 8 位地址的锁存信号。不扩展外部器件时，该脚输出频率为 1/6 晶振频率的脉冲，可用作外部定时器或时钟。编程（即向单片机中的存储器 Flash 或 EPROM 写入程序代码）时，该脚输入编程脉冲
31	$\overline{\text{EA}}$/VPP	选通运行内部程序或外部程序。通常接电源，以选择内部程序存储器（ROM）中的程序来运行。该脚也是编程电压的输入脚
32 ~ 39	P0 口	这是一个漏极开路的准双向 I/O 口，每位能驱动 8 个 TTL 电平。第二功能是在扩展外部存储器时用作数据总线和地址总线的低 8 位
9	RST	复位信号输入。晶振工作时，RST 持续 2 个机器周期的高电平会使单片机复位（复位、时钟信号、供电是单片机的工作条件）
18、19	XTAL1、XTAL2	外接晶体振荡器（晶振）。晶振与单片机内部电路配合，给单片机提供时钟信号
20	GND	接地（接 +5V 直流供电的负极）
40	VCC	接电源（接 +5V 直流供电的正极）

注：1. 准双向 I/O 口基本上是双向 I/O。该单片机的内部结构决定了在编程过程中使用这些端口进行数据输入时，需要对该端口进行预处理（对该端口写 1），所以叫准双向 I/O 口。
2. STC89C52 单片机的引脚分布和引脚功能与 AT89S52 相同，它们的程序可以直接相互移植。

1.2.2　TTL 电平和 CMOS 电平的概念

1. TTL 电平

用 +5V 等价于逻辑“1”，0V 等价于逻辑“0”，这被称作 TTL（晶体管 - 晶体管逻辑电平）信号系统，这是计算机处理器控制的设备内部各部分之间通信的标准技术。TTL 电路的电平就叫作 TTL 电平（在其他数字电路中，TTL 电平就是由 TTL 电子元器件组成的电路使用的电平。电平是一个电压范围，规定输出高电平 >2.4V，输出低电平 <0.4V。在室温下，一般输出的高电平是 3.5 ~5V，输出的低电平是 0 ~0.2V）。

2. CMOS 电平

CMOS 集成电路使用场效应晶体管（MOS 管），功耗小，工作电压范围很大，速度相对于 TTL 电路来说较低。但随着技术的发展，其速度在不断提高。

CMOS 电路的电平就叫作 CMOS 电平。具体而言，CMOS 电平就是，高电平（逻辑 1 电平）电压接近于电源电压，低电平（逻辑 0 电平）电压接近于 0V。

TTL 电路和 CMOS 电路相连接时，由于电平的数值不同，TTL 电平不能触发 CMOS 电路，CMOS 电平可能会损坏 TTL 电路，因此不能互相兼容匹配，这就需要设置电平转换电路。

1.3　单片机的最小系统

单片机的最小系统包括直流供电、时钟电路、复位电路。这些电路处于正常状态是单片机正常工作的必需条件。最小系统的电路如图 1-3 所示。

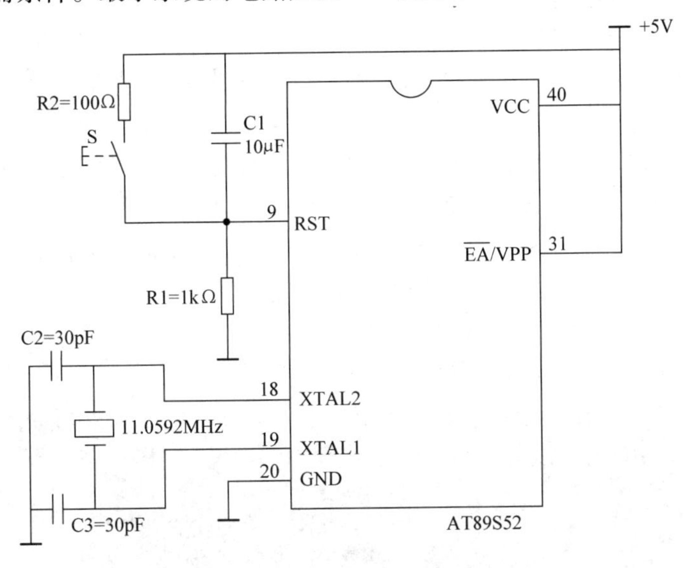

图 1-3　单片机的最小系统

I/O 口没有画出。

1.3.1　直流供电

没有直流供电或供电不正常，单片机肯定不能正常工作。AT89S52 单片机的工作电压为 4 ~5.5V，推荐电压为 5V。通常将 220V 交流电降压、整流，再用 7805 三端稳压器稳压后得到 5V 直流电压，或者可由开关电源获得，也可以由专用的 5V 直流电源（见图 1-4）提供。

由于应用中基本上都使用单片机的内部存储器，所以图 1-3 中的 31 脚要接电源（高电平），若接地，则单片机访问外部程序（使用外部程序存储器）。

1.3.2　时钟电路

时钟电路的作用是产生时钟信号（为脉冲信号）。时钟信号的作用是使单片机按一定的时间规律一步一步地进行工作（执行指令）。时钟电路由图1-3中单片机18、19、20脚外接的两个瓷片电容或贴片电容（C2、C3）、一个晶振和单片机的部分内部电路组成。常用的晶振频率有6MHz、11.0592MHz、12MHz、24MHz。晶振的频率越高，时钟信号的频率也就越高，单片机运行就越快。瓷片电容的值为10~30pF。

图1-4　5V直流电源

1.3.3　复位电路

复位是单片机的初始化操作。单片机启动运行时，都需要先复位，其作用是“清零”，也就是使CPU和其他部件处于一个确定的初始状态，并从这个状态开始工作。STC89C52单片机本身是不能自动进行复位的，必须配合相应的外部电路才能实现（有很多单片机内部自带复位电路）。

STC89C52单片机是高电平复位。实质上是使单片机的复位脚（9脚）保持一定时间（很短，一般为几个机器周期）的高电平，然后再变为低电平。复位的方法有以下两种：

1）上电复位：由9脚外接的电解电容器C1（容量可取1~20μF）和电阻R1（阻值可取1~10kΩ）组成。

2）手动复位：由按键S、电阻R2、R1组成。系统上电后，手动按一下按键S，可使单片机复位脚得到高电平而重新复位，松开按键后复位脚变为低电平。

最小系统是单片机正常工作所必需的，但是该电路不能实现任何控制功能，因为没有使用I/O口。单片机要实现自动控制，就需要接收、输出信息，这必须通过I/O口来实现。在后续章节介绍的实例电路中，都只画出了已应用到的I/O口。至于电源、时钟、复位电路，就不再画出了，但是读者需要明白，最小系统是必需的。

在某单片机实训开发板上，时钟电路和复位电路元器件的实物外形如图1-5所示。

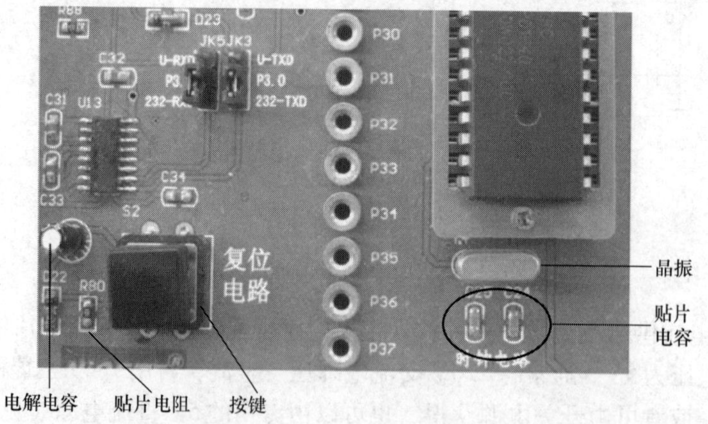

图1-5　某单片机实训开发板上的时钟电路、复位电路元器件的实物外形

1.4　数制及相互转换简介

日常生活中，人们习惯采用十进制数。在单片机的C语言编程中一般采用二进制数、十六进制数和八进制数。对于一个固定的数，用不同进位制的数制表示时，数码不一样，但大小是一样的。学习单片机C语言编程，需要熟悉不同的数制及其相互转换的方法。

1.4.1　十进制数

十进制数用0、1、2、3、4、5、6、7、8、9十个基本数字符号的不同组合来表示，计数的基数是10。当任何一个数比9大1时，则向相邻高位进1，本位置为0，其计数规律是“逢十进一”。为了区分不同的数制，十进制数用下标“D”来表示，但通常其下标可省略。一个十进制数有个位、十位、百位等。任何一个十进制数都可以用该数的各位数码乘以该位的加权系数来表示。例如，对一个十进制2138的表示方法如下所示：

各位的数码：　2（千位）　1（百位）　3（十位）　8（个位）

数位的加权系数：10^3　10^2　10^1　10^0

$$2138_D = (2\times10^3 + 1\times10^2 + 3\times10^1 + 8\times10^0)_D$$

1.4.2　二进制数

二进制数只有0、1两个数码，二进制数可用下标“B”来表示，是按“逢二进一”的原则进行计数的，见表1-4。

表1-4　不同数制的数码的等值对应关系

类别	不同数制的数码的等值对应关系（每一列的两个数是等值的）										
十进制数	1	2	3	4	5	6	7	8	9	10	11
二进制数	1	10	11	100	101	110	111	1000	1001	1010	1011

同样，任何一个二进制数都可以用该数的各位数码乘以该位的加权系数来表示。例如，对一个二进制数1011的表示方法如下所示：

各位的数码：　1　0　1　1

数位的加权系数：　2^3（值为8）　2^2（值为4）　2^1（值为2）　2^0（值为1）

$$1011_B = (1\times8 + 0\times4 + 1\times2 + 1\times1)_D$$

$$= 11_D$$

这也就是二进制数转化为十进制数的方法。

1.4.3　十六进制数

十六进制数共有16个数码：0，1，2，3，4，5，6，7，8，9，A，B，C，D，E，F。其中0~9对应、等价于十进制的0~9，A、B、C、D、E、F分别对应、等价于十进制的10、11、12、13、14、15。十六进制数可用下标“H”来表示。计数规律是逢“十六进一”，见表1-5。

表 1-5　不同数制的数码的等值对应关系

类别	不同数制的数码的等值对应关系																			
十进制数	1	2	3	4	5	6	7	8	9	10	11	12	13	14	15	16	17	18	19	20	…
十六进制数	1	2	3	4	5	6	7	8	9	A	B	C	D	E	F	10	11	12	13	14	…

同样，任何一个十六进制数都可以用该数的各位数码乘以该位的加权系数来表示。例如，对一个十六进制数 $0A3F_H$ 的表示方法如下所示：

$$0A3F_H=(0\times16^3+A\times16^2+3\times16^1+F\times16^0)_D=(0+10\times256+3\times16+15\times1)_D=2623_D$$

这也就是十六进制数转化为十进制数的方法。

1.4.4　八进制数

八进制数共有 0、1、2、3、4、5、6、7 共 8 个数码，其计算规律是“逢八进一”（略）。

1.4.5　各种数制之间相互转换的方法

1. 各种数制转换为十进制

各种数制转换为十进制的方法在 1.4.2 节和 1.4.3 节中已做介绍。

2. 十进制数转换为二进制数

十进制数转换为二进制数的方法是用十进制数不断除以 2，所得到的余数即为相应的二进制数。注：第一次得到的余数为二进制数的最低位，直到商为 0 时所得到的余数为二进制数的最高位。例如，将十进制数 14 转换为二进制数的方法如下所示：

2 | 14　　　　0（14÷2得到的余数，为二进制数的最低位）
2 | 7（商）　　1（7÷2得到的余数）
2 | 3（商）　　1（3÷2得到的余数）
2 | 1（商）　　1（1÷2得到的余数，为二进制数的最高位）
0（商）

因此，$14_D=1110_B$。

3. 十进制数转换为十六进制数

与十进制数转换为二进制数相似，十进制数转换为十六进制数的方法是用十进制数不断除以 16，所得到的余数即为相应的十六进制数。注：第一次得到的余数为十六进制数的最低位，直到商为 0 时所得到的余数为十六进制数的最高位。

4. 十六进制数转换为二进制数

十六进制数转换为二进制数的方法是将十六进制数的每一位数码先转化为十进制数，再转换成 4 位二进制数，若不足 4 位，则将高位补 0。

例如，十六进制数“2E”中的“2”转换为十进制数仍为“2”，转换为二进制数为“0010”，“E”转换为十进制数为 14，再转换为二进制数为“1110”，因此$2E_H=00101110_B$。

5. 二进制数转换为十六进制数

以小数点为界，将二进制数每 4 位为一组，小数点左边若不足 4 位，则在高位补 0，小数点右边若不足 4 位，则在低位补 0。再将每一组转换为十进制数，然后转换为十六进制数。

例如，对二进制数“101101”的转换方法如下所示：

$$101101_B=(10\quad 1101)_B=(0010\quad 1101)_B$$

↓一组　↓一组　↓不足4位，高位补0

其中，0010 转换为十进制数为 2，再转换为十六进制数仍为 2；1101 转换为十进制数为 13，再转换为二进制数为 D，因此，转换结果为 2D，即 $101101_B=2D_H$。

6. 利用计算器快捷地进行数制转换

（1）计算器的调出方法

利用计算机操作系统自带的计算器，可以快捷地进行各种数制的转换，这在单片机的 C 语言编程中经常使用，十分方便。其方法是，用鼠标左键依次单击“开始”→“所有程序”→“附件”→“计算器”，弹出的计算器界面如图 1-6 所示。

图 1-6　标准型计算器界面

用鼠标左键依次单击“查看”→“程序员”，弹出的科学型计算器界面如图 1-7 所示。

（2）利用计算器进行数制转换的方法

以十进制数 18 转换成十六进制数为例，首先用鼠标左键单击选中所需的数制（十进制），再输入十进制数的具体数值 18，接下来单击“十六进制”，则相应的十六进制数会在显示区域显示出来。计算器中数码的输入可使用鼠标，也可使用键盘。

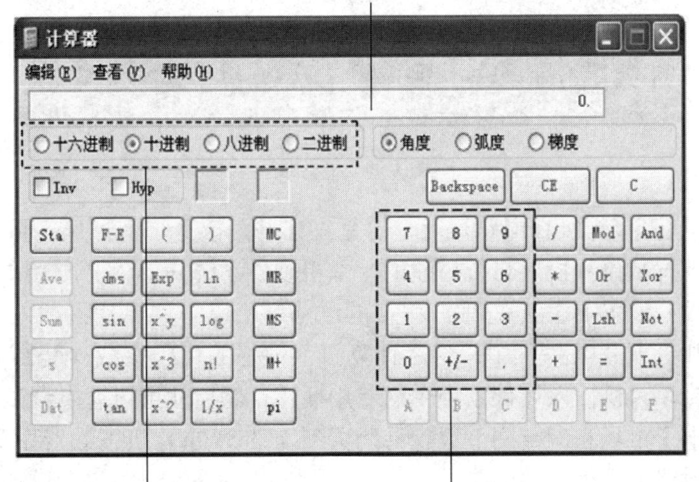

图 1-7　计算器程序员界面

1.5　搭建单片机开发环境

单片机的开发环境包括硬件开发系统和软件编程环境，两者缺一不可。

1.5.1　搭建硬件系统

一般的计算机程序员只需关注软件开发环境和程序代码，因为其代码是运行在通用的计算机系统上的。而单片机开发人员不仅要关心代码，还要设计硬件电路，因为单片机的程序是运行在一个独立的系统上（由单片机和相应的外围电路构成。不同的控制功能，则其相应的外围电路也就不同）。硬件系统可以自行搭建，但学习阶段宜使用开发板（或叫实验板）来模拟硬件系统，较为方便、快捷。

（1）自行搭建单片机硬件系统

根据需要实现的控制功能绘制原理图，再根据原理图准备元器件，在万能板上用导线将元器件连接（焊接）成完整的电路，这就是自行搭建的单片机硬件系统。

注意：

1）万能板有单孔板和连孔板两种。搭建单片机硬件系统宜采用单孔板，其焊接面有铜焊盘，元件面无铜箔，如图 1-8 所示。

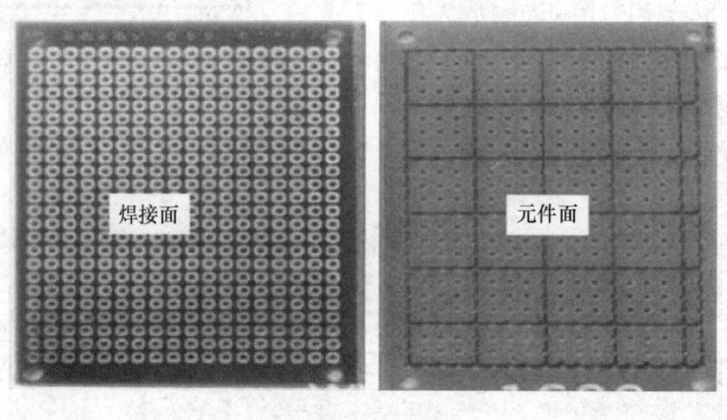

图 1-8　单孔板

2）单片机不宜直接焊接在电路板上，而是先在电路板上焊上插座，再将单片机插入插座，这样可方便地拆装单片机。自行搭建的单片机硬件系统（示例）如图 1-9 所示。

由于该电路没有设置下载（烧写）程序的电路，所以需将单片机插入下载器（就是单片机的最小系统加上下载电路）中，将在计算机上编好的代码下载（烧写）到单片机的程序存储器中，再将单片机插入硬件系统中的专用插座，然后就可以通电调试了。单片机下载器价格低廉，在电子市场和淘宝网上很容易购买到。某 51 单片机下载器如图 1-10 所示。也可以在电路板上设置下载程序的电路。

（2）单片机开发实验板

单片机开发实验板上有多种功能的元器件。为了将各种元器件组合成具有一定功能的电路，实验板上设置了若干插针或插孔，通过专用的连接线，可以将元器件连接成不同的功能电路，实现不同的控制功能。实验板示例如图 1-11a、b 所示。

图1-9　自行搭建的单片机硬件系统（示例）

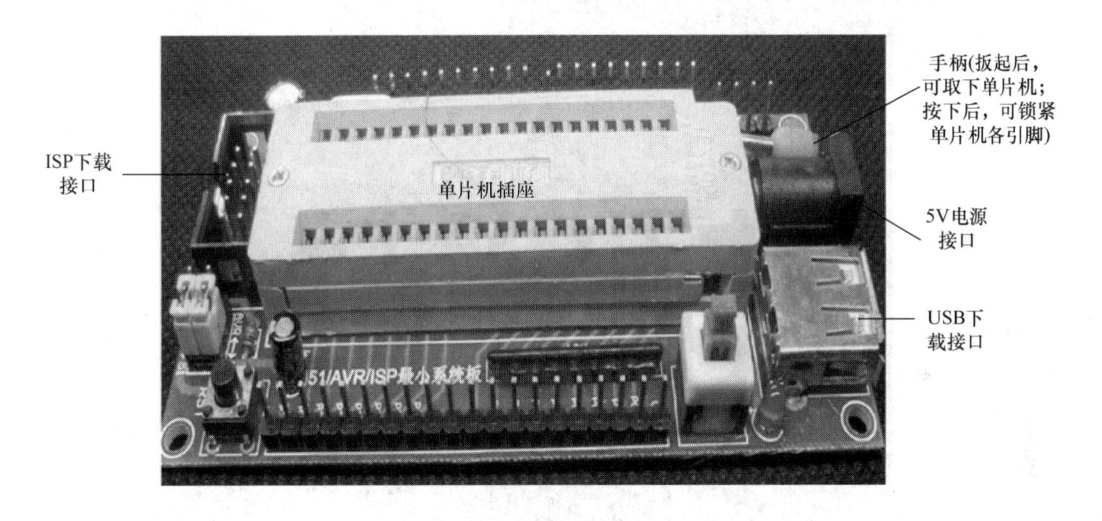

图1-10　51单片机下载器（示例）

实验板带有ISP接口、USB接口、串行接口，并有相应的下载器。下载器一端的插头插接在实验板上相应的接口上，另一端接在计算机的USB接口，用下载工具软件可以将在计算机上编写的程序代码下载到实验板上的单片机中，如图1-12所示。

ISP下载的意思是在线编程，即不需将单片机从系统中卸下，可直接对系统中的单片机进行编程（即“下载程序”）。USB下载、串口下载都可以实现在线编程。

1.5.2　搭建软件开发环境

有了单片机的硬件系统，还需要一个软件开发环境（就是用于程序编写、编译、仿真和调试）。Keil μVision软件是最为经典的单片机集成开发环境，支持汇编语言、C语言以及C语言和汇编语言的混合编程，能将用汇编语言或C语言编写的程序代码编译、转化为“.hex”格式的文件，然后用专用的下载工具下载到单片机的存储器内。Keil μVision适用于51全系列、ARM7、ARM9、Cortex-M、Cortex-R等芯片。

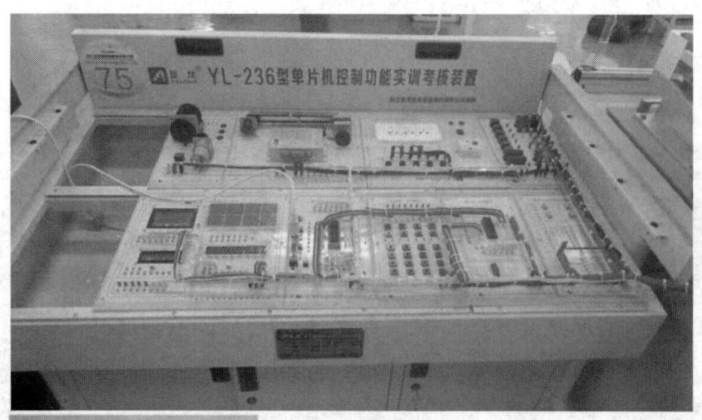

将若干根这种插接线的两端(插头)插入实验板上的插孔，可将板上的元器件连接成实用电路。选用不同的元器件和不同的接线方法，连接成不同功能的电路，即可模拟不同功能的产品

a) YL–236型单片机实训台(职业院校技能大赛用品。根据需要，可以增、减模块)

b) 小型单片机实训板(根据需要，可以外接功能模块)

图 1-11　单片机开发实验板示例

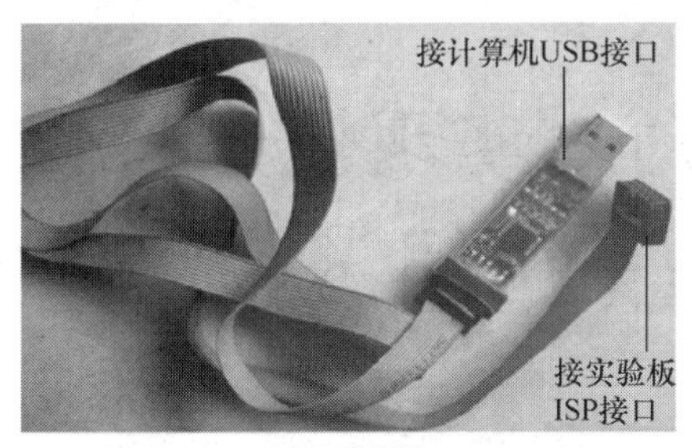

a) ISP下载器

b) 串行下载线(连接线)

c) USB下载线(连接线)

图 1-12　51 单片机实验板下载器

目前常用的版本有 Keil μVision2、Keil μVision3、Keil μVision4，高版本的功能更齐全、更友好。

这些软件可以在网络上下载，本书《资料》中也含有这些软件。安装方法详见本书所附视频教程。

1.5.3　Keil μVision4 的最基本应用

Keil μVision4 的菜单认识、新建工程、输入代码、编译、下载（烧写）的方法详见视频教程。

【复习训练题】

1. STC89C52 单片机有哪几组 I/O 端口？每一组包含哪些 I/O 口？
2. 画出 STC89C52 单片机的最小系统原理图。
3. 观看本章的视频教程，然后完成训练：在 D 盘新建一个文件夹并命名、新建一个工程并命名、新建一个 C 文件并命名、将 C 文件添加到工程中去，并设置发布参数。输入本章视频教程中的程序代码，并编译、下载到单片机系统中去。

注：本章视频教程包含：①用计算器实现各类数制的相互转换；②搭建单片机开发的硬件系统；③ 搭建单片机开发的软件环境（Keil 软件的安装、工程文件的建立、程序代码的下载方法）。

第2章　入门关键——通过实现流水灯掌握单片机C语言基础知识

【本章导读】

通过对本章的学习，可以通过编程来控制各I/O口，使I/O口输出控制信号（电平信号），从而使相应的执行器件发生动作，达到我们的控制目的。并且通过多种方法实现流水灯的实例，能掌握51单片机C语言的基本结构、语法和常用语句等。本章是单片机C语言编程入门的重点和基础章节。

【学习目标】

1）理解单片机控制花样流水灯的工作原理。

2）理解单片机C语言常用的基本概念。

3）掌握有参、无参函数的结构和用法。

4）理解C语言程序的基本结构。

5）通过实现流水灯达到熟练应用位操作、字节操作I/O口的目的。

6）通过实现流水灯达到熟练掌握移位运算符、循环移位库函数的目的。

7）通过实现流水灯达到熟练应用一维数组的目的。

8）通过实现流水灯掌握指针的基本应用。

【学习方法建议】

1）紧扣学习目标。对于C语言知识，首先要能理解（或基本理解）。需要联系到本章的前后文。也就是若遇到不理解之处，可以暂时搁置，按顺序往下看，看到相关联之处后，进行前后文对照学习，这样就能基本理解了。然后通过多种方法实现花样流水灯，可以达到深入理解、灵活应用的程度。

2）对于本章的各个任务，读者可以首先阅读任务书，自行构思解决问题的方法（可称为“算法”），并编程、完成任务。若读者不能自行完成，再阅读本书中的内容，接下来独立编程、完成任务。至于硬件之间的接线和运行效果，难度较小，可以参考本书《资料》，然后独立完成。

3）如果学习有难度，那么可以首先学习本章的视频教程。

2.1　花样流水灯电路原理和硬件搭建

2.1.1　花样流水灯的原理图

图2-1所示为某典型实验板（我们给它命名CY－1）的流水灯原理图。其硬件连接如

图 2-2 所示。VL0 ~ VL7 为发光二极管（LED）。由于 LED 工作时能承受的电流很小，所以用 R0 ~ R7 作为 LED 的限流电阻，以防烧坏 LED。限流电阻的阻值可以根据 LED 的额定电压、实际工作功耗、供电电压来计算。一般实验板上为 1kΩ 以下。在本实验板上，这 8 个 LED 与 P0 端口（P0.0 ~ P0.7）已实现电气连接。当然可以不这样连接。在其他很多实验板上，这 8 个 LED 通过限流电阻与一个 8 针插头相连接，我们可以用 8Pin（8 条杜邦线）排线将该插头与单片机的任意一组 I/O 口相连。

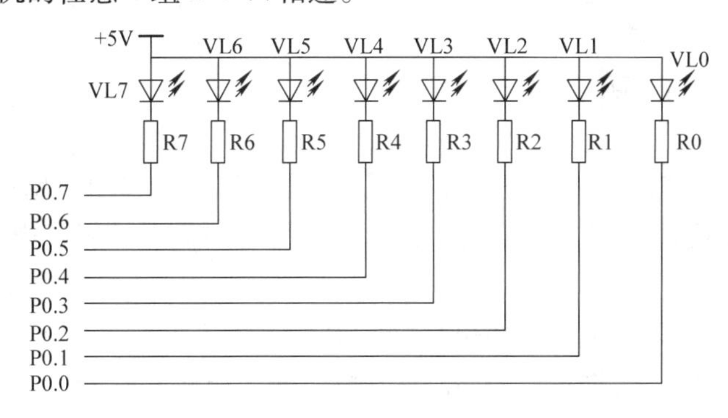

图 2-1　流水灯原理图

图 2-2　某单片机实验板主机模块（实物图）

2.1.2　单片机控制花样流水灯的工作原理

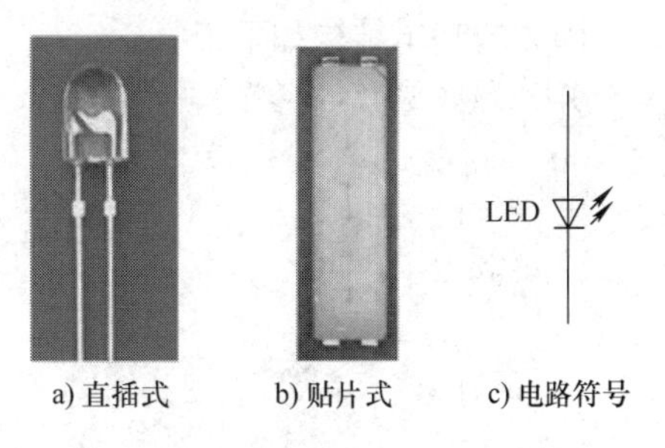

a) 直插式　　b) 贴片式　　c) 电路符号

图 2-3　LED 的实物外形及电路符号

1. LED 的外形及电路符号

LED 的实物外形及电路符号如图 2-3 所示。

2. LED 点亮的条件

给 LED 两端加上额定的正向电压（一般 1.5 ~ 2.5V），使有电流从 LED 的正极流向负极，LED 就能发光。

3. LED 闪烁的原理

图 2-1 中，以 VL1 的闪烁为例说明。当单片机的 P0.1 引脚输出低电平时，VL1 两端就

会形成电位差，VL1 被点亮；当单片机的 P0.1 引脚输出高电平时，VL1 两端电位差为 0，VL1 熄灭。P0.1 引脚交替地输出低电平和高电平，并且低电平和高电平保持一定的时间（称为延时），就会使 VL1 闪烁。若改变延时的时间，就会改变闪烁的频率（快慢）。

4. 花样流水灯的原理

通过编程，控制单片机的 P0 口的 8 个 I/O 口，使它们按一定的顺序、周期性地输出低、高电平并延时，从而使 8 个 LED 按一定的顺序闪烁，这样就形成了流水灯。

2.2 本章相关的 C 语言知识精讲

C 语言是目前单片机编程的主要语言（C 语言在计算机编程中应用也非常广泛），它既具有汇编语言的操作硬件的能力，又兼有其他高级语言的优点。所以用 C 语言开发单片机的程序非常方便。

单片机 C 语言的主要特点是，① 单片机 C 语言是由标准 C 语言拓展而来的，两者大部分是相同的，它们的语句、结构、顺序都是很相似的。和标准 C 语言的不同之处是，单片机的 C 语言运行于单片机平台，而标准 C 语言运行于计算机等桌面平台。单片机 C 语言和标准 C 语言相比，多了一些变量类型、中断等内容。② 具有结构化的控制语句。程序的各个部分除了必要的信息交流外，彼此独立，层次清晰，便于使用和维护。③ 适用范围广，可移植性好。单片机 C 语言不是只适用某些特定的单片机，只要某种单片机具有相应的 C 编译器，就能使用该语言编程。目前主流单片机都具有 C 编译器。由于开发者在做不同的项目时往往需要采用不同的单片机以各尽其能，所以采用 C 语言编程，借助 C 语言的可移植性，只要熟悉了不同单片机的性能和特点，就能应用这些单片机的特点开发产品，这样就能提高开发效率。

2.2.1 函数简介

1. 函数的基本类型

完成一个产品称为一个任务，一个任务又包含多个子任务，编程时，怎样完成某一个子任务或实现某一个特定功能？我们可以编写一个函数来实现。函数就是具有特定功能的代码段。

函数的基本结构如下：

```
函数类型　函数名(参数)
{
    语句 1;
    语句 2;
    ……;
    语句 n;
}
```

这个结构的格式是固定的。根据需要，参数可以有，也可以没有。{} 内是实现一定功能的语句以及调用其他子函数的语句。

函数的分类详见表 2-1。

表2-1　函数的分类

分类方式	分类结果	备　注
从函数定义的角度	1. 自定义函数。该类函数是由开发人员自行编写的具有特定功能的函数	需声明函数类型，并定义函数本身（声明和定义详见2.2.4节）
	2. 库函数。该类函数是根据一般用户的需要而编写的一系列具有特定功能的函数，由Keil编译系统提供，用户根据需要可进行调用。调用库函数可提高编程的效率和程序代码的质量	使用库函数时，需在主函数之前使用“include……”语句包含该库函数相应的头文件
从有无返回值的角度	1. 有返回值的函数。该类函数被调用执行完毕后，将执行结果（函数的值）通过return语句返回给调用者	在声明和定义有返回值的函数时，需要指定返回值的类型（如unsigned char，unsigned int等，详见2.2.2节）
	2. 无返回值函数。该类函数用于完成某项特定的任务，执行完成后不向调用者返回执行结果的值	在定义无返回值的函数时，需要指定函数的返回值是“无值型”，即使用“void”类型说明符
从数据传送的角度	1. 无参数型。该类函数用于完成一组指定的功能。在主调函数和被调用函数之间不进行参数传递	对于无参函数，在函数声明、定义及函数调用中都不需要带参数（详见2.2.14节）
	2. 有参数型。该类函数对参数进行分析并完成与参数相关的功能。在主调函数和被调函数之间存在参数的传递	在声明和定义函数时，都需指定参数，一般称之为“形式参数”，简称“形参”。在主调函数中进行函数调用时，也必须给出被调用函数的参数，称之为“实际参数”，简称“实参”（详见2.2.14节）

2. 函数的特点

（1）库函数和自定义函数

51单片机C语言（简称C51语言）支持库函数和自定义函数。编程时，只要包含了编译器内库函数相应的头文件后，就可以使用库函数了，这样可以简化代码、减轻工作量。使用自定义函数，则可以使代码结构化、模块化。

（2）主函数和子函数

在C语言中，对函数的个数没有限制。但是，有这么多函数，究竟从哪个函数开始执行呢？C语言中提供了一个特殊的函数，即main函数（主函数），主函数中可以调用其他子函数（除主函数之外的其他函数叫作子函数），子函数之间可以相互调用，但不能调用主函数。程序首先从主函数的第一个语句开始执行，然后再依次逐句执行。在执行过程中如果遇到调用子函数的语句，则跳转到相应的子函数去逐条执行子函数内部的语句，子函数执行完毕，再返回到原调用的位置继续向后执行。主函数内的语句是不断循环执行的（某些特定功能的语句除外）。

（3）函数的调用规律

1）在一个函数体的内部，不能再定义另一个函数，即不能嵌套定义。

2）函数可以自己调用自己，称为递归调用。

3）函数之间允许嵌套调用。

4）同一个函数可以被一个或多个函数任意调用。

（提示：读到这里，对函数有了大致的印象，当然可能还比较模糊。这就需要细读以下内容。）

2.2.2　数据类型

1. C 语言的数据类型

数据是单片机（计算机）处理的对象，单片机（计算机）要处理的一切内容最终都将以数据的形式出现。所以，编程中涉及的数据有着很多种不同类型的含义。由于数据在单片机的存储器内都是以二进制的形式存储的，同一个数据的值，如果预先对它指定的数据类型发生了改变，则其存储时所占存储器的容量也会发生改变。C 语言的数据类型如图 2-4 所示。

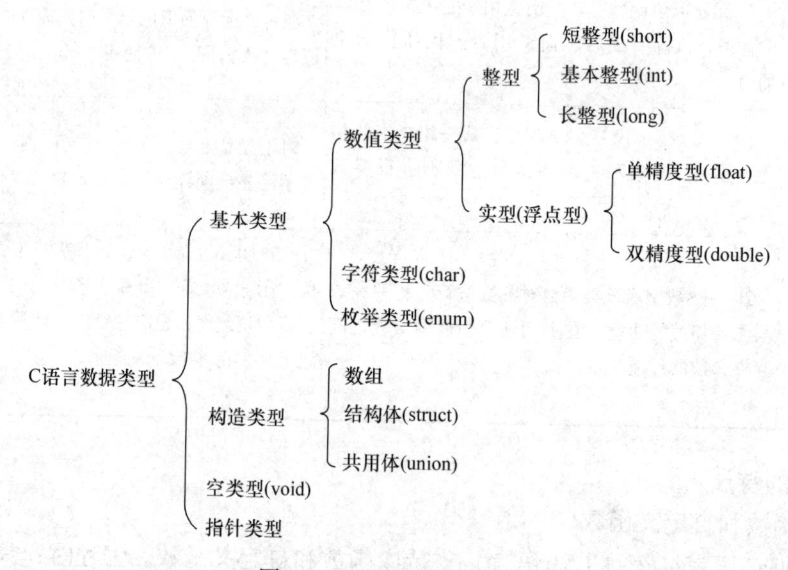

图 2-4　C 语言的数据类型

基本类型是 C 语言中的基础类型。构造类型就是使用基本类型的数据进行添加、设计而成的组合型数据类型。构造体的每一个组成部分称为构造体的成员。空类型专用于对函数返回值的限定和函数参数的限定。指针是 C 语言的精华，本章在其基本应用方面有详细介绍。

2. 51 单片机 C 语言的数据类型

51 单片机 C 语言简称 C51 语言，它是适用于 51 单片机的编程语言，与标准 C 语言基本相同，但略有拓展（差异）。C51 语言的数据类型有字符型、整型、实型、指针类型、数组类型等，详见表 2-2。

表 2-2　C51 语言常用的数据类型

数据类型		编程时的表示形式	在存储器中所占位数	取值范围
字符型	无符号字符型	unsigned char	单字节（8 位）	0 ~ 255
	有符号字符型	signed（可省略）char	单字节（8 位）	−128 ~ +127

（续）

数据类型		编程时的表示形式	在存储器中所占位数	取值范围
整型	无符号整型	unsigned int	双字节（16 位）	0～65535
	有符号整型	signed（可省略）int	双字节（16 位）	-32768～+32767
长整型	无符号长整型	unsigned long	四字节（32 位）	0～4294967295
	有符号长整型	signed（可省略）long	四字节	-2147483648～+2147483647
实型	单精度型	float	四字节	$-3.4\times10^{-38}\sim3.4\times10^{38}$
	双精度型	double	八字节	$-1.7\times10^{-308}\sim1.7\times10^{308}$
指针类型		见本章 2.10 节		
数组类型		见本章 2.9 节		

除了支持标准 C 语言外，C51 语言还增加了以下数据类型：

1）位类型数据。使用一个二进制位来存储数据，其值只有 0 和 1 两种。其关键字是 bit。

2）sfr 型数据。51 单片机内部有一些特殊功能的寄存器，为了定义、使用这些寄存器，C51 增加了 sfr、sfr16、sbit 这三个关键字。sfr 和 sfr16 是用来定义 8 位、16 位特殊功能寄存器的。sbit 用来定义特殊功能寄存器的位变量。

2.2.3　常量

在程序运行过程中，其值不能被改变的量称为常量。常量可分为数值型常量、字符型常量、符号常量三大类。

1. 数值型常量

（1）整型常量

所有的整数都是整型常量，C 语言的整型常量可以用十进制整数、十六进制整数、八进制整数这三种形式表示。

（2）实型常量

实型常量也称为浮点型常量，是由整数和小数部分组成的，两部分之间用十进制小数点隔开。它有两种表现方式。

1）十进制小数形式，如 0.54。

2）指数形式，如 4.5e3 或者 4.5E3 都代表 4.5×10^3。这是规范化的指数形式，即在字母 e 或 E 之前的小数部分中，小数点左边有且只有 1 位非零数字。

2. 字符型常量

（1）字符常量

字符常量由单个字符组成，所有字符来自 ASCII 字符集（按照规定，各个字符都用一个对应的数值来表示，该值就是 ASCII 值，如字符常量 a 的 ASCII 值是十进制 97，A 的 ASCII 值是十进制 65。详见附录 B）。在程序中，通常用一对单引号将单个字符括起来表示一个字符常量，如'a'、'A'、'0'等。注意，每一个字符常量相当于一个整型数值（ASCII 值），可以参加表达式的运算。字符常量区分大小写。如'a'和'A'是不一样的。这一对单引号是定界符，不属于字符常量的一部分。

查看 ASCII 字符集可以发现，有一些字符没有形状，如换行（ASCII 值为 10）、回车（ASCII 值为 13）等。有些字符虽有形状，却无法从键盘输入，如 ASCII 值大于 127 的一些字符。如果编程中要用到这些字符，则可以用 C 语言中的一些特殊形式进行输入，即用一个“\”开头的字符序列来表示字符。例如，用“\r”表示含义为回车的字符，用“\n”表示含义为换行的字符。这种用“\”开头的字符叫转义字符，常用的转义字符见附录 B。

（2）字符串常量

字符串常量（简称字符串）是双引号括起来的若干字符组成的序列，存储时每个字符串末尾自动加一个'\0'作为字符串结束标志。例如，字符串“welcome”在内存中的存储形式如图 2-5 所示。

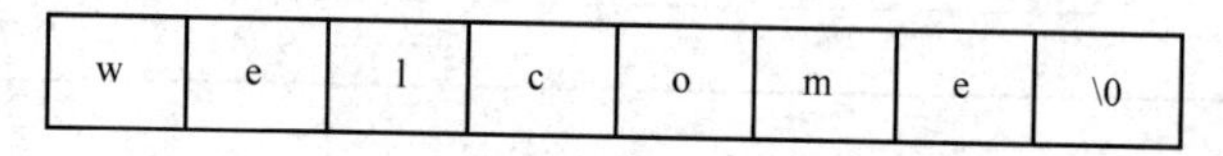

w	e	l	c	o	m	e	\0

图 2-5　字符串常量在内存中的存储形式示例

注意：在程序编写中，不必在字符串的结尾处加上“\0”这个结束标志。

3. 符号常量

在 C 语言中，可以用一个符号名来代替一个固定的常量值，该符号名称为符号常量。使用符号名的好处是可以为编程和阅读带来方便。符号常量在使用之前必须先定义，定义的方法为

```
#define 符号名 常量
```

其中，#define 是一条预处理命令（预处理命令都以"#"开头），称为宏定义命令（在后面的任务程序中有一些例程可供示范），其作用是用该符号名来表示其后的常量值。一经定义，以后在程序中所有出现该符号名的地方均用该常量的值来代替。

注意：

1）习惯上符号常量的符号名使用大写字母，下面介绍的变量的标识符使用小写字母，以示区别。

2）符号常量的值在其作用域内不能改变，也不能再被赋值。

3）使用符号常量的好处：一是可以做到含义清楚（可以用我们易记、易识别的字符）；二是能做到“一改全改”，例如，如果程序中多次出现某符号常量，当我们需要修改符号常量的数值时，只需要在宏定义语句中修改符号常量的值，则程序中多次出现的该符号常量的值就全部改变了。

4）还可以通过宏定义，用符号名来表示一个代码段。这样在随后的编程中，只要写入该标识符，就等价于写入了那个代码段。这样可使程序简单、易读。

2.2.4　变量

1. 变量概述

变量是在程序执行过程中其值可以发生改变的量。每一个变量都必须用一个标识符作为它的变量名。在使用一个变量之前，必须首先对该变量进行定义，指出它的数据类型和存储模式，以便编译系统为它分配相应的存储单元。C 语言中变量的类型有整型变量、实型变量和字符型变量。

2. 声明和定义

声明就是说明当前变量或函数的名字和类型，但不给出其中的内容，即先告诉你有一个什么类型的变量或函数，但是这个变量或函数的具体信息却是不知道的。定义就是写出变量或函数的具体内容（具体功能）。

对于变量，一般情况都是直接进行定义的，不需声明。对于函数，如果把函数的具体内容（定义）写在调用它的函数（主函数和其他子函数都可调用它）后面，则需要在调用它的函数之前进行声明。一般在程序的开头部分进行声明；如果把函数的具体内容写在调用它的函数之前，则直接进行定义，不需声明。

3. 局部变量与全局变量

在程序中变量既可以定义在函数内部，也可以定义在所有函数的外部。根据定义变量的语句所处的位置，可将变量分为局部变量和全局变量。

（1）局部变量

在函数内部定义的变量叫作局部变量，它只在本函数范围内有效，只有在调用该函数时才给该变量分配内存单元，调用完毕，则将内存单元收回。

注意：

1）主函数中定义的变量只在主函数中有效，在主函数调用的子函数中无效。

2）不同的子函数中可以使用相同名字的变量，但它们代表的对象不同，作用范围也不同，互不干扰。

3）函数的形式参数也是局部变量，只能在该函数中使用。

4）在 {} 内的复合语句中可以定义变量，但这些变量只能在本复合语句中使用。

（2）全局变量

一个 C 程序文件里有若干个函数。在所有函数之外定义的变量称为全局变量。全局变量在该 C 程序文件内可供所有的函数使用。

注意：

1）一个函数既可以使用本函数中定义的局部变量，又可以使用函数之外定义的全局变量。

2）如果不是十分必要，应尽量少用全局变量，这是因为：第一，全局变量在程序执行的全部过程中一直占用存储单元，而不是像局部变量那样仅在需要时才占用存储单元；第二，全局变量会降低函数的通用性，而我们在编写函数时，都希望函数具有很好的可移植性，以便其他 C 程序文件可以方便地使用；第三，使用全局变量过多，整个程序的清晰性将变差，因为在调试程序时如果一个全局变量的值与设想的不同，则不能很快地判断是哪个函数出了问题。

3）在同一个 C 程序文件中，如果全局变量与局部变量同名，则在局部变量的作用范围内，全局变量会被屏蔽。

4. 变量定义格式

对变量进行定义的格式如下：

```
[存储种类] 数据类型 [存储器类型] 变量名;
```

其中，“存储种类”和“存储器类型”是可选项，意思是根据编程者的需要，既可以加上，也可以省略。

（1）变量的存储种类

变量的存储种类有四种：自动（auto）、静态（static）、外部（extern）、寄存器（register）。其概念解释见表2-3。

表2-3　变量的存储种类

<table>
<tr><th>存储种类</th><th>应用场合</th><th>特　点</th><th>备　注</th></tr>
<tr><td>auto</td><td>用于修饰局部变量。全局变量不能为auto型</td><td>为自动变量。程序每次执行到该变量时，系统自动为该变量分配存储空间，并重新进行初始化。执行完毕，将分配给它的存储空间收回</td><td rowspan="2">静态变量占用内存时间较长，并且可读性差，因此，除非必要，尽量避免使用局部静态变量</td></tr>
<tr><td>static</td><td>可以用于修饰局部变量，也可以用于修饰全局变量</td><td>为静态变量。对于定义成static型的局部变量，不管其所在的函数是否被调用，都一直占用内存空间。只有当它所在的函数被调用时，它才能被使用，并且初始化（就是赋初值）只在第一次被调用时起作用。再次调用它所在的函数时，该类型变量保存了前次被调用后留下的值</td></tr>
<tr><td>extern</td><td colspan="2">为外部变量。对于有多个C程序文件的项目，用于声明本C程序文件中需要用到的，但定义在其他C程序文件中的变量</td><td></td></tr>
<tr><td>register</td><td>可用来修饰局部变量</td><td>为寄存器存储类变量。程序员可把某个局部变量存放在计算机的某个硬件寄存器内，而不是存放在内存中，以提高运行速度。但其编程难度大，程序的可移植性差，因此一般不用</td><td></td></tr>
</table>

在定义一个变量时如果省略“存储种类”选项，则该变量将为自动（auto）变量。

（2）变量的数据类型

根据需要，在定义变量时，可将变量的数据类型定义成位型、字符型、整型和浮点型等（其取值范围在表2-2已详述）。

（3）变量的存储器类型

第1章介绍了单片机的存储器。C51编译器允许说明变量存储在单片机内部的什么类型的存储器内。C51编译器完全支持8051系列单片机的硬件结构，可以访问其硬件系统的所有部分；对每个变量可以准确地赋予其存储器类型，从而可使变量在单片机系统内被准确地定位。

若使用code定义变量（以及数组等），则其存储器类型为程序存储器（ROM），数据就存储在程序存储器内。

为了充分表达单片机内部数据存储器的3个不同部分，C51编译器引入了3个新的关键字：date，idate，bdate。

用date定义变量，则存取内部数据存储器的前128字节。用idate定义变量，则存取内部数据存储器全部的256字节。

如果定义的变量与位操作有关，就要使用bdate来定义，这样数据在内部数据存储器的位寻址区进行存取。

定义变量时，如果存储器类型省略，那么编译器系统默认将变量的存储器类型定义为“date”型。

例如，对变量 x、y 这样定义：

```
unsigned int x, y;
```

该语句定义了无符号整形变量 x 和 y，省略了存储种类和存储器类型，这两个变量被默认为自动变量、在内部数据存储器的前 128 字节进行存取。

定义变量的注意事项如下：

1）定义变量时，只要值域（数值范围）够用，就应尽量定义、使用位数较小的数据类型，如 char 型、bit 型，这是因为较小的数据类型占用的内存单元较小。例如，假设 x 的值是 1，当将 x 定义为 unsigned int 型时，就会占用 2 字节的存储空间（存储的是 00000000 00000001）；若定义为 unsigned char 型，则只占用 1 字节的存储空间（存储的是 00000001）；若定义为 bit 型，则只占用 1 位的存储空间。

2）51 系列单片机是 8 位机，对于 8 位机，进行 8 位数据运算要比 16 位及更多位数据运算快得多，因此要尽量使用 char 或 unsigned char 型。

3）如果满足需要，应尽量使用 unsigned（即无符号）的数据类型，因为单片机处理有符号的数据时，要对符号进行判断和处理，运算速度会变慢一些。由于单片机的速度比不上计算机，单片机又工作在实时状态，所以任何可以提高效率的措施都应重视。

（4）变量名

变量名可以采用任意合法的标识符。

2.2.5 标识符和关键字

1. 标识符

在编程时，标识符用来表示自定义对象名称，所谓自定义对象就是常量、变量、数组、函数、语句标号等。使用标识符必须注意以下事项：

1）标识符必须以英文字母或下画线开头，后面可使用若干英文字母、下画线或数字的组合，但长度一般不超过 32 个，不能使用系统关键字，如 area、PI、a_array、s123、_abc、P101p 都是合法的标识符，而 456P（以数字开头）、code - y（code 为关键字）、a&b（& 为关键字）都是非法的。

2）标识符是区分大小写的，如 A1 和 a1 表示两个不同的标识符。

3）为了便于阅读，标识符应尽量简单，而且能清楚地看出其含义。一般可使用英文单词的简写、汉语拼音或汉语拼音的简写。

2. 关键字

关键字是 C51 编译器保留的一些特殊标识符，具有特定的定义和用法。

C51 语言继承了标准 C 语言定义的 32 个关键字，同时又结合自身的特点扩展了一些，如 char、P0、P1、unsigned、bit 等，详见附录 A。

2.2.6 单片机 C 语言程序的基本结构

单片机 C 语言程序有清晰的结构和条理，一般包含 6 个部分，见表 2-4。

表 2-4　单片机 C 语言的基本结构

名　称	内　容	备　注
第一部分	包含头文件	其目的是为了编程时直接使用编译器系统内相关的库函数
第二部分	使用宏定义	这是为了在编程过程中书写简洁、修改方便
第三部分	定义变量	变量必须定义后才能使用。如果不定义，则不能被编译器识别
第四部分	声明子函数	如果子函数出现在前，调用在后（即子函数的定义位于调用它的函数之前），则不需另行声明 反之，若子函数被调用在前，出现在后（即子函数的定义出现在调用它的函数后面），则需要在前面进行声明 为了使程序逻辑结构清晰，一般可以在程序的起始位置进行声明，这样起到罗列子函数目录的作用，详见 2.2.14 节
第五部分	写主函数	将程序要执行的所有任务都写在主函数内。一般可以将各个任务写成独立的子函数，在主函数里根据需要可调用相应的子函数
第六部分	写各个子函数（即定义各个子函数）	每一个子函数都是一个独立的功能模块，它包含若干条有特定意义的语句及调用其他子函数的语句

提醒：表 2-4 与 2.3 节具体程序代码结合起来阅读，可较容易理解单片机 C 语言程序的基本结构。

2.2.7　算术运算符和算术表达式

C 语言的运算符范围很宽，除了控制语句和输入、输出语句外，大多数基本操作均由运算符处理。运算符较多，其中算术运算符详见表 2-5。

表 2-5　C 语言的算术运算符和算术表达式

<table>
<tr><th>名　称</th><th>符　号</th><th colspan="2">说　明</th></tr>
<tr><td>加法运算符或正值运算符</td><td>+</td><td colspan="2">如 3+2，a+b，+5</td></tr>
<tr><td>减法运算符或负值运算符</td><td>-</td><td colspan="2">如 6-3，a-b，-2</td></tr>
<tr><td>乘法运算符</td><td>*</td><td colspan="2">如 5*8，a*b</td></tr>
<tr><td>除法（取模）运算符</td><td>/</td><td colspan="2">如 10/3。注意：除法运算的结果只取整数，如 10/3 的结果为 3，而不是 3.333，这和数学中的除法运算不同</td></tr>
<tr><td>取余运算符</td><td>%</td><td colspan="2">两侧均应为整型数据，运算结果为两数相除的余数，如 10%3 的结果为 1</td></tr>
<tr><td rowspan="2">自增运算符</td><td>++i</td><td>使 i 的值先加 1，再使用 i 的值</td><td rowspan="4">例如，设 i 的值为 8，对于语句 j=++i，执行过程是，先执行 i+1，使 i 的值变为 9，再将该值赋给 j，结果是 i、j 的值均为 9
对于语句 j=i++，执行过程是，先将 i 的值赋给 j，使 j=8，再执行 i 的值加 1，结果是 j=8，i=9
注意：“=”是赋值运算符，后面有详细介绍</td></tr>
<tr><td>i++</td><td>使用完 i 的值后再使 i 的值加 1</td></tr>
<tr><td rowspan="2">自减运算符</td><td>--i</td><td>使 i 的值先减 1，再使用 i 的值</td></tr>
<tr><td>i--</td><td>使用完 i 的值后再使 i 的值减 1</td></tr>
</table>

用算术运算符和括号将运算对象（包括常量、变量、函数等）连接起来，符合 C 语言

语法规则的式子叫作算术表达式，如 a -（b * c）。

算术运算符的优先级是，乘除的优先级相同，加减的优先级也相同，但乘除高于加减，优先级高的先执行，因此要先乘除后加减。

算术运算的结合性是自左向右。

2.2.8　关系运算符和关系表达式

1. 关系运算符

C 语言一共提供了 6 种关系运算符，详见表 2-6。

表 2-6　C 语言的关系运算符

符号	名　称	优 先 级	优先级说明
<	小于	优先级别相同（高）	1. 关系运算符优先级低于所有的算术运算符，如 c > a + b等效于 c >（a + b） 2. 关系运算符优先级高于赋值运算符，如 a = = b < c 等效于 a = =（b < c），即先执行语句 b < c
< =	小于和等于		
>	大于		
> =	大于和等于		
= =	测试等于（可理解为：经过判断，是相等的）	优先级别相同（低）	
! =	测试不等于（可理解为：经过判断，是不相等的）		

2. 关系表达式

用关系运算符将两个运算对象连接起来形成的式子叫作关系表达式，如 a + b > b + c，a = = b < c。

注意：关系表达式如果成立，则该表达式的值为 1；如果不成立，则该表达式的值为 0。例如，对表达式“a = c > b”的理解是，当 c 的值大于 b 的值时，关系表达式“c > b”的值为 1，该值赋给 a，因此 a 的值为 1，否则若 c 的值小于 b，则“c > b”的值为 0，因此 a 的值为 0。

2.2.9　逻辑运算符和逻辑表达式

逻辑运算符用于操作数之间的逻辑运算，操作数可以为各个数据类型的变量或者表达式。逻辑运算符有逻辑与、逻辑或、逻辑非 3 种，用逻辑运算符连接起来的式子就是逻辑表达式。逻辑运算符的运算功能详见表 2-7。

表 2-7　逻辑运算符的运算功能

<table>
<tr><th colspan="2">操作数（参与运算的数）</th><th>逻辑与运算的结果</th><th>逻辑或运算的结果</th><th>对 A 进行逻辑非运算的结果</th></tr>
<tr><td>A</td><td>B</td><td>A&&B</td><td>A || B</td><td>! A</td></tr>
<tr><td>0</td><td>0</td><td>0</td><td>0</td><td>1</td></tr>
<tr><td>0</td><td>1</td><td>0</td><td>1</td><td>1</td></tr>
<tr><td>1</td><td>0</td><td>0</td><td>1</td><td>0</td></tr>
<tr><td>1</td><td>1</td><td>1</td><td>1</td><td>0</td></tr>
</table>

逻辑运算法则说明如下：

1）逻辑与：A、B 两者同时为真（即值为1），则逻辑表达式 A&&B 为真（值为1），否则 A&&B 为假（值为0）。“逻辑与”相当于“并且”的意思。

例如，对于表达式 y = (a >3)&&(b <5)，只有当 a >3 成立（表达式的值为1）并且 b <5 也成立（表达式的值为1），表达式（a >3）&&（b <5）的值才为1，y 的值也就才为1。

2）逻辑或：A、B 中只要有一个为真，则 A ‖ B 为真（值为1），否则 A ‖ B 为假（值为0）。“逻辑或”相当于“或者”的意思。

例如，对于表达式 y = (a >3) ‖ (b <5)，当 a >3 成立（表达式的值为1）或者 b <5 成立（表达式的值为1）时，表达式(a >3) ‖ (b <5)的值就是1，y 的值也就为1。

3）逻辑非：若 A 为真，则！A 为假；若 A 为假，则！A 为真。“逻辑非”相当于“值取反”的意思。例如，对于位变量 x，y，表达式 y =！x 中的 x 为1时，y 的值就为0，反之，当 x 为0时，y 就为1。

2.2.10 位操作运算符及其表达式

位操作运算符是两个操作数中的二进制位（bit）进行的运算。C 语言的位操作运算符详见表 2-8。

表 2-8 C 语言的位操作运算符

符号	名　称	运算说明	示　例
&	逐位与 （按位与）	首先将两个操作数转化为二进制，然后将对应的每一位进行逻辑与的运算	unsigned char a，b； a = 23 = 0 0 0 1 0 1 1 1；//十进制 23 转换为二进制 b = 217 = 1 1 0 1 1 0 0 1；//十进制 217 转换为二进制 a&b = 0 0 0 1 0 0 0 1； a&b = 17； //运算结果转化为十进制 /＊按从右到左，也就是从低位到高位的顺序，a 的第 1 位与 b 的第 1 位相与，a 的第 2 位与 b 的第 2 位相与，……，a 的第 8 位与 b 的第 8 位相与，得到 a&b 的值＊/
|	逐位或 （按位或）	首先将两个操作数转化为二进制，然后将对应的每一位进行逻辑或的运算	a = 23 = 0 0 0 1 0 1 1 1； b = 217 = 1 1 0 1 1 0 0 1； a | b = 1 1 0 1 1 1 1 1 = 223；
^	逐位异或 （按位异或）	将两个操作数转化为二进制，然后将对应的每一位进行逻辑异或的运算。参与运算的两个“位”不同，则逻辑异或的结果为1；相同则为0	a = 23 = 0 0 0 1 0 1 1 1； b = 217 = 1 1 0 1 1 0 0 1； a^b = 1 1 0 0 1 1 1 0 = 206；
~	逐位取反 （按位取反）	首先将操作数转换为二进制数，然后将每一位取反	a = 23 = 0 0 0 1 0 1 1 1； ~a = 1 1 1 0 1 0 0 0 = 232；

（续）

符号	名　称	运算说明	示　例
> >	右移	书写格式为：变量名 > > 右移的位数 首先将一个变量的值转换为二进制，然后逐位右移设定的位数。移出的数丢掉，对于正数，左端的空位全部补 0，若为负数（即符号位为 1），则左端最高位补 1	假设对无符号字符型变量（unsigned char）c、a，我们现在要执行 c = a > > 2，即将 a 的值右移 2 位，结果赋给变量 c。过程如下： 设 a = 217 =　1　1　0　1　1　0　0　1 a 右移 2 位为　1　1　0　1　1　0　0　1　//移出的 0 和 1 被舍去，空出的高位补 0，结果为 0　0　1　1　0　1　1　0 = 54 因此 c = 54 注意：执行右移和左移指令后，不改变变量本身的值，即经过移位后，a 的值仍然是 217 （提醒：将各位数字在竖直方向对齐，便于理解）
< <	左移	书写格式为：变量名 < < 左移的位数 不管是正数还是负数，移出的数丢掉，右端补 0	参考右移

2.2.11　赋值运算符和复合赋值运算符

基本的赋值运算符是“ = ”，作用是将一个数据赋给一个变量，含有“ = ”的式子叫赋值表达式。例如“a = 8;”就是赋值表达式，其作用是将常数 8 赋给变量 a。

另外，二目运算符可以与“ = ”组成复合赋值运算符。C 语言提供了十种复合运算符，即 + = ， - = ， * = ， / = ，% = ， < < = ， > > = ， & = ， | = ， ^ = 。

其作用是可以提高程序的执行效率，也可以简化书写。复合赋值运算符的含义如下：

a + = b；相当于 a = a + b；

a - = b；相当于 a = a - b；

……

2.2.12　单片机的周期

学习单片机，需要掌握时钟周期、机器周期和指令周期三个概念，详见表 2-9。

表 2-9　单片机的时钟周期、机器周期和指令周期

名　称	解　释
时钟周期 （也叫振荡周期）	为时钟频率的倒数。例如，单片机系统若用的是 12MHz 的晶振，时钟周期就是 1/12μs。它是单片机中最基本、最小的时间单位。在一个时钟周期内单片机仅完成一个最基本的动作。时钟脉冲控制着单片机的工作节奏，时钟频率越高，单片机工作速度就越快 由于不同单片机的内部硬件结构和电路有所不同，所以时钟频率也不一定相同
机器周期	是单片机的基本操作周期，为时钟周期的 12 倍。在一个机器周期内，单片机完成一个基本的操作，如取指令、存储器的读或写等
指令周期	指单片机完成一条指令所需的时间。一般 1 个指令周期包含 1 ~ 4 个机器周期

2.2.13 while 循环语句和 for 循环语句

1. while 循环语句

while 循环语句的基本形式是

```
while(条件表达式)
{
    语句 1;
    ……;
    语句 n;
}
```

while 循环语句的执行过程是，判断（）内的条件表达式是否成立，若不成立（即表达式的值为 0），则 {} 内的语句不会被执行，直接跳到执行 {} 后的语句；若表达式成立（即表达式的值为 1），则按顺序执行 {} 内的各条程序语句。执行完毕后再返回，判断（）内的条件表达式是否成立，若仍然成立，则继续按顺序执行 {} 内的语句；若不成立，则执行 {} 后的语句，如图 2-6 所示。

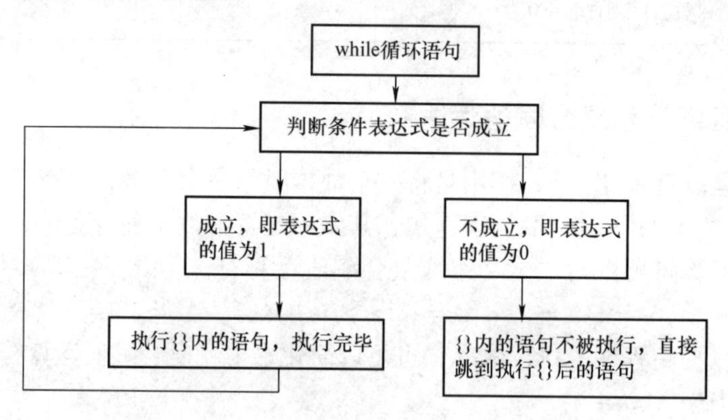

图 2-6 while 循环语句执行的流程图

【应用示例】用 while 循环语句写一个简单的延时语句。

```
01 行  unsigned int i;          //定义一个整形变量 i
02 行  i = 10000;               //给变量 i 赋初值(值要在 0 ~ 65535 范围内)
03 行  while(i > 0)
04 行  {
05 行      i = i - 1;
06 行  }
```

while 循环语句的执行过程是，首先判断 i > 0 是否成立，只要是成立的，就执行 i = i - 1；直到 i 减小到 0 时，i > 0 不成立，则跳出循环，这样起到了延时作用（延时的时间长度是 i 从 10000 减小到 0 所用的时间）。

注意：给变量赋的值必须在变量类型的取值范围内，否则数值会出错。例如第 02 行，若写成 i = 70000，则会出错，因为 i 是 unsigned int 型变量，其取值范围是 0 ~ 65535。给它赋值为 70000，超出了取值范围。

while 循环语句（）中的条件表达式可以是一个常数（如 1）、一个运算式或一个带返回值的函数。

2. for 循环语句

for 循环语句的一般结构是

```
for（给变量赋初值；条件表达式；变量增或减）
{
    语句 1；
    语句 2；
    ……
    语句 n；
}
```

其执行过程如下：

第 1 步，给变量赋初值。

第 2 步，判断条件表达式是否成立。若条件表达式不成立，则 {} 内的语句不被执行，直接跳出 for 循环，执行 {} 后的语句；若条件表达式成立，则按顺序执行 {} 内的程序语句。执行完毕后，返回到 for 后面的（）内执行一次循环变量的增或减，然后再判断条件表达式是否成立，若不成立，则跳出 for 循环语句而执行 {} 后的语句；若成立，则执行 {} 内的语句。这样不断地循环，直到跳出循环为止，如图 2-7 所示。

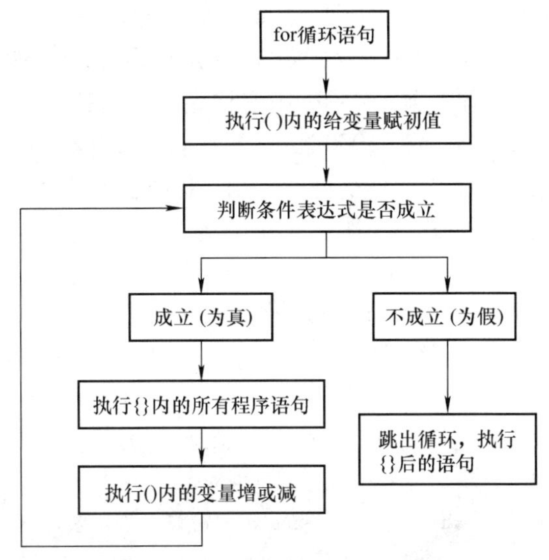

图 2-7　for 循环语句的执行流程图

注意：for 循环语句的 {} 内的语句可以为空，这时 {} 就可以不写，即 for 循环语句可写成：for（给循环变量赋初值；条件表达式；循环变量增或减）；（分号不能去掉）

例如，用 for 循环语句写延时函数，如下：

```
01 行　unsigned int i;
02 行　for (i=3000; i>0; i--);　　/*注意：给一个变量赋的值不能超过该变量类型的取值范围，例如，给 i 赋的值应在 0~65536 的范围内*/
```

执行过程是，先给 i 赋初值，再判断 i>0 是否成立，若不成立，则跳出 for 循环；若成立，由于后面没有 {} 的内容，所以省掉了执行 {} 内语句的过程。接着再执行 i--，再判断 i>0 是否成立……直到 i=0 时（要执行 i 自减 3000 次），i>0 才不会成立，才会跳出

for 循环，这样就起到了延时作用。

2.2.14　不带参数和带参数函数的声明、定义和调用

1. 不带参数函数的声明、定义和调用

如果在编程中多次用到某些语句且语句的内容完全相同，则可以把这些语句写成一个不带参数的子函数，当在其他函数中需要用到这些语句时，直接调用这个子函数就可以了。例如，1s 的延时子函数的定义示例如下：

```
01 行    void delay1s()    /*定义延时函数。void 表示函数执行完毕后不返回任何数据，即无返回值。delay1s 是函数名，1s 就是 1 秒。函数名只要不使用系统关键字，可以随便命名，但要方便识读。()内没有数据和符号，即没有参数，因此是不带参数的函数*/
02 行    {                              //第 02 行和第 06 行的{}内的语句表示函数要实现的功能
03 行        unsigned int x, y;         //定义 unsigned int 型局部变量 x、y
04 行            for(x=1000;x>0;x--)    /*为了方便阅读，不同层级的语句需错开一个距离（按一下"Tab"，光标移动的距离）*/
05 行            for(y=110;y>0;y--);
06 行    }
```

执行过程：首先执行第 03 行。开始 x = 1000，x > 0 为真，因此执行第 04 行，即 y 由 110 逐步减 1，直到减小到 0，所耗时间约为 1ms（对于 STC89C52 单片机），第 04 行执行完毕后，再执行 x - -，x 的值变为 999，再判断 x > 0 是否为真，结果为真，因此又执行第 05 行（耗时约 1ms），然后又执行一次 x - -……这样循环。每执行一次 x 减 1，y 就要从 110 逐步减 1，直到减小到 0，x 共要自减 1000 次，第 05 行也要执行 1000 遍，耗时约为 1s。

注意：子函数可以定义在主函数的前面或后面，但不能写在主函数里面。如果定义在主函数后面，必须在主函数的前面进行声明。

声明的格式是，返回值特性 函数名（）；

若函数无参数，则（）内为空，如 void delay（）；

【应用示例】用调用延时子函数的方法，写出一个程序，使图 2-1 中的发光二极管 VL0 间隔 600ms 亮、灭闪烁。

图 2-1 所示的实训板上，用单片机 P0.0 端口驱动 VL0。

```
01 行    #include <reg52.h>            //包含头文件<reg52.h>
02 行    #define uint unsigned int     /*#define 为关键词，表示宏定义，即定义 uint 表示 unsigned int，这样在后续程序中就可以直接写 uint，而不需写 unsigned int。与此相同，还常用这样的语句：#define uchar unsigned char；*/
03 行    sbit led0 = P0^0;             /*声明端口。注意：C51 语言中不能使用 P0.0 这个符号，可以使用 P0^0 表示 P0 端口的第 0 个引脚（即 P0.0 引脚）。这行代码的意思是用 led0 这个标识符表示 P0^0 */
04 行    void delay();                 //声明无参数的子函数，void 表示无返回值
05 行    void main()                   //主函数
06 行    {                             /*这个括号和第 14 行回括号是配对的，为了阅读时有层次感，书写时要对齐。括号内是主函数的执行语句*/
07 行        while(1)                  //()内值为 1，为死循环（无限地循环）
08 行        {                         /*这个括号和第 13 行回括号是配对的，要对齐，以便有层次感，阅读方便。括号内是 while 循环的执行语句，实现 LED 的闪烁*/
```

```
09 行            led0 = 0;          //此时 P0.0 脚输出低电平，点亮发光二极管 VL0
10 行            delay( );          //调用延时子函数，使 VL0 发光持续 600ms
11 行            led0 = 1;          //P0.0 脚输出高电平，熄灭发光二极管 VL0
12 行            delay( );          //调用延时子函数
13 行        }
14 行    }
      void delay ( )                //定义延时子函数（无参数）
       {
      uint x, y;                    //定义 unsigned int 局部变量 x，y
      for (x = 600; x > 0; x - - )  // "x = 600" 的作用是将 600 赋给 x
          for (y = 110; y > 0; y - - );
      }
```

注意：如果不加上第 07 行、第 08 行和第 13 行这个 while（1）语句，有可能出现程序跑飞现象。这是因为我们编写的程序烧入单片机后，一般没有将存储器存满。上电后单片机程序指针 PC 就会从程序存储器的 0 地址开始执行，中间会按照程序的要求跳到需要的地址执行相应的语句，如果执行完毕最后一条指令而没有相应的跳转指令，PC 会继续往存储器的下一地址执行，而下一地址是没有烧写指令进去的（理论上是全 1 或全 0，随厂家而定），这时就会出现跑飞现象，在 PC 将所有地址都跑一遍之后会回到 0 地址，如此循环。

2. 带参数函数的声明、定义和调用

如果在一个程序里需要不同的延时时间，则需要写多个不同的延时函数，用上述不带参数的子函数就不方便了。这时宜采用带参数的子函数。该函数的定义如下：

```
void delay(unsigned int z)      /* 定义延时函数。() 内的 "z" 为形式参数（简称形参）的名字，
                                   "unsigned int" 为形参类型。若有多个形参，可同时列出，用 "," 号
                                   隔开。*/
{
    unsigned int x, y;                    //定义局部变量 x，y
    for(x = z;x > 0;x - - )
        for(y = 110;y > 0;y - - );
}
```

同样，当带参数函数出现在调用它的函数之后时，需要在程序的起始处声明。其格式为

```
返回值特性 函数名(形参类型 1 形参名 1,形参类型 2 形参名 2,……);
```

如语句：

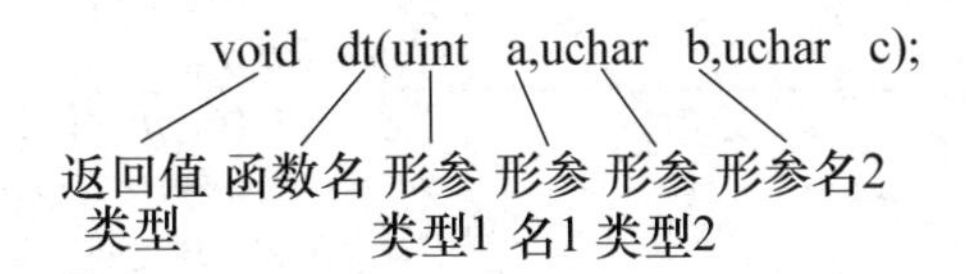

声明时形参列表，也就是（）内的内容也可以不写，但在定义时必须写。

【应用示例】详见 2.3 节。

2.2.15　良好的编程规范

良好的编程规范有利于开发人员理清思路、整理代码，同时也便于他人阅读、交流。在

进行编程时，总的原则是要做到格式清晰、注释简明扼要、命名规范易懂、函数模块化、程序易读易维护、功能准确实现、代码空间效率和时间效率高、适度的可扩展性等。

初学者要遵守的基本编程规范见表2-10。

表2-10　初学者要遵守的基本编程规范

类别	基本要求	分类说明
标识符命名	命名要有明确含义，清晰明了。可使用完整单词或约定俗成的缩写 通常，较短的单词可通过去掉元音字母形成缩写；较长的单词可取单词的头几个字母形成缩写。也可以使用汉语拼音的全称或缩写。做到见名知意就行了。对于缩写，如果意义不太明确，须加上注释 命名风格要自始至终保持一致	宏和常量用大写字母，词与词之间用下画线分隔 变量名、函数名用小写字母 除了编译开关/头文件等特殊应用，应避免使用以下画线开始 同一软件产品内模块之间接口部分的标识符名称之前加上模块标识
注释	有助于对程序的阅读理解，说明程序在“做什么”，解释代码的目的、功能和采用的方法 一般情况源程序有效注释量在30%左右 注释语言必须准确、易懂、简洁 边写代码边注释，修改代码同时修改相应的注释，不再有用的注释要删除	函数头部注释放在每个函数的顶端，用“/＊……＊/”的格式包含 代码注释应与被注释的代码紧邻，放在其上方或右方，不可放在下面。如放于上方，则需与其上面的代码用空行隔开。一般少量注释应该添加在被注释语句的行尾，一个函数内的多个注释左对齐；较多注释，则应加在上方且注释行与被注释的语句左对齐
函数	单个函数的规模不超过200行 一个函数只完成一个功能 函数局部变量的数目一般不超过5~10个 函数内部局部变量定义区和功能实现区（包含变量初始化）之间空一行 不要将函数的参数作为工作变量	1. 变量定义区。同一行内不要定义过多变量。同一类的变量在同一行内定义，或者在相邻行定义；变量定义区不做较复杂的变量赋值 2. 功能实现区。一行只写一条语句；若不熟悉运算符的优先级，可用括号明确表达式的操作顺序；各程序段（指能完成一个较具体的功能的一行或多行代码）之间使用一个空行分隔，加以必要的注释；不要使用难懂的技巧性很高的语句；源程序中关系较为紧密的代码应尽可能相邻；完成简单功能、关系非常密切的一条或几条语句可在该函数外编写为子函数或定义为宏，在该函数和其他函数中调用
排版	缩进	代码的每一级均往右缩进4个空格的位置，即按一次Tab键往右缩进的位置
	分行	过长的语句（超过80个字符）要分成多行书写；长表达式要在低优先级操作符处划分新行，操作符放在新行之首，划分出的新行要进行适当的缩进，使排版整齐，语句可读。避免把注释插入分行中
	空行	文件注释区、头文件引用区、函数间应该有且只有一行空行；相邻函数之间应该有且只有一行空行；函数体内相对独立的程序块之间可以用一行空行或注释来分隔；函数注释和对应的函数体之间不应该有空行
	空格	双目操作符，如比较操作符“<”“<=”，赋值操作符“=”“+=”，算术操作符“+”“%”，逻辑操作符“&&”“&”，位操作符“<<”“^”等，前后均加一个空格

注：表中内容是为了初学者养成良好的习惯，而不是语法。更为详尽的编程规范详见本书《资料》。

2.3　使用“位操作”控制流水灯

任务书：利用单片机的“位操作”，依次使每个 LED 亮 100ms、熄 100ms，这样周期性地循环。

2.3.1　编程思路

“位操作”就是通过编程的方式来操作单片机的单个 I/O 口，使它输出低电平或者高电平，来驱动与该 I/O 口相连的元器件发生相应的动作。通过 8 个 I/O 口的“位操作”，可以使 8 个 LED 依次点亮片刻，这样就可形成流水灯。

2.3.2　参考程序及解释

```
行号  程序代码                          注释
01  #include <reg52.h>                //包含头文件 <reg52.h>
02  #define uint unsigned int         //宏定义
03  sbit LED0 = P1^0;     /* 声明端口。第 03 ~ 10 行均为声明端口,sbit 是位定义的关键词 */
04  sbit LED1 = P1^1;
05  sbit LED2 = P1^2;
06  sbit LED3 = P1^3;
07  sbit LED4 = P1^4;
08  sbit LED5 = P1^5;
09  sbit LED6 = P1^6;
10  sbit LED7 = P1^7;
11  uint i,j;                         //声明无符号整形变量 i 和 j
12  void delay(uint z);               //声明延时函数。" z" 为形参
13  void main()                       //主函数
14  {               /* 这个括号和第 27 行回括号是配对的，书写要对齐，以便阅读。
                    括号内是主函数的执行语句，表明了程序要实现的功能 */
LED0 = LED1 = LED2 = LED3 = LED4 = LED5 = LED6 = LED7 = 1;    /* P0 的各端口均输出高电平，所
有 LED 熄灭 */
15      while(1)                      //使 {} 内的语句循环执行
16      {                             //该括号和第 26 行回括号是配对的，是一个层级
17          LED0 = 0;                 //此时 P0.0 脚输出低电平，点亮发光二极管 VL0
18          delay (100);      /* 延时 100ms。这里调用延时子函数。将实参 100
                              传递给子函数 delay () 的形参 z */
19          LED0 = 1;                 //P0.0 脚输出高电平，熄灭发光二极管 VL0
20          LED1 = 0;                 //P0.1 脚输出低电平，点亮发光二极管 VL1
21          delay(100);
22          LED1 = 1;                 //熄灭发光二极管 VL1
23          LED2 = 0;delay(100);LED2 = 1;LED3 = 0;delay(100);LED3 = 1;
24          LED4 = 0;delay(100);LED4 = 1;LED5 = 0;delay(100);LED5 = 1;
25          LED6 = 0; delay (100); LED6 = 1; LED7 = 0; delay (100); LED7 = 1;
```

```
26        }
27   }
/ * 第 23 ~25 行为多个语句，可以写在一行，这是符合语法的，是为了节省篇幅。但提倡每个语句占一行，有利于阅读。后同 * /

28                    //不同的功能模块之间可以空一行,这样有利于阅读
29   void delay(uint z)
30   {
31        uint x,y;
32        for(x = z;x > 0;x - - )
33             for(y = 110;y > 0;y - - );
34   }
```

小结：以上是一个完整的程序代码，我们要理解每一语句的含义，掌握一个程序文件的基本结构，并掌握操控单片机单个端口（位操作）的方法。

2.3.3 观察效果

将程序下载到单片机中，上电后可以看到 8 个 LED 依次闪烁（VL0 最先闪烁并向 VL7 的方向流动，并不断循环）。

2.4 使用字节控制流水灯

任务书：用操作字节（即并行 I/O 口控制）的方法，控制图 2-1 所示流水灯每次亮三个并循环流动。

点亮顺序是

VL7、VL6、VL5 同时亮→VL6、VL5、VL4 同时亮→VL5、VL4、VL3 同时亮→
VL4、VL3、VL2 同时亮→VL3、VL2、VL1 同时亮→VL2、、VL1、VL0 同时亮→
VL7、VL1、VL0 同时亮→VL7、VL6、VL0 同时亮

2.4.1 编程思路

51 系列单片机是 8 位单片机，每一组端口共有 8 个引脚。每个引脚可输出一个电平（0 或 1），一组端口可同时输出 8 个电平，这 8 个电平正好构成了一个字节。用字节操作来控制同时点亮几个 LED 的流动，要比位操作简单得多。例如，在图 2-1 所示的流水灯电路中，若要点亮 VL1、VL3、VL5、VL7，只需 P0 端口从高位 P0. 7 到低位 P0. 0 输出 0101 0101。将这 8 位二进制数转换为十六进制数为 0x55，编程语句可写成 P0 = 0x55。因此，用字节控制可以轻易地实现三个灯的流动。

2.4.2 参考程序及解释

```
#include “reg52. h”
void delay( unsigned int i) { while( - - i);}     / * 定义延时函数。该子函数在主函数的前面,不需要声明 * /
#define LED P0                                     / * 宏定义。用 LED 表示 P0。程序在执行过程中,凡是执行到 LED,会自动替换成 P0 * /
void main( )
```

```
{
    While(1)
    {
        LED = 0x1f;delay(30000);          //0x1f = 0001 1111，点亮 VL7、VL6、VL5，并延时
        LED = 0x8f;delay(30000);          //0x8f = 1000 1111，点亮 VL6、VL5、VL4，并延时
        LED = 0xc7;delay(30000);          //0xc7 = 1100 0111，点亮 VL5、VL4、VL3，并延时
        LED = 0xe3;delay(30000);          //0xe3 = 1110 0011，点亮 VL4、VL3、VL2，并延时
        LED = 0xf1;delay(30000);          //0xf1 = 1111 0001，点亮 VL3、VL2、VL1，并延时
        LED = 0xf8;delay(30000);          //0xf8 = 1111 1000，点亮 VL2、VL1、VL0，并延时
        LED = 0x7c;delay(30000);          //0x7c = 0111 1100，点亮 VL7、VL1、VL0，并延时
        LED = 0x3e;delay(30000);          //0x3e = 0011 1110，点亮 VL7、VL6、VL0，并延时
    }
}
```

2.5　使用移位运算符控制流水灯

任务书：编程使图 2-1 所示的 LED 在上电时 VL7、VL6、VL5 点亮，以 0.5s 的时间间隔向右流动，每次流动一位（即过 0.5s，VL6、VL5、VL4 点亮……），这样不断地循环。

2.5.1　编程思路

使用 2.2.10 节介绍的移位运算符可以实现流水灯。单片机的一组端口（如 P0）从高位到低位依次输出 0001 1111，即 $P0 = 0001\ 1111_B = 0x1f$（说明：B 表示二进制数），则能满足上电时 VL7、VL6、VL5 点亮。通过右移、左移若干位，再按位或可以实现 8 位数据高位与低位的交换，完成任务书的要求，详见程序及相应解释。

2.5.2　使用移位运算符控制流水灯的参考程序及解释

```
01 行  #include "reg51.h"
02 行  const unsigned char D = 0x1f;   /* const 是一个 C 语言的关键字，它限定一个变量不允许被改
变 */
03 行  void delay(unsigned int i){ while(--i);}
       void main()
       {
         while(1)
07 行      {
            P0 = (D >>0)|(D <<8);delay (30000); /* D 右移 0 位，结果为 0x1f，左移 8 位，值全
                                 为 0，按位或后仍为 0x1f，这样写是为了和下面的代码统一。也
                                 可直接写成 P0 = D。这一行的作用是点亮 VL7、VL6、VL5 */
09 行       P0 = (D >>1)|(D <<7);delay(30000);
10 行       P0 = (D >>2)|(D <<6);delay(30000);
11 行       P0 = (D >>3)|(D <<5);delay(30000);
12 行       P0 = (D >>4)|(D <<4);delay(30000);
13 行       P0 = (D >>5)|(D <<3);delay(30000);
```

```
14 行        P0 = (D > >6) | (D < <2) ; delay(30000) ;
15 行        P0 = (D > >7) | (D < <1) ; delay(30000) ;
          }
    }
```

部分程序代码详解

第 09 ~ 15 行：将 D 右移 *n* 位、D 左移 8 − *n* 位，再按位或，可以实现将向右移而移出的 *n* 位数转移到左边。下面以（D > >7）|（D < <1）为例进行说明，详见表 2-11。

表 2-11　移位运算示例

数据 D	0001 111**1** 高 7 位	
D >>1	*0*000 1111 **1**	**1** 为移出的位，舍去，左边空位补上一个 0（倾斜的 *0* 为补上的，下同）
D <<7	0001 111**1***000 0000*	0001111 为移出的位，右边空位补上 0
(D >>7) | (D <<1)	**1**000 1111	说明：执行该运算，相当于把 D 的高 7 位与最低的那 1 位互换，使点亮的三个灯向右移动了一位

2.6　使用库函数实现流水灯

2.6.1　循环移位函数

使用 C51 库自带的循环左移或循环右移函数可以方便、简洁地实现流水灯。打开 Keil \ C51 \ HLP 文件夹，再打开 C51lib 文件（这个文件是 C51 自带库函数的帮助文件），在索引栏可以找到循环左移函数_crol_和循环右移函数_cror_。这两个函数都包含在 intrins. h 这个头文件中。如果程序中要使用循环移位函数，则必须在程序的开头包含 intrins. h 这个头文件。

1. 循环左移函数_crol_

函数的原形是 unsigned char _crol_（unsigned char c，unsigned char b）。其中 c 是一个变量，b 是一个数字。这是一个有返回值（前面不加 void）、带参数的函数。它的意思是将字符 c 的二进制数值循环左移 b 位。该函数返回的是移位后所得到的值。

例如，设 c = 0x5f = $0101\ 1111_{B}$，执行一次 temp = _crol_(c,3)_的过程是，将 c 循环左移 3 位，即 c 的二进制数值的各位都左移 3 位，c 的高 3 位（即 010）会被移出，移到 c 的低 3 位，于是变为 $1111\ 1010_{B}$，因此_crol_(c,3)_的值为 $1111\ 1010_{B}$，temp = $1111\ 1010_{B}$。每执行一次，c 的二进制数值循环左移 3 位。

2. 循环右移函数_cror_

函数的原形是 unsigned char _cror_（unsigned char c，unsigned char b）。每执行一次，c 的二进制数值会被循环右移 b 位，右移后所得到的值返回给该函数。

2.6.2　使用循环移位函数实现流水灯的参考程序及解释

1. 任务书

8 个 LED 中每次只点亮一个，由左至右间隔 1s 流动点亮，其中每个 LED 亮 500ms，灭 500ms，亮时蜂鸣器响，灭时关闭蜂鸣器，一直重复下去。

2. 参考程序

```
#include < reg52. h >
#include < intrins. h >        /* 编译器内的循环移位库函数对应的头文件为 intrins. h。包含该头文件后，
在后续程序中才能使用循环移位函数，因为库函数内需要的相关声明及一些定义存在于相应的头文件里 */
#define uint unsigned int
#define uchar unsigned char
sbit bell = P1^3;
uchar temp;
void delay(uint);
void main()
{
    temp = 0xfe;                //给变量 temp 赋初值，0xfe 即二进制 1111 1110
    while(1)                    //死循环语句，它的 {} 内的语句将无限地逐条执行，不断循环
    {
13 行       P0 = temp;          //P0^0 = 0，P0 其余各端口均为高电平，点亮发光二极管 VL0
        bell = 0;               //P1^3 输出低电平，驱动蜂鸣器发声
        delay(500);             //延时 500ms
        P0 = 0xff;              //P0 的 8 个端口均输出高电平，VL0 熄灭
        bell = 1;               //P1^3 输出高电平，蜂鸣器停止鸣响
        delay(500);
19 行       temp = _crol_ (temp, 1);
    }
}
void delay (uint z)             //带参数的延时子函数
{
    uint x, y;
    for (x = z; x > 0; x - -)
        for (y = 110; y > 0; y - -);
}
```

3. 部分程序代码详解

while（1）{} 内的语句是从上到下、循环地逐条执行的。每一次执行到第 19 行，temp 的二进制数值就循环左移一位，移位后的值再赋给 temp，当下一次执行第 13 行时，temp 赋给 P0 口，使点亮的灯移动了一位。例如，第一次执行到第 19 行，循环移位后的值变为 $1111\ 1101_B$，temp = $1111\ 1101_B$，然后再从上到下逐条执行，当执行到第 13 行时，temp 的值（即 $1111\ 1101_B$）赋给 P0，使 P0^1 = 0，使 VL1 点亮，其余端口均为高电平，使其他的 LED 熄灭。这样，点亮的灯流动了一位。

2.7 使用条件语句实现流水灯

2.7.1 条件语句

条件语句是根据表达式的值作为条件来决定程序走向的语句，最常用的就是 if 条件语

句。if 语句根据有无分支，又可分为单分支 if 语句、双分支 if 语句和多分支 if 语句。

1. 单分支 if 语句

```
单分支 if 语句的一般形式是，if(条件表达式){语句 1;语句 2;语句 3;……;}
```

条件表达式一般为逻辑表达式或关系表达式，{}内的若干语句描述一定的动作或事件。

语句描述：如果条件表达式为“真”（即表达式是成立的，表达式的值为 1），则逐条执行{}内的语句，{}内的语句执行完毕后，退出 if 语句，接着执行 if 语句后面的程序；如果条件表达式不成立，则{}内的语句不会被执行，直接执行 if 语句后面的程序。

2. 双分支语句

双分支语句的一般格式是：

```
if(条件表达式)
    {语句 1;}              //也可以是多条语句
else
    {语句 2;}              //也可以是多条语句
```

语句描述：如果条件表达式为“真”，则执行语句 1，再退出 if 语句（语句 2 不会被执行）；若条件表达式为“假”，则执行语句 2，再退出 if 语句，接着执行后续语句。

3. 多分支语句

```
if(条件表达式 1)
    {语句 1;}              //{}内也可以是多条语句
else if(条件表达式 2)
    {语句 2;}              //{}内也可以是多条语句
else if(条件表达式 3)
    {语句 3;}              //{}内也可以是多条语句
    ……
else if(条件表达式 m)
    {语句 m;}              //{}内也可以是多条语句
else
    {语句 n}               //{}内也可以是多条语句
```

语句描述：如果表达式 1 为“真”，则执行语句 1，再退出 if 语句，此时语句 2、语句 3、……、语句 n 都不会执行；否则判断表达式 2，若表达式 2 为“真”，则执行该表达式后面{}内的语句 2 等，执行完毕再退出 if 语句；否则去判断表达式 3……最后，如果表达式 m 也不成立，则执行 else 后面的语句 n。else 和语句 n 也可以省略不用。

2.7.2　使用条件语句实现流水灯的参考程序及解释

1. 任务书

与 2.6.2 节相同。

2. 参考程序

```
#include <reg52.h>
#define uint unsigned int
#define uchar unsigned char
```

```
uchar i,j;
void delay(uint z)                  //定义延时函数。定义一个函数和声明函数是不一样的
{
    uint x,y;
    for(x = z;x >0;x - - )
        for(y = 110;y >0;y - - );
}
void display( )                     //定义 LED 的显示函数，供主函数调用
{
    if(i = =1)   P0 =0xfe;      //如果 i = =1（测试等于），就亮第一个灯
    if(i = =2)   P0 =0xfd;      //如果 i = =2（测试等于），就亮第二个灯
    if(i = =3)   P0 =0xfb;      //如果 i = =3（测试等于），就亮第三个灯
    if(i = =4)   P0 =0xf7;      //如果 i = =4（测试等于），就亮第四个灯
    if(i = =5)   P0 =0xef;      //如果 i = =5（测试等于），就亮第五个灯
    if(i = =6)   P0 =0xdf;      //如果 i = =6（测试等于），就亮第六个灯
    if(i = =7)   P0 =0xbf;      //如果 i = =7（测试等于），就亮第七个灯
    if(i = =8)   P0 =0x7f;      //如果 i = =8（测试等于），就亮第八个灯
}
void main( )
{
    while(1)
    {
        i + +;                  //i 的每一个值，对应着点亮一个灯
        display( );             //调用显示函数
        delay(500);             //延时 500 模式，即一个灯亮 500ms
        if(i >8) i =0;     /＊图 2-1 所示的流水灯只有 8 个灯。如果 i >8（也就是大于或等于 9），
就超出范围，此时需将 i 的值变为 0，当返回到执行第 1 句 i + +后，i 的值就变为 1，对应于点亮第 1 个灯
＊/
    }
}
```

2.8　使用 switch 语句控制流水灯

2.8.1　switch 语句介绍

if 语句一般用来处理两个分支。当处理多个分支情况时需使用 if – else – if 结构。但分支越多，嵌套的 if 语句层就越多，程序不但庞大而且不易理解。因此 C 语言提供了一个专门处理多分支结构的条件选择语句，即 switch 语句（又称开关语句）。其基本形式如下：

```
switch(表达式)               //注意：( ) 内也可以是一个变量
{
    case 常量表达式 1：语句 1；
```

```
        break;
        case 常量表达式 2: 语句 2;
        break;
        ……
        case 常量表达式 n:语句 n; //注意: 各常量表达式后面是冒号而不是分号
/*注意: 若一个 case 后面有多条语句, 则不需要像 if 语句那样把多条语句写在 {} 内。程序会按顺序逐条执行该 case 后面的各条语句*/
        break;
        default:              //最后的 default、语句 n+1、break 三条语句可以不要
        语句 n+1;
        break;
    }
```

该语句的执行过程是，首先计算 switch 后面（）内表达式的值，然后用该值依次与各个 case 语句后面的常量表达式的值比较，若 switch 后面（）内表达式的值与某个 case 后面的常量表达式的值相等，就执行此 case 后面的语句，当遇到 break 语句就退出 switch 语句，执行后面的语句；若（）内表达式的值与所有 case 后面的所有常量表达式的值都不相等，则执行 default 后面的语句 $n+1$，然后退出 switch 语句，执行 switch 语句后面的语句。

2.8.2　使用 switch 语句控制流水灯的参考程序及解释

1. 任务书

与 2.6.2 节相同。

2. 参考程序

在 2.7.2 节的程序代码中，把控制流水灯显示的 display( ) 函数修改为下面的函数，其余的不变，可实现同样的效果。

```
void display()
{
    switch(i)
    {
        case 1:P0 = 0xfe;break;     //点亮第一个灯
        case 2:P0 = 0xfd;break;     //点亮第二个灯
        case 3:P0 = 0xfb;break;     //点亮第三个灯
        case 4:P0 = 0xf7;break;     //点亮第四个灯
        case 5:P0 = 0xef;break;     //点亮第五个灯
        case 6:P0 = 0xdf;break;     //点亮第六个灯
        case 7:P0 = 0xbf;break;     //点亮第七个灯
        case 8:P0 = 0x7f;break;     //点亮第八个灯
    }
}
```

注意：

1）break 还可以用在 for 循环或 while 循环内，用于强制跳出循环。

2）switch 语句与 if 语句有以下不同：

① if - else - if 要依次判断（）内条件表达式的值，当条件表达式为真时，就选择属于它的语句执行。switch 只在开始判断一次（）内的变量或表达式的值，然后直接跳到相应的位置，效率更高。

② if - else - if 执行完属于它的语句后跳出。switch 是跳到相应的 case 项目执行完后，不会自动跳出，而是接着往下执行 case 程序；只有遇到 break 后才会跳出。

2.9　使用数组控制流水灯

2.9.1　数组

实际工作中往往需要对一组数据进行操作，而这一组数据又有一定的联系。若用定义变量的方法，则需要多少个数据就要定义多少个变量，并且难以体现各个变量之间的关系，这种情况若使用数组就会变得简单一些。这一特点在后续章节会多次用到。数组有一维、二维和多维之分，本章只介绍一维数组。

1. 一维数组的声明

一维数组的声明方式为：类型说明符　数组名［常量表达式］。例如：

```
unsigned char zm[10];          /*注:unsigned char 是类型说明符,zm 是数组名。数组名的命名规则和变量命名相同,遵循标识符的命名规则。[]内的常量表达式表示数组含有的元素的个数,即数组的长度,如[]内的 10 表示该数组内含有 10 个元素*/
```

2. 一维数组的初始化

数组的初始化（定义）可以采用以下几种方法。

1）在声明数组时对数组的各元素赋初值（这就是定义数组）。例如：

```
char zm[10] = {1,3,9,5,11,3,4,5,7,8}; //这是常用的定义方法
```

2）只给一部分元素赋初值。例如：

```
char zm[10] = {1,3,9,5,11};     /*定义数组 zm 有 10 个元素，但初始化后{}内只提供了 5 个元素的初值，后面 5 个元素的值默认均为 0*/
```

3）如果对数组全部元素都赋了初值，则可以不指定长度。例如：

```
char zm[10] = {1,3,9,5,11,3,4,5,7,8};
```

10 个元素都赋了初值，因此也可以写成：

```
char zm[] = {1,3,9,5,11,3,4,5,7,8};
```

3. 一维数组的引用

数组必须先定义，再引用。C 语言规定只能引用数组元素，而不能引用整个数组。数组元素的表示方式为：数组名［下标］，下标从 0 开始编号，下标的最大值为元素个数减 1。例如，对于数组 char zm[] = {1,3,9,5,11,3,4,5,7,8}，zm[0]、zm[1]、zm[2]、zm[3]、zm[4]分别表示数组 zm 的第 1、2、3、4、5 个元素，zm[9]就是最后一个元素，值为 8。

2.9.2　使用数组控制流水灯的参考程序及解释

1. 任务书

同 2.6.2 节。

2. 参考程序

```
#include < reg52. h >
#define uint unsigned int
#define uchar unsigned char
uchar i;
uchar code table[ ] = {0xfe,0xfd,0xfb,0xf7,0xef,0xdf,0xbf,0x7f};   /＊把点亮第 1，2，3，…，8 个灯
的十六进制代码作为数组的元素＊/
void delay( uint z)
{
    uint x,y;
    for( x = z;x >0;x - - )
        for( y =110;y >0;y - - );
}
void main( )
{

14 行      for(i =0;i <8;i + + )
15 行      {
16 行          P0 = table[i];
17 行          delay(500);
18 行          if(i = =7)   i =0
19 行      }
}
```

3. 部分程序详解

第 14 ~19 行：变量 i 的初值默认为 0，当 i =0 时，进入 for 循环语句后，由于 i <8 为真，则不执行 i + +，而直接执行第 16 行：P0 = table ［0］;，即 P0 =0xfe;（因为 i =0），点亮了第一个灯。延时 500ms 后，再执行第 18 行的判断，再执行 i + +，i 的值变为 1，再判断 i <8 是否为真，结果为真，因此执行第 16 行：P0 = table ［1］;，即 P0 =0xfd;，点亮了第二个灯……依次点亮各个灯。当 i 等于 7 后（8 个灯已点亮了一遍），执行到第 18 行时，需要将 i 置为 0，开始下一轮的循环。

2.10 使用指针实现流水灯

2.10.1 指针的概念和用法

指针是 C 语言中的重要概念。指针是一种变量，但它存储的是数据的地址，而不是数据。

1. 指针的定义

定义指针的方法和定义其他变量相似，但在变量名前面要加上“＊”。“＊”说明该变量是指针变量。例如：

```
unsigned char *a;          //变量 a 是一个指向无符号字符型数据的变量
int *p;                    //变量 p 是一个指向整型数据的变量
```

2. 指针运算符 & 和 *

& 为取地址运算符，指针变量需要通过 & 来获取变量（数据）的地址。

* 为取值运算符，通过 * 可以将指针所指的地址存储的数据赋给变量。例如：

```
char a,b,*p;          //定义字符型变量 a、b 和指针变量 p
a=3;b=8;              //给变量赋值
p=&a;                 //取变量 a 的地址赋给指针 p，也叫作指针 p 指向了变量 a
b=*p;                 //将指针 p 所指向的地址处存储的数据赋给 b
```

3. 指针指向数组的操作

指针指向数组的常用操作示例如下：

```
char z[]={0,2,4,6,8,10};      //定义一个数组
char *pa,x;                   //定义字符型变量 x 和指针变量 pa
pa=&z[0];                     //将数组的第一个元素（即 z[0]）的地址赋给指针 pa
pa=pa+3;                      //指针变量加 3，即指针指向了数组的第 4 个元素
x=*pa;                        //将数组的第 4 个元素赋给变量 x
```

2.10.2　使用指针实现流水灯的参考程序及解释

1. 任务书

对于图 2-1 所示的电路，编写程序使两个灯点亮，并依次流动（最初 VL0、VL1 点亮，向高位流动），不断循环。

2. 参考程序

```
#include "reg51.h"
#define LED P0
unsigned char code a[]={0xfc,0xf9,0xf3,0xe7,0xcf,0x9f,0x3f,0x7e};
/*数组各元素对应着点亮流水灯的各状态，如 0xfc 转换成二进制数值为 1111 1100，对应着点亮
VL0、VL1 两个 LED*/
unsigned char *pa;                    //定义指针 pa
delay(unsigned int i){while(--i);}
void main()
{
    pa=&a[0];                         //最初，让指针 pa 指向数组第 1 个元素的地址
    while(1)
    {
        LED=*pa;                      //将指针所指向的地址所存储的数据送给 LED
        delay(30000);
        pa++;                         //指针加 1，指向下一个位置
        if(pa>&a[7]) pa=&a[0];        //如果指针超出了数组范围，则回指第 1 个元素
    }
}
```

【复习训练题】

1. 图 2-1 所示的 LED，要变成单片机输出高电平点亮，应怎样连接电路？画出电路图。

2. 利用图 2-1 所示的电路，用 8 个 LED 演示出 8 位二进制数的累加过程。

3. 利用图 2-1 所示的电路，实现 8 个 LED 间隔 300ms 先奇数亮再偶数亮，循环 3 次；一个灯上下循环 3 次；两个分别从两边往中间流动 3 次；再从中间往两边流动 3 次；8 个全部闪烁 3 次；关闭 LED，程序停止。

4. 利用图 2-1 所示的电路，实现一个 LED 先逐渐变亮，再逐渐熄灭。

注：本章视频教程包含本章全部内容。

第2篇　初步提高——单片机基本接口和内、外部常用资源的使用

第3章　指令器件与单片机的接口

【本章导读】

人们可通过按键将指令传给单片机，单片机根据收到的指令控制外围器件的工作。通过学习本章，读者可以掌握独立按键、矩阵按键、钮子开关等指令器件与单片机的连接，并学会使用这些指令器件通过单片机控制相应的器件（如灯、蜂鸣器、继电器和电动机）工作。通过本章的学习，能提高理论和实践相结合的能力，进而提高对单片机的兴趣。

【学习目标】

1）掌握独立按键的使用方法。
2）掌握矩阵按键的使用方法。
3）掌握钮子开关的使用方法。
4）掌握单片机对蜂鸣器、继电器、微型电动机的控制方法。

【学习方法建议】

对本章所述器件的应用，首先要理解基本原理，看懂本章例程，然后以各例程的任务书为题目，自己独立完成硬件和编程。

3.1　独立按键的原理及应用

3.1.1　常见的轻触按键

轻触按键是一种电子开关，只要轻轻按下按键，就可以实现接通；松开按键时，就可以实现断开（原理是通过轻触按键内部的金属弹片，使其受力弹动来实现接通和断开）。它具有接触电阻小、体积小、规格多样化、价格低廉的优点，在电子产品中应用极广。常见的轻触按键如图3-1所示。

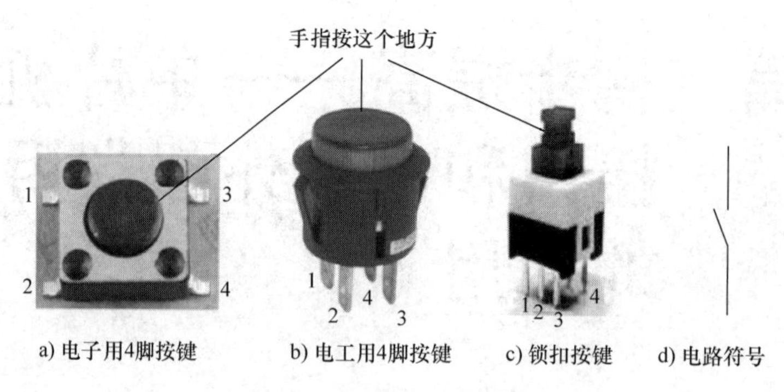

图 3-1　常见的轻触按键

3.1.2　轻触按键的通、断过程及消抖

1. 按键的通、断过程

在图 3-1a、b 中，无论按键按下与否，1 脚和 2 脚总是相通的，3 脚和 4 脚也总是相通的。当按键按下时，1、2 脚与 3、4 脚接通，按住不放则保持该接通状态；按键释放后（或没按下时），1、2 脚相通，3、4 脚相通，但 1、2 脚与 3、4 脚是断开的。图 3-1c 的通、断过程与此类似。在按键按下和释放状态，各引脚的通、断关系也可以通过万用表电阻档来判断。这些按键实质上等效于具有 2 个引脚的开关。

2. 按键通、断过程的抖动

按键按下、释放过程输出的理想波形是标准的矩形波，如图 3-2a 所示。但是，由于机械触点的弹性作用，触点在闭合时不会马上稳定地接通，在断开时也不会立即断开，因而在按键闭合及断开瞬间会伴随着一连串的抖动，抖动的电压信号波形如图 3-2b 所示。

抖动时间的长短由按键的机械特性决定，一般为 5～10ms，这个时间参数很重要，在很多场合需要用到。

按键稳定闭合时间的长短由操作人员的按键动作决定，一般为零点几秒至数秒。

3. 按键的消抖

按键的抖动会造成一次按下按键却被误读为多次按下按键。为了确保按键的一次按下被单片机读取为一次，必须对按键做消除抖动（消抖）处理。消抖的方法有硬件消抖和软件消抖两种。硬件消抖可使用 RS 触发器。

在单片机系统中，按键的消抖通常采用软件方法。具体做法是，当单片机检测到按键闭合（低电平）后，采用延时程序产生 5～10ms 的延时，等前沿抖动消失后再检测按键是否仍处于闭合状态（低电平），如果仍处于闭合状态，则确认真正有一次按键按下；当检测到有按键释放后，也要给 5～10ms 的延时，等后沿抖动消失后，才转入该按键释放所应执行的处理程序。

3.1.3　实现按键给单片机传送指令的硬件结构

1. 按键给单片机传送指令的基本原理

按键的一端接地，另一端接单片机的任意一个 I/O 口，如图 3-3 所示。图中的端子 C 与单片机的任一 I/O 口相连接。当按键没按下时，单片机的 I/O 口都是高电平；当按键按下

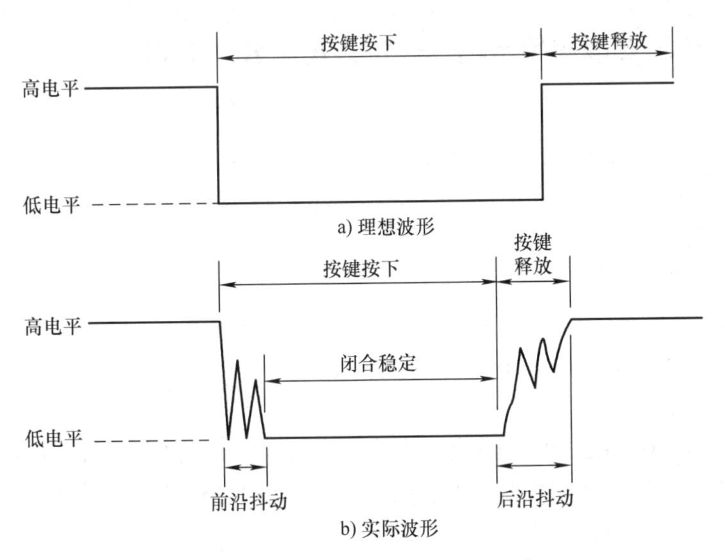

图 3-2　按键按下、释放过程输出的电压波形

时，端子 C 得到低电平，将低电平传送给单片机的 I/O 口，单片机的 I/O 口检测到低电平，就认为按键按下了。

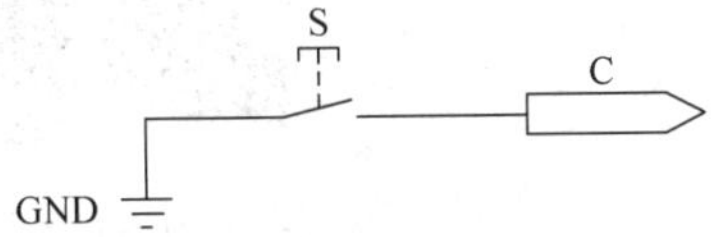

图 3-3　按键给单片机传送指令的原理图

2. 按键与单片机的连接

可以参照图 3-3 设计硬件电路。例如，若需设置 8 个独立按键，可按图 3-4 所示连接硬件。

图 3-4 中的 CN6 为 8 脚插针。需要使用哪个按键，只需用导线将对应插针与单片机的某一 I/O 口相连即可。例如，若需使用按键 SB3，则只需将标明 SB3 的插针与单片机的任一 I/O 口相连。

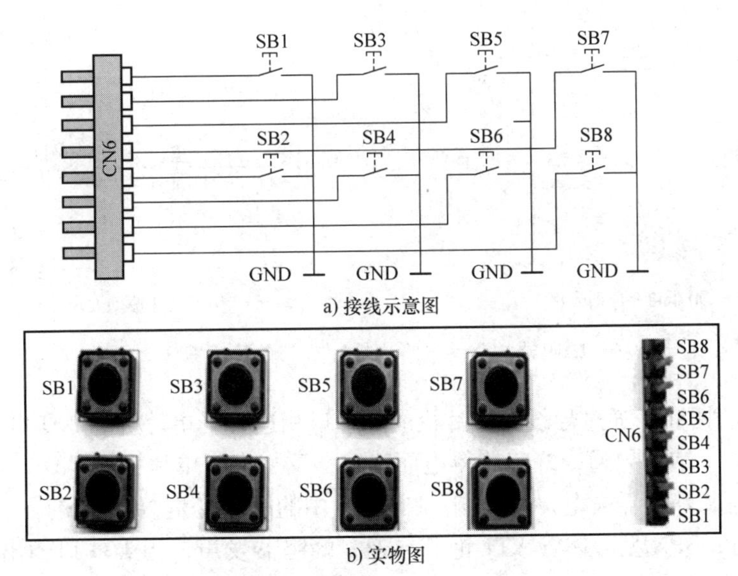

图 3-4　8 位独立按键的连接

3.1.4 独立按键的典型应用示例——按键控制蜂鸣器鸣响

1. 蜂鸣器的特点

蜂鸣器是一种一体化结构的发声器件，在计算机、报警器、电子玩具、汽车电子设备等电子产品中常用作发声器件。它采用直流电压供电，按内部是否有振荡源（音源）可分为有源蜂鸣器和无源蜂鸣器。

（1）有源蜂鸣器

有源蜂鸣器内部带振荡源，只要一通电就会发声，编程简单。它的正面看不到绿色的电路板。它的反面能看见绿色的电路板，如图 3-5a 所示。

（2）无源蜂鸣器

无源蜂鸣器内部不带振荡源，因此不能用直流信号使它鸣叫，而必须用一定频率的音频信号驱动它（如可用 2 ~ 5kHz 的方波去驱动）。无源蜂鸣器便宜，声音频率可控，可以做出七音符的效果，如图 3-5b 所示。

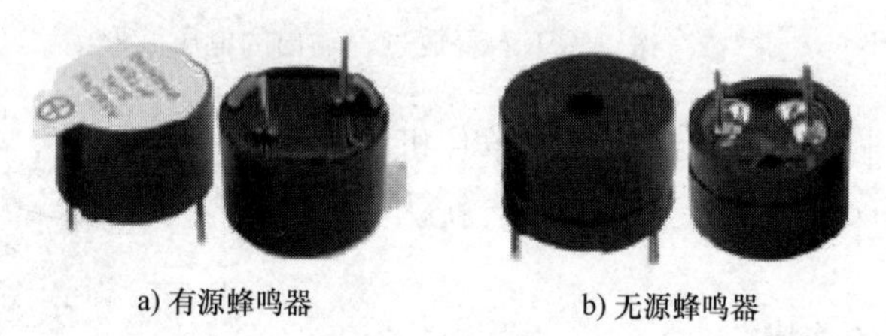

a) 有源蜂鸣器　　b) 无源蜂鸣器

图 3-5　蜂鸣器

2. 蜂鸣器的驱动电路

有源和无源蜂鸣器都可采用图 3-6 所示的电路。

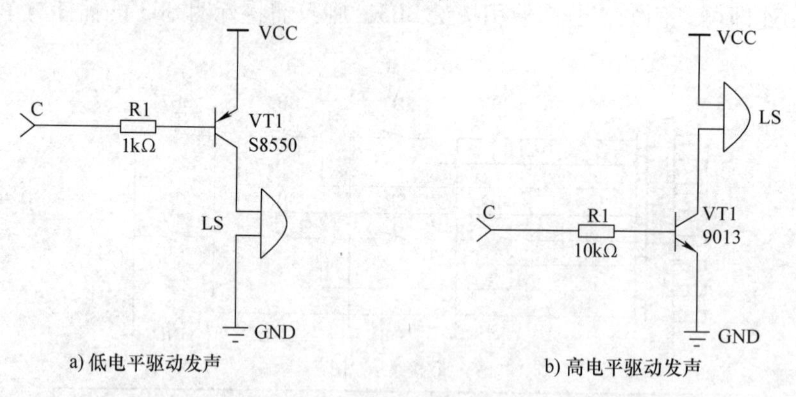

a) 低电平驱动发声　　b) 高电平驱动发声

图 3-6　蜂鸣器的驱动电路（插针 C 与单片机 I/O 口相连）

图 3-6a 中的插针 C 通过导线与单片机的 I/O 口相连，当单片机的 I/O 口输出低电平时，PNP 型晶体管 VT1 饱和导通，蜂鸣器得电而鸣响，反之，当单片机的 I/O 口输出高电平时，晶体管 VT1 截止，蜂鸣器失电，不鸣响。图 3-6b 中的晶体管是 NPN 型的，当单片机的 I/O 口输出高电平时，NPN 型晶体管 VT1 饱和导通，蜂鸣器发声，当 I/O 口输出低电平时，不发声。

3. 按键、单片机驱动蜂鸣器的示例

（1）任务书

用按键 S1 控制有源蜂鸣器。单片机上电后，点按按键 S1，有源蜂鸣器“嘀、嘀、嘀……”鸣响5声。

（2）实现过程

1）硬件。按照图3-7所示连接电路。

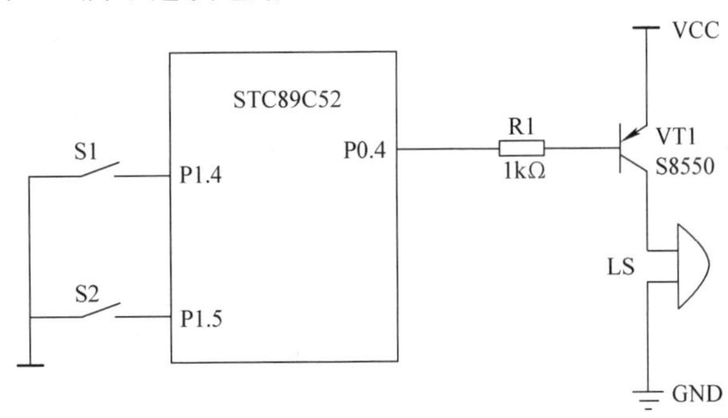

图3-7　按键、单片机驱动蜂鸣器电路图

2）程序代码示例。

```
       #include <reg52.h>
       #define  uint unsigned int
       #define  uchar  unsigned char
       sbit bell = P0^4;                          //用P0.4端口来驱动蜂鸣器
       sbit S1 = P1^4;
       void delay(uint z);                        //声明延时函数
       void main(void)                            //主函数，单片机开机后就是从这个函数开始运行的
       {
           uint i,k;
10行        if(S1 = =0)                           /*第一次检测到按键S1按下。11行、12行、13行
                                                     构成按键消抖语句*/
           {
               delay(8);                          //延时约8ms，进行消抖。延时时间可酌情增、减
13行           if(S1 = =0)                        /*第2次检测到按键按下，说明该按键确实是按下
                                                     了，于是执行第14~20行之间的语句*/
               {
15行               for(i =0;i <5;i + +)           //蜂鸣器鸣响5声
                   {
                       for(k =0;k <50000;k + +);         //延时若干，具体时间长度不考虑
                       bell =0;                          //P0.4输出低电平，启动鸣叫
                       for(k =0;k <50000;k + +);         //延时若干，具体时间长度不考虑
20行                   bell =1;                          //P0.4输出高电平，停止鸣叫
21行               }
               }
23行        while(S1 = =0);                              //等待按键释放
```

```
        }
    }
    void delay(uint z)                    //定义延时函数
    {
        uint x,y;
        for(x = z;x > 0;x - - )
            for(y = 120;y > 0;y - - );
    }
```

第23行的作用是，按键还没释放（S1 = =0）时，程序执行到这里就停止，直到按键释放后，S1不等于0，程序就跳出while（S1 = =0）循环，执行后面的语句。如果不加第23行，则不必等按键释放，就可执行后面的语句。这是写了等待按键释放和不写等待按键释放的区别。

3.2 矩阵按键的应用

3.2.1 矩阵按键的原理和硬件设计

1. 矩阵键盘结构示例

前面介绍的独立按键与单片机I/O口的连接是一对一的，每个按键连接（占用）一个I/O口，主要应用在按键或开关数量较少的控制系统中。如果一个项目涉及的按键（开关）有十几个或更多，若采用独立按键，就要占用较多的单片机I/O口，导致单片机的端口不够用。为了节省单片机端口，应采用矩阵按键（又叫矩阵键盘）。矩阵键盘与单片机的连接方式如图3-8所示。

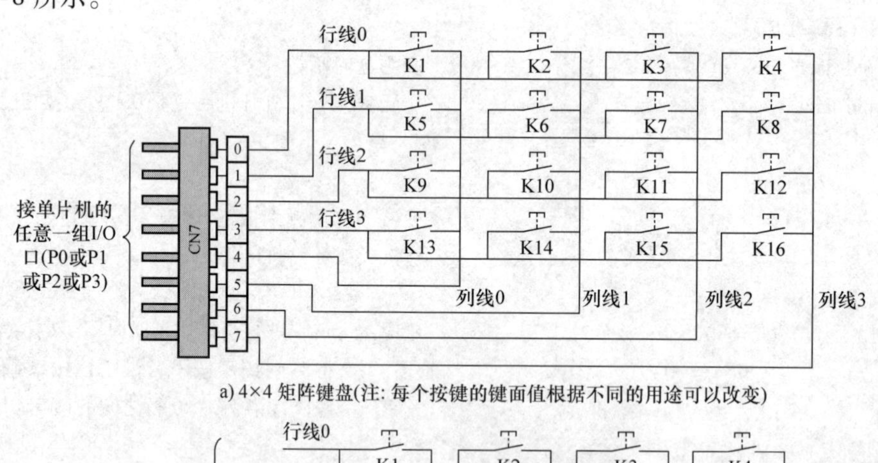

a) 4×4 矩阵键盘(注: 每个按键的键面值根据不同的用途可以改变)

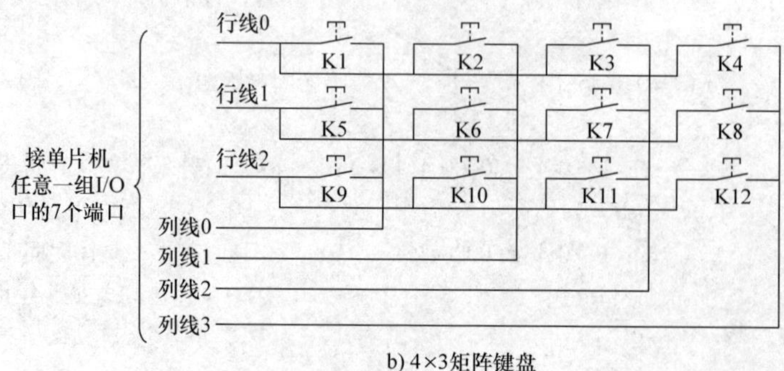

b) 4×3矩阵键盘

图3-8　矩阵键盘示例

由图可知，所谓矩阵键盘，就是将行线和列线分别接到单片机的I/O口上，在行线和列线的交叉处接上按键（即按键的一端接行线，另一端接列线），其显著特点是大幅节省了单片机端口，但编程要稍复杂。

2. 矩阵键盘的硬件设置

按照图3-8a所示将16个按键和插针进行电气连接，就形成了4×4矩阵键盘，如图3-9所示。

注意：COL0～COL3为第0～3列，ROW0～ROW3为第0～3行。硬件连线时就是这样连接的。当然，插针的行、列排列顺序也可以不这样排列，不过编程时的扫描顺序要与行列的排列顺序相对应。

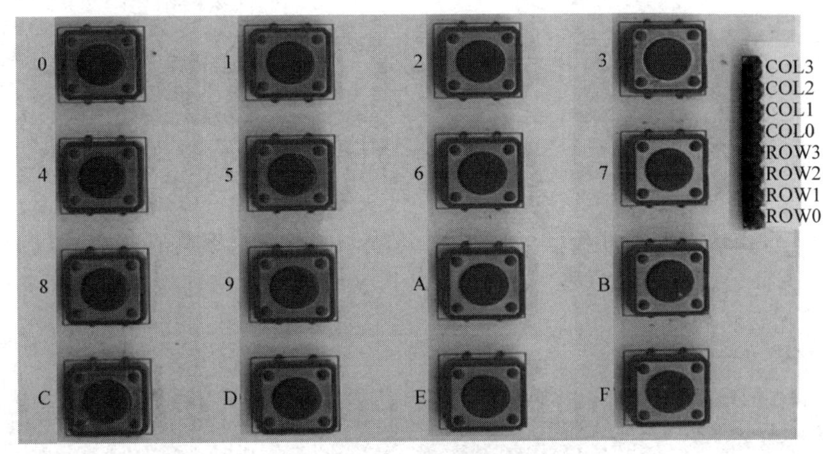

图3-9　4×4矩阵键盘硬件

3.2.2　矩阵键盘的典型编程方法——扫描法和利用二维数组存储键值

不管是多少行、多少列的矩阵键盘，其编程思路是一样的。下面介绍典型的两种判断键值（即判断是哪个按键按下了）的方法——扫描法和利用二维数组存储键值。

1. 扫描法

扫描法是常用的一种按键识别方法。其方法是依次将每一根行线的电平通过编程置为低电平，并且当每一根行线被置为低电平时，再逐次判断各列线的电平。如果某列线为低电平，则判定该列线与该行线（即被编程置为低电平的那根行线）交叉处的按键被按下（闭合）。也可以依次将每一根列线的电平通过编程置为低电平，并且当每一根列线置为低电平时，再逐次判断各行线的电平。如果某行线为低电平，则判定该行线与列线（即被编程置为低电平的那根列线）交叉处的按键被按下（闭合）。

注意：结合以下典型示例，可容易理解和掌握。

2. 矩阵键盘的扫描法应用典型示例

（1）任务书

使用图3-9所示的矩阵键盘，实现当某个键按下时，用一个LED闪烁的次数来表示按键的键值，如当按键A按下（键值为十六进制的A，也就是十进制的数字10）时，LED闪烁10次。LED的驱动电路见图2-1。

（2）硬件连接

矩阵键盘的扫描法硬件连接如图3-10所示。

图 3-10　矩阵键盘的扫描法硬件连接

接线说明：CN1 从上到下依次为第 3、2、1、0 列（COL3 ~ COL0）和第 0、1、2、3 行（ROW0 ~ ROW3）。这是该实训板已经连接好了的。用 8Pin 排线将它与单片机的 P0 口相连接（P0.0 接 COL3、P0.7 接 ROW3）。用独立矩阵键盘与单片机连接完成本任务的解答过程及效果见本书《资料》。

（3）程序代码示例

```
#include <reg52.h>    /* 注意：这里使用了头文件 regx52.h 之后，在程序里就可以使用“P0_1 = = 0”，而不用声明了 */
#define uint unsigned int
#define uchar unsigned char
sbit LED = P2^0;                    //P2.0 用于驱动 LED 的闪烁
sbit h0 = P0^4;
sbit h1 = P0^5;
sbit h2 = P0^6;
sbit h3 = P0^7;
sbit lie0 = P0^3;
sbit lie1 = P0^2;
sbit lie2 = P0^1;
sbit lie3 = P0^0;
/* 定义行线的各端口，如“sbit h1 = P0^5”的意思是 P0.5 端口接行线 1，用标识符 h1 表示 */
uchar i;
void delay(uint z)
{
    uint x,y;
    for(x = z;x > 0;x - -)
        for(y = 110;y > 0;y - -);
}
void display()                          //用一个 LED 闪烁的次数表示键值
{
    uchar i;
    for(j = 0;j < i;j + +)
```

```
        {
            LED = 0;
            delay(500);
            LED = 1;
            delay(500);
        }
}
void key()
{
     i = 0;
    h0 = h1 = h2 = h3 = lie0 = lie1 = lie2 = lie3 = 1;        //所有行线和列线均置为高电平
    h0 = 0;                                                  //第0行置为低电平，即开始扫描第0行
    if(lie0 = =0) i = 0;                                     //若第0列为低电平，则是键0按下，键
                                                               值为0
    else if(lie1 = =0) i = 1;                                //若第1列为低电平，则是键1按下
    else if(lie2 = =0) i = 2;
    else if(lie3 = =0) i = 3;
    h0 = 1;  h1 = 0;               //行线0还原为高电平，行线1置为低电平，开始扫描第1行
    if(lie0 = =0) i = 4;           //若第0列为低电平，则是键4按下，键值为4
    else if(lie1 = =0) i = 5;      //若第1列为低电平，则是键5按下
    else if(lie2 = =0) i = 6;
    else if(lie3 = =0) i = 7;
    h1 = 1;  h2 = 0;               //行线1还原为高电平，行线2置为低电平
    if(lie0 = =0) i = 8;           //若第0列为低电平，则是键8按下
    else if(lie1 = =0) i = 9;
    else if(lie2 = =0) i = 10;     //i = 10，对应键值为A
    else if(lie3 = =0) i = 11;     //B
    h2 = 1;  h3 = 0;               //行线2还原为高电平，行线3置为低电平
    if(lie0 = =0) i = 12;          //C
    else if(lie1 = =0) i = 13;     //D
    else if(lie2 = =0) i = 14;     //E
    else if(lie3 = =0) i = 15;     //F
}
void main()
{
    while(1)
    {
        key();
        display();
    }
}
```

3. 利用二维数组存储键值

(1) 二维数组

二维数组定义的一般格式：

```
类型说明符　数组名[常量表达式][常量表达式]
```

例如，int a［2］［4］；

定义为2行、4列的数组。

（2）给二维数组初始化（即赋初值）的方法

1）对数组的全部元素赋初值。例如：

```
int a[3][4] = {{1,3,2,4},{5,6,7,9},{8,10,11,12}};
```

这种赋值方法很直观，将第一个｛｝内的元素赋给第0行，第二个｛｝内的元素赋给第1行。

也可以写成下面的格式更为直观：

```
int a[3][4] = {1,3,2,4,                    //第0行
               5,6,7,9,                    //第1行
               8,10,11,12};                //第2行
```

还可以将所有的数据写在一个｛｝内，例如：

```
int a[3][4] = {1,3,2,4, 5,6,7,9,8,10,11,12};
```

2）对数组的部分元素赋初值。例如：

```
int a[3][4] = {{1},{5},{8}};
```

对二维数组的存入和取出顺序是，通过下标来按行存取（注意：行下标数的最大值等于行数减1，列下标的最大值等于列数减1，这和一维数组是一样的），先存取第0行的第0列、第1列、第2列……直到第0行的最后一列，再存取第1行的第0列、第1列、第2列……直到最后一行的最后一列。

例如，temp = a[0][3]，就是将第0行的第3个元素值（为4）赋给变量temp。temp = a[2][3]就是将第2行的第3个元素值（为12）赋给变量temp。

4. 利用二维数组获取矩阵键盘键值的典型应用示例

（1）任务书

矩阵键盘的键值分布、单片机与矩阵键盘行列的连接如图3-11所示，利用二维数组获取矩阵键盘的键值（即判断是哪个按键按下），并送到8位LED进行显示（LED点亮表示高电平，熄灭表示低电平）。

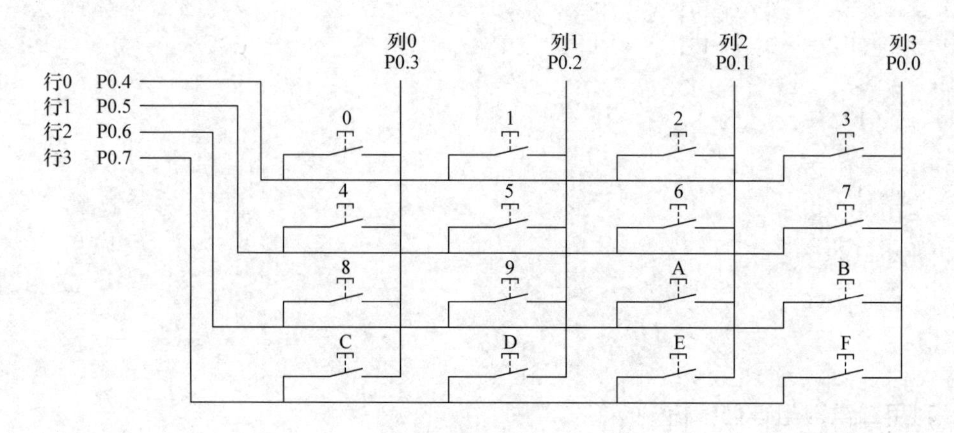

图3-11　矩阵键盘的键值分布

（2）程序代码示例（参考）

```
#include <reg52.h>
#include "intrins.h"                    //程序代码中要用到循环移位库函数，因此需包含该头文件

/*用二维数组存储键值，存储的顺序与键盘的实际排列顺序一致。数组存储器类型为 code，所以数
据存储在程序存储器内。如果不加 code，则数据存储在数据存储器（内存）内，会导致内存不足*/
unsigned char code ka[4][4] = { 0,   1, 2,   3,        //数组的第 0 行为键盘的第 0 行
                                4,   5,   6,   7,      //数组的第 1 行为键盘的第 1 行
                                8,   9,  0xA, 0xB,     //数组的第 2 行为键盘的第 2 行
                                0xC, 0xD, 0xE, 0xF};
unsigned char key_get ()                //键值获取函数。函数有返回值
{
    unsigned char i, j;
    for (i=0; i<4; ++i)                         //++i 为先取 i 的值，再自加 1
    {
12 行         P1 = _crol_ (0xef, i);            /*送行信号，初值 0xef 即 1110 1111，将第 1 行电平拉
低。高 4 位加在行线上，低 4 位加在列线上*/
13 行           for(j=0;j<4;j++)              //本行和第 15 行的作用是检查每一列是否有键按下
                {
15 行               if((P1=_cror_ (0x08, j)) ==0) return ka [i] [j];         //_cror_为循环
右移
                }
    }       return 16;                          //无键按下返回的值
}
void main ()
{
    while (1)
     {
         P3 = ~key_get ();
     }
}  /*反转键值，送 P3 口进行显示。例如，要显示键 2，2 的二进制为 0000 0010，取反后为 1111
1101，刚好能使 8 个 LED 中的 LED1 点亮，其余的不点亮，我们用点亮的 LED 代表高电平，正好是 0000
0010*/
```

（3）程序代码解释

当 i=0 时，执行到第 12 行时 P1=1110 1111，执行第 13 行以后，有以下 4 种情况。

1）当 j=0 时→执行第 15 行：_cror_(0x08,j)仍为 0x08，即 0000 1000，该值与 P1 “按位与” 后的值若为 0，则肯定是第 0 列有键按下。因此，键值为 ka[i][j]=ka[0][0]，即 0，函数的返回值为 0。

2）当 j=1 时→执行第 15 行：_cror_(0x08,j)变为 0000 0100，该值与 P1 “按位与” 后的值若为 0，则肯定是第 1 列有键按下。因此，键值为 ka[i][j]=ka[0][1]，即 1，函数的返回值为 1。

3）当 j=2 时→执行第 15 行：_cror_(0x08,j)变为 0000 0010，该值与 P1 “按位与” 后

的值若为0，则肯定是第2列有键按下。因此，键值为ka[i][j]=ka[0][2]，即2，函数的返回值为2。

4）当j=3时→执行第15行：_cror_(0x08,j)变为0000 0001，该值与P1“按位与”后的值若为0，则肯定是第3列有键按下。因此，键值为ka[i][j]=ka[0][3]，即3，函数的返回值为3。

当i=1时，j=0、1、2、3对应的函数键值分别为4、5、6、7，函数返回值为4、5、6、7。

当i=2、i=3时，键值和函数的返回值可用相同的方法去分析。

这种方法的优点是程序简洁，占用的空间较小，不足之处是执行的效率没有扫描法高。

3.3 按键和单片机控制设备的运行状态

3.3.1 按键控制直流电动机和交流电动机的起动和停止

1. 按键控制直流电动机的起动和停止

（1）任务书

设S1为起动按键，S2为停止按键。点按S1，直流电动机就转动；点按S2，电动机就停止。其电路如图3-12所示。

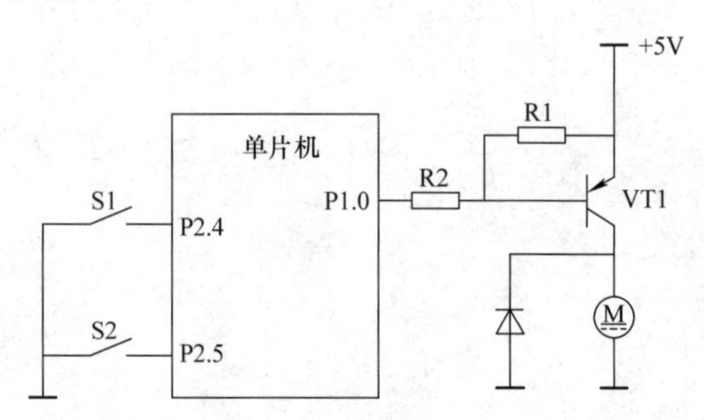

图3-12　按键控制直流电动机的起动和停止

（2）程序示例

```
#include <reg52.h>
#define uint unsigned int
sbit S1 = P2^4;
sbit S2 = P2^5;
sbit DJ = P1^0;            //用DJ表示电动机的驱动脚，也可以用其他的合法变量名
void delay(uint z)
{
    uint x,y;
    for(x=z;x>0;x--)
        for(y=120;y>0;y--);
}
void main()
```

```
{
    while(1)
    {
        if(S1 = =0)                //第一次检测到按键 S1 按下
        {
            delay(10);             //延时 10ms
            if(S1 = =0) DJ =0;/ * 第二次检测到按键 S2 按下，电动机的驱动脚（即 P1.0）输出
低电平到 VT1 的基极，使晶体管饱和导通，电动机得电，开始运转。只要 P1.0 一直输出低电平，电动机
就一直处于运转状态。if 后面如果只有一条执行语句，可以省掉 {} * /
            while(S1 = =0);
        }
        if(S2 = =0)                //第一次检测到按键 S2 按下
        {
            delay(10);             //延时 10ms
            if(S2 = =0) DJ =1;/ * 第二次检测到按键 S2 按下，驱动脚输出高电平到 VT1 的基极，
VT1 截止，电动机失去供电而停转 * /
            while(S2 = =0);
        }
    }
}
```

2. 按键控制交流电动机的起动和停止

将图 3-12 改为图 3-13，可控制交流电动机的起动和停止。当按键动作使 P1.0 输出低电平时，晶体管饱和导通，电磁继电器的线圈 L 得到直流电压，产生磁场力，使继电器的常开触点闭合（可理解为开关 K 闭合），交流电动机 M 得电运转。当 P1.0 输出高电平时，VT1 截止，线圈 L 失电，继电器的常开触点断开（可理解为开关断开），电动机停止运转。

利用光电耦合器取代晶体管，可实现弱电与强电隔离、减少干扰的作用。控制功率较大的电动机，可采用交流接触器。程序示例同上。

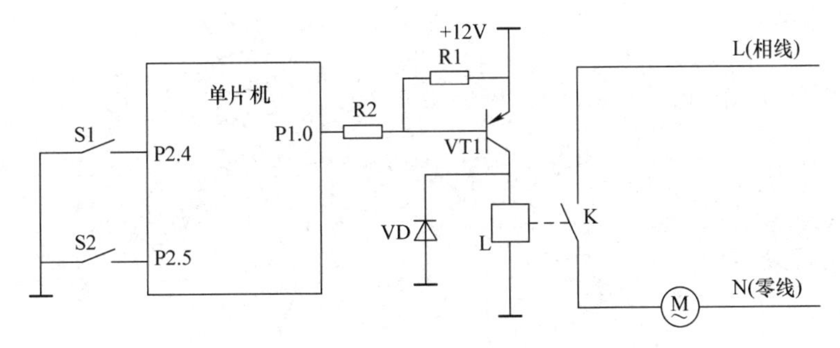

图 3-13　按键控制交流电动机的起动和停止

3.3.2　按键控制交流电动机的顺序起动

在实际应用中，常常遇到电动机必须按顺序起动，否则会出现事故的情况。例如，在冷库中，必须首先起动冷水泵或冷却风扇，然后才能起动制冷压缩机。停机时，必须首先停止

压缩机，接下来才能停止冷却水泵或冷却风扇。下面介绍用单片机解决这一问题的方法。

1. 任务书

交流电动机 M1 和 M2 的起动和停止过程是，第一次点按 S1，电动机 M1 起动；只有当 M1 起动后，按键 S2 才生效，第一次点按 S2，电动机 M2 起动；第二次点按 S2，电动机 M2 停止，必须是 M2 停止后，按键 S1 才生效；第二次点按 S1 时，电动机 M1 停止。

相关电路如图 3-14 所示。

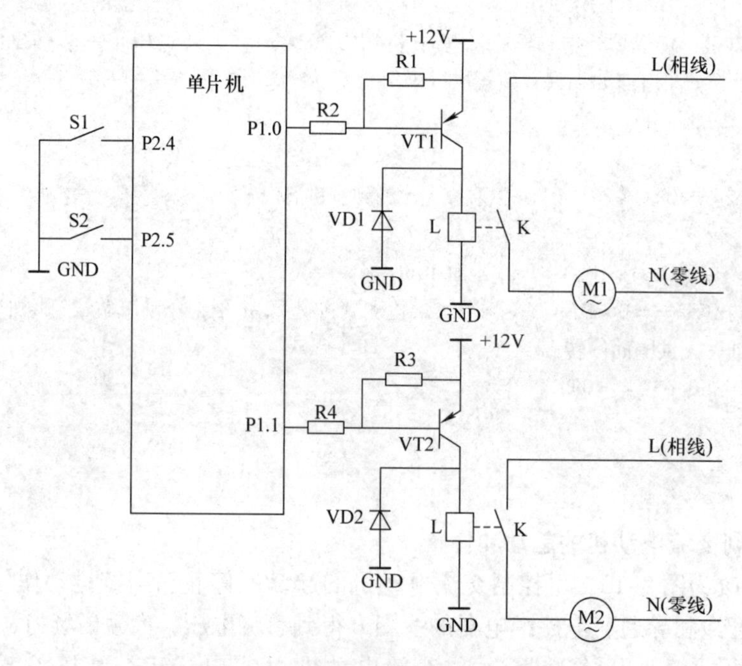

图 3-14　按键控制交流电动机的顺序起动

2. 程序示例 1（这种方式比较符合初学者的思维习惯）

```
#include <reg52. h>
#define uint unsigned int
#define uchar unsigned char
sbit dj1 = P1^0;sbit dj2 = P1^1;sbit s1 = P2^4;sbit s2 = P2^5;
void delay(uint z)
{
    uint x,y;
    for(x = z;x >0;x - - )
        for(y = 110;y >0;y - - );
}
void main()
{
    dj1 = dj2 = 1;                              //电动机 M1、M2 都停止
    while(1)
    {
        if(s1 = =0&&dj1 = =1&&dj2 = =1)    //若满足电动机 M1、M2 都停止且 S1 按下
```

```
        {
            delay(10);                    //延时消抖
            if(s1 = =0&&dj1 = =1&&dj2 = =1) dj1 =0;       //电动机1起动
            while(! s1);                  //按键释放后退出所在if语句
        }
        if(s1 = =0&&dj1 = =0&&dj2 = =1) //若满足电动机M1在运转、电动机M2停止且S1按下
        {
            delay(10);
            if(s1 = =0&&dj1 = =0&&dj2 = =1)
            {
                dj1 =1;   /*电动机M1停止（即在电动机M2没有起动的条件下，第二次按下
                          S1，则使电动机M1停止）*/
            }
            while(! s1);
        }
        if(s2 = =0&&dj1 = =0&&dj2 = =1) //若满足电动机M1在运转、电动机M2停止且S2按下
        {
            delay(10);
            if(s2 = =0&&dj1 = =0&&dj2 = =1)
            {
                dj2 =0;                 //电动机M2起动（实现了顺序起动）
            }
            while(! s2);
        }
        if(s2 = =0&&dj1 = =0&&dj2 = =0)  //若满足电动机M1、M2都运转且S2按下
        {
            delay(10);
            if(s2 = =0&&dj1 = =0&&dj2 = =0) dj2 =1; //电动机M2停止
            while(! s2);
        }
    }
}
```

3. 程序示例2（采用switch…case语句，可锻炼灵活编程的能力）

```
/*头文件、宏定义、延时函数略*/
sbit s1 = P2^4;sbit s2 = P2^5;sbit dj1 = P1^0;sbit dj2 = P1^1;  /*编程时一条语句写一行，便于阅读。
多条语句写在一行也符合语法。本书这样写是为了节约篇幅，后同*/
    uchar n;                       //定义一个全局变量n
    void main()
    {
12行    dj1 = dj2 =1;              //P1.0和P1.1输出高电平，两电动机均不转动
        while(1)
        {
```

```
15行          if(s1 = =0)               //按键S1被按下
           {
           delay(10);      //延时10ms，消抖
18行          if(s1 = =0)
            {
20行              switch(n)           //n的初值默认为0
              {
22行                  case 0:dj1 =0;n =1;break;     //电动机M1起动，电动机M2仍然停转
23行                  case 1:dj1 =1;n =0;break;     //电动机M1停止，n清0
24行                  case 3:dj1 =1;n =0;break;     //电动机M1停止，n清0
                 }
              }
27行              while(! s1);
28行            }
29行         if(s2 = =0)
      {
         delay(10);
32行         if(s2 = =0)
           {
34行             switch(n)
             {
36行                 case 1:dj2 =0;n =2;break;     //电动机M2起动，n置为2
37行                 case 2:dj2 =1;n =3;break;
38行                 case 3:dj2 =1;n =1;break;
             }
           }
41行         while(! s2);                      //按键释放
      }
   }
```

4. 程序代码解释

该程序的执行过程是，第18行被执行第1次（即第1次点按S1）以后→第1次执行第20行，由于n的初值默认为0→执行第22行，即电动机M1起动，电动机M2仍停止，n置为1，然后退出switch语句→执行第29～32行，若S2被点按→执行第34行，由于n已被置为1→执行第36行（电动机M2起动，n被置为2），然后退出switch语句。注意，从以上过程可以看出：①若没有点按S1，首先点按S2，由于n的初值为0，则第34～41行不会被执行，电动机M2也不会起动；② 若点按S1后不点按S2，则n值为1，再点按S1，就会导致电动机M1停止，n清0，还原为刚上电的要求。符合题意。

当S1点按了第一次且S2被点按了一次后，再点按S1→第2次执行第20行，由于n值已被置为2，所以第22～24行不会被执行，即当电动机M1、M2都处于运转状态时，点按S1会无效→只有执行第29行（即当S2点按后），由于n =2→所以执行第37行，电动机M2停止，n被置为3，退出switch语句→当再点按S1后（即执行第18行）→由于n =3，所以

执行第24行，电动机M1停止，n清0，退出switch语句，还原为初始状态。可见，在电动机M1、M2都运转的情况下，只有停止电动机M2后，才能停止电动机M1。

3.3.3　按键控制电动机的正反转

1. 按键控制电动机正反转硬件电路示例

实践中经常遇到要求电动机正反转的情况，控制电动机正反转的常用基本电路见表3-1。

表3-1　控制电动机正反转的常用基本电路

类　别	图　示	说　明
直流电动机正反转的控制	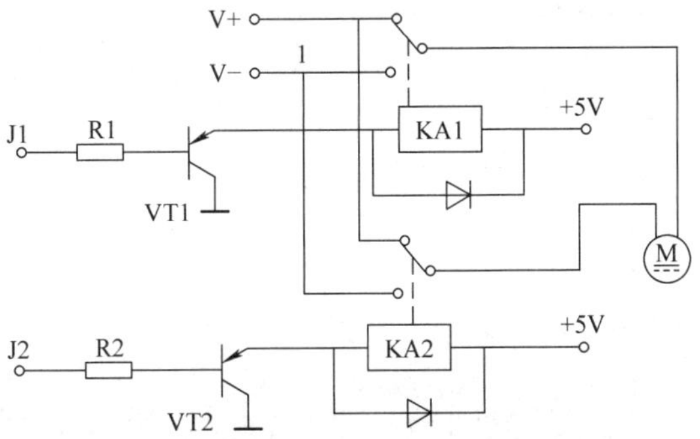 V+ V− 1 J1 R1 VT1 KA1 +5V M J2 R2 VT2 KA2 +5V	KA1和KA2为电磁继电器，当两个控制端子（接线端）同时为高电平或同时为低电平时，电动机停止 J1为高电平、J2为低电平时，VT1截止，VT2导通，KA1的触点系统不动作，KA2的触点系统动作，电动机朝一个方向运转（设为正方向）；当J1为低电平、J2为高电平时，电动机朝另一个方向运转（反方向）
交流电动机正反转的控制	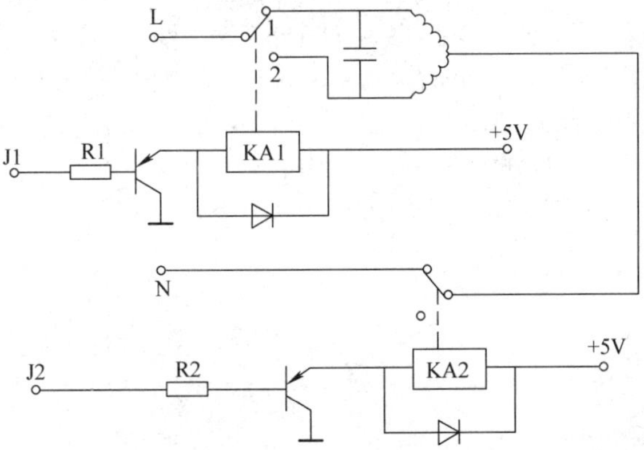 L 1 2 J1 R1 KA1 +5V N J2 R2 KA2 +5V	控制端J1、J2为高电平时，继电器KA1的触点系统不动作（相线通过触点1与电动机相连），KA2的触点系统不动作（零线是通的），电动机正转 当J2为低电平时，KA2的触点系统动作，零线被切断，电动机停止 当J1为低电平且J2为高电平时（零线与电动机之间接通），KA1的触点系统动作（相线通过触点2与电动机相连），电动机反转

由表3-1可知，控制电动机的正反转很简单，只要编程使单片机的I/O口输出相应的高、低电平给控制端子J1、J2，电动机就能实现正反转。

2. 常用的蜂鸣器驱动电路

常用的蜂鸣器驱动电路为如图3-15所示。在图3-15a中，当BELL－IN脚得到低电平时，晶体管VT14饱和导通，蜂鸣器得电而鸣响，反之，当BELL－IN脚得到高电平时，晶体管VT14截止，蜂鸣器失电，不鸣响。图3-15b中的晶体管是NPN型的，当BELL－IN脚得到高电平时鸣响。

3. 任务书

利用表3-1所示的直流电动机正反转电路，要求用一个按键K控制一个直流电动机的正反转，具体是，第一次按下，电动机正转；第二次按下，电动机停止；第三次按下，电动

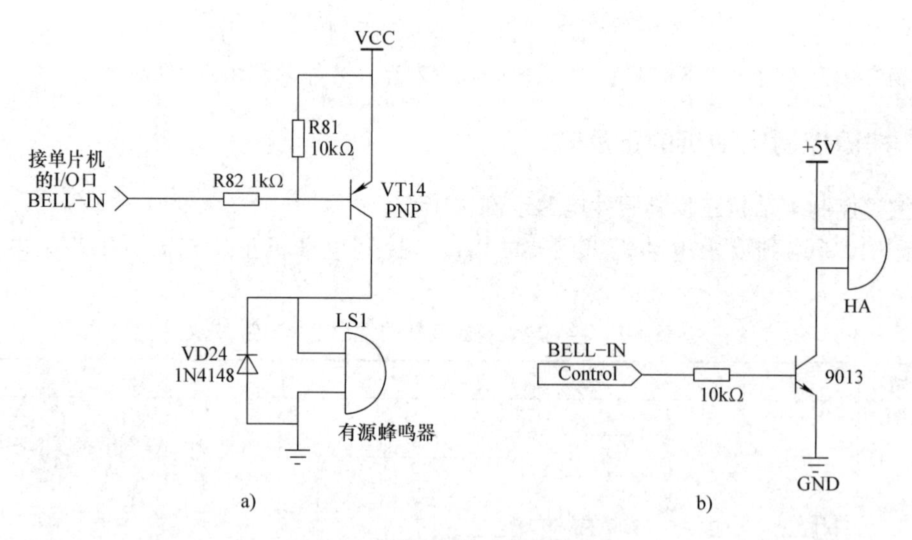

图 3-15　常用的蜂鸣器驱动电路

机反转；第四次按下，电动机停止，每按一下，蜂鸣器鸣响一声。如此循环。

4. 典型程序代码示例

```
#include <reg52.h>
#define uint unsigned int
#define uchar unsigned char
sbit k = P2^7;                    //声明按键。即用 k 表示 P2.7 端口，该端口接按键
sbit fmq = P1^3;                  //声明蜂鸣器（fmq 表示 P1.3 端口，用于驱动蜂鸣器）
sbit J1 = P1^4;                   //控制电动机的端子
sbit J2 = P1^5;                   //控制电动机的端子
uchar numk;                       //记录按键按下次数的变量
void delay(uint z)
{
    uint x,y;
    for(x = z;x >0;x - -)
        for (y =110;y >0;y - -);
}
void main( )
{
J1 =1;J2 =1;                      //J1 和 J2 同为高电平，电动机不转
while(1)
    {
        if(k = =0)
        {
            delay(10);
            if(k = =0)
            {
                fmq =0;           //每按一次按键，蜂鸣器鸣响（蜂鸣器被低电平驱动）
```

```
                    numk + + ;//每按一下，鸣响一声，变量 numk 加 1
                    if(numk >4) numk =1; /＊当 numk 大于 4 则将 numk 变为 1，随着按键按下次数的
增加，使 numk 在 1 ~4 之间变化，numk 的 4 个值作为电动机 4 个运行状态的标志（将变量赋不同的值，
每一个值用作表示任务过程各关键状态（或关键时刻）的标志，这些标志在编程时便于表述，是很方便
的）＊/
   }
            while（! k）
            fmq =1;                    //关闭蜂鸣器。蜂鸣器的驱动电路详见图 3-15
             switch（numk）
         {
            case 1：J1 =1；J2 =0；break；//当 numk = =1 时正转
            case 2：J1 =1；J2 =1；break；//当 numk = =2 时停止
            case 3：J1 =0；J2 =1；break；//当 numk = =3 时反转
            case 4：J1 =1；J2 =1；break；//当 numk = =4 时停止
         }
   }
```

注意：也可以在第 7 行后加入宏定义语句。

```
#define ZEN{J1 =1;J2 =0}              //用 ZEN 表示正转。注意,最后是没有分号的
#define FAN{J1 =0;J2 =1}              //用 FAN 表示反转
#define TIN{J1 =1;J2 =1}              //用 TIN 表示停止
```

于是在 switch {} 内的语句中就可以写为

```
case 1:ZEN; break;                  //当 numk = =1 时正转
case 2:TIN; break;                  //当 numk = =2 时停止
case 3:FAN; break;                  //当 numk = =3 时反转
case 4:TIN;break;                   //当 numk = =4 时停止
```

3.3.4　直流电动机的 PWM 调速

1. 占空比的概念

如图 3-16 所示，v_m为脉冲幅度，T 为脉冲周期，t_1为脉冲宽度。t_1与 T 的比值称为占空比。脉冲电压的平均值与占空比成正比。

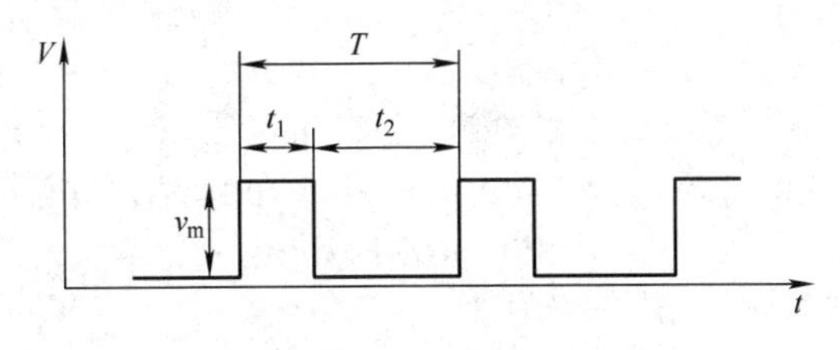

图 3-16　矩形脉冲

2. 脉宽调制方式

改变加在直流电动机上的脉冲电压的占空比，可以改变电压的平均值。这种调速的方法称为脉宽调制（PWM）方式。

3. 典型电路图

某控制微型直流电动机 PWM 调速的典型电路如图 3-17 所示。图中的 PWM +、PWM - 分别接直流电动机的正、负极，PWM - IN 接单片机的 I/O 口。其工作原理是，当单片机输出高电平给 PWM - IN 后，经 R19 传到 PNP 型晶体管 VT4 的基极，VT4 截止，从而使 NPN 型晶体管 VT5 的基极也为低电平，VT5 截止，直流电动机 M 处于无供电状态（对应于图 3-16 中脉冲的低电平）；反之，当单片机输出低电平给 PWM - IN 后，VT4 导通，VT5 导通，M 有供电（对应于图 3-16 中脉冲的高电平）。

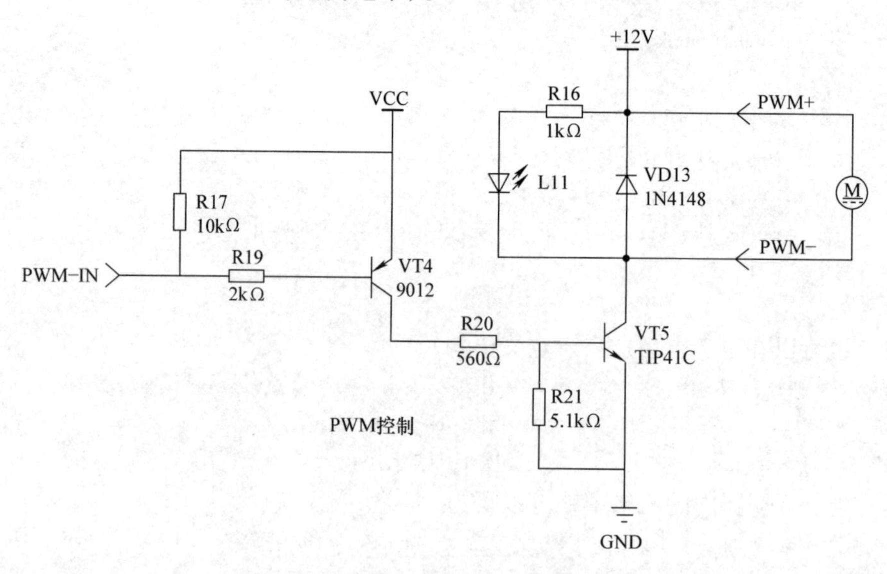

图 3-17　直流电动机的 PWM 调速电路

4. PWM 调速典型示例

使电动机逐渐加速（设 P1. 0 接 PWM - IN）：

```
      #include "reg52. h"
      sbit PWMIN = P1^0;              //P1. 0 端口接 PWM - IN
      void main( )
      {
          unsigned int i = 0,j;       //变量 i 控制脉冲低、高电平的持续时间比例，实现调节速度
          while(1){
07 行       PWMIN = 0;                //相当于电动机得电
08 行       for(j = 0;j < i;j + + );  //当 j 从 0 递增到 i 的时间内，相当于电动机得电
09 行       PWMIN = 1;                //相当于电动机无供电
10 行       for(j = i;j < 1000;j + + );
11 行       i + + ;                   //i 自增 1
12 行       if(i > = 1000)i = 1000;}
      }
```

5. 程序代码解释

程序执行第一遍时的过程是，第 07 行——电动机得电；第 08 行——由于 i 初值为 0，所以马上由第 08 行跳至第 09 行，即得电状态无延时；第 09 行——电机无供电；

第10行——由于i初值为0，该语句为i自加到1000所用的时间（即无供电状态的持续时间）；第11行——i自加1，使执行第二遍时电动机得电状态保持的时间逐渐变长，无供电状态保持的时间逐渐变短；第12行——i小于1000时不会被执行，当i自加到大于或等于1000时，就一直保持为1000这个值。

随着执行遍数的增加，第11行也执行了多遍，i的值逐渐增加，电动机得电的持续时间逐渐增加，电动机的无供电时间逐渐减小，电动机转速逐渐变快。当i自加到等于1000时，第10行的延时实际就没有执行，即电动机无供电的时间为0，电动机的转速达到最快。如果调速过程太快，则可以将代码中的1000改为更大的数值。

3.4　开关与灯的灵活控制

通过开关可将人工指令传送给单片机。开关与单片机的常用连接方法是，将单片机的某个端口（如P3.0）通过开关接地。某典型钮子开关应用的原理图如图3-18a所示。当开关闭合时，单片机的该端口能检测到电平0，LED点亮，为开关闭合的指示；当开关断开时，单片机的端口检测到高电平。也就是说，如果单片机的端口检测到低电平，就认为开关闭合了，否则就认为开关是断开的。

某单片机实训台钮子开关实物模块如图3-18b所示。

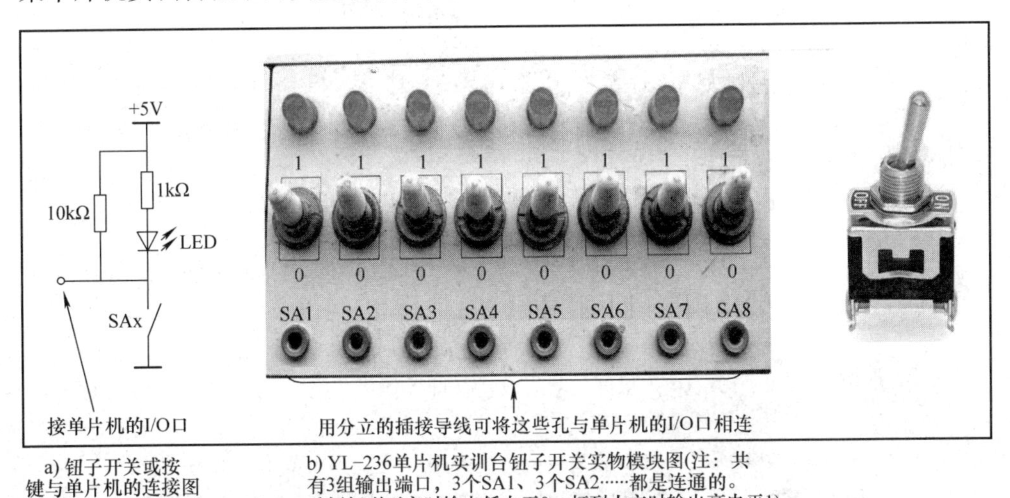

a) 钮子开关或按键与单片机的连接图

b) YL-236单片机实训台钮子开关实物模块图(注：共有3组输出端口，3个SA1、3个SA2……都是连通的。手柄打到下方时输出低电平0，打到上方时输出高电平1)

图3-18　开关与单片机的连接

3.4.1　钮子开关控制单片机实现停电自锁与来电提示

1. 任务书

上电时，不管开关SW是闭合还是断开的，LED闪亮一次后关闭（闪亮的目的是提示来电了，关闭是防止停电后又来电，因忘记了关灯而浪费电能）。扳动开关后，LED点亮，再扳动开关，LED熄灭，如图3-19所示。

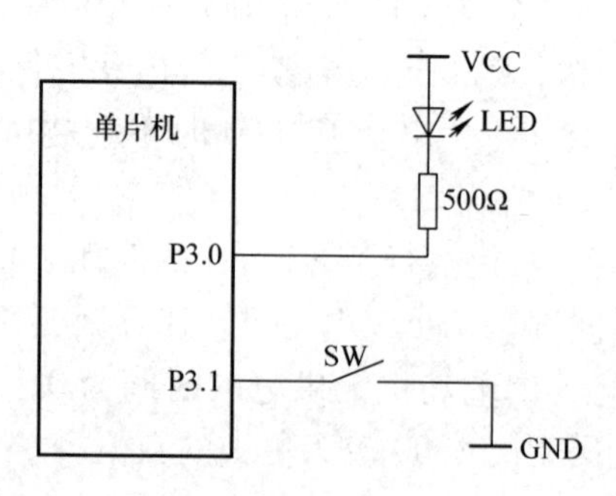

图 3-19　钮子开关控制单片机实现停电自锁与来电提示

2. 参考程序

```
#include <reg52. h. >
sbit SW = P3^1;
sbit LED = P3^0;
void delay(unsigned int i)
{
    while(--i);
}
main()
{
    bit bSW;                    //定义一个标志变量（位变量，值为 0 或 1）
    LED = 0;                    //上电时点亮
    delay(55550);               //延时约 0.5s
    LED = 1;                    //关闭
    bSW = SW;                   //把上电时开关的状态（闭合则 SW = 0，否则 SW = 1）赋给 bSW
    while(1)
    {
        if(bSW! = SW)           //如果开关状态改变（即扳动了开关），则 bSW! = SW 为真
        {
            LED = ! LED;        //LED 的值取反，使 LED 由亮变为灭或由灭变为亮
            bSW = SW;           //刷新状态记忆（将改变了的开关状态值赋给 bSW）
        }
    }
}
```

3.4.2　按键和单片机控制灯

1. 任务书

开关 a 控制灯 VL1，开关 b 控制灯 VL2。当 VL1 点亮时，b 不能点亮 VL2，当 VL2 点亮时，a 不能点亮 VL1。点按 a 时，VL1 亮灭转换，点按 b 时 VL2 亮灭转换，如图 3-20 所示。

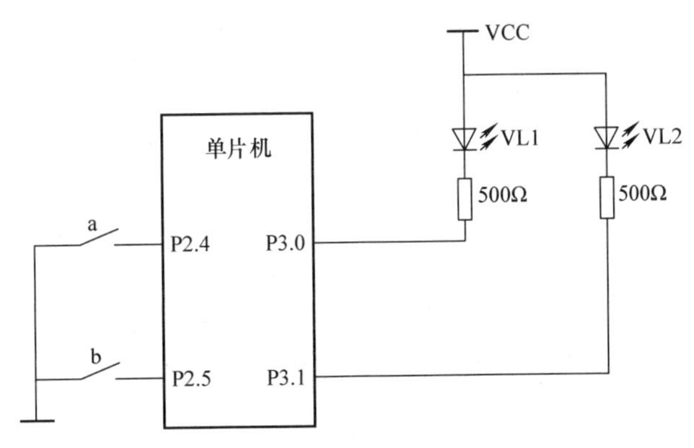

图3-20　按键互锁控制灯的点亮

2. 参考程序

```
        #include <reg52. h>
        #define uint unsigned int
        #define uchar unsigned char
        sbit led1 = P3^0;  /*定义端口，用led1代表P3.0端口（led1的值决定灯VL1的亮、灭状态）*/
        sbit led2 = P3^1;
        sbit a = P2^5;              //a代表P2.5端口，a的值表示按键a的状态（即是否按下）
        sbit b = P2^4;              //b代表P2.4端口，b的值表示按键b的状态
        void delay(uint z)          //定义1ms延时函数
        {
            uint x,y;
            for(x = z;x>0;x--)
                for(y = 120;y>0;y--);
        }
        void main()
        {
16行        if(a = =0&&led2 = =1) //逻辑与。() 内的意思是按键a按下并且灯VL2处于熄灭状态
17行        {
18行            delay(10);              //延时消抖
19行            if(a = =0&&led2 = =1)   /*第16行和第19行是嵌套的if语句。只有当第16行()
                                        内的表达式成立时，才能执行第18行和第19行*/
                {
                    led1 = ~led1;       //led1的值取反，灯VL0亮灭状态改变，实现闪烁
                }
                while(! a);             //等待按键释放后，退出while，执行以后的语句
            }
            if(b = =0&&led1 = =1)           //表达式的意思是按键b按下并且灯VL1处于熄灭状态
            {
                delay(10);
                if(b = =0&&led1 = =1) led2 = ~led2;     //if后的{}内若只有一条语句，则可
                                                        省掉{}
```

```
            while(! b);
        }
    }
```

【拓展】

1. 薄膜按键的应用

薄膜按键是通过导电薄膜上面布满了金属点进行连接的，当按键向下运动时，按键下面的导电胶材料或者是金属弹片就正好落到了金属点上面，达到接通的效果，从而使得薄膜按键发送各种命令符。

薄膜按键的使用寿命大约是在100万次以上，这比普通的硅胶按键20万次的平均寿命要高得多。某4×4薄膜矩阵键盘如图3-21所示。

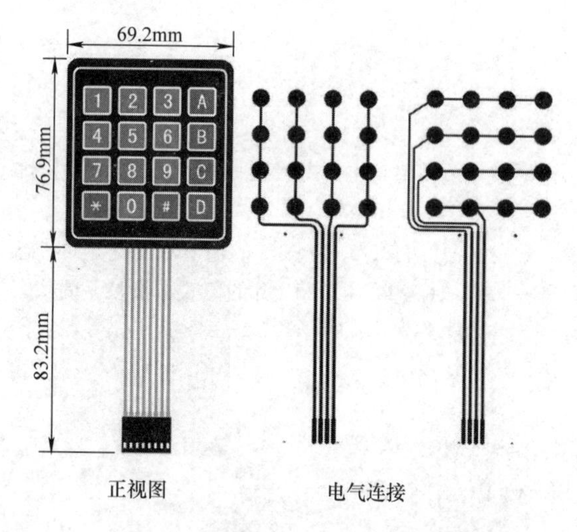

图3-21　薄膜按键（4×4矩阵键盘）

薄膜按键可以设计成多种样式（见图3-22），使用非常方便。

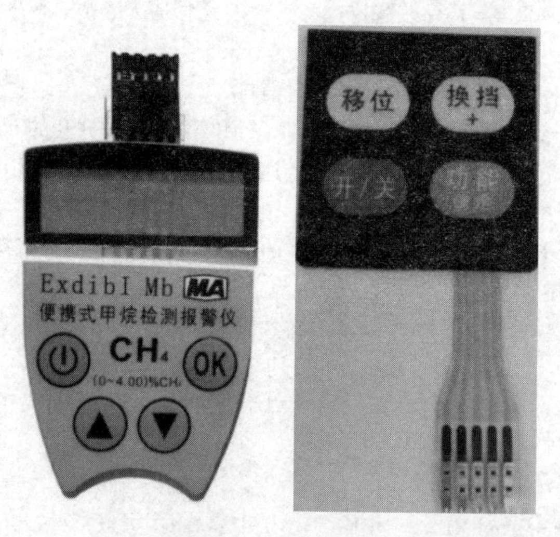

图3-22　薄膜按键

薄膜按键与单片机的连接以及编程方法与前面介绍的轻触按键是一样的。这里不再叙述。

2. 触摸按键

现阶段，电容式触摸按键在外形美观和使用寿命等方面都优于传统的机械按键，电容式触摸按键的应用领域也日益广泛，包括家电、消费电子、工业控制和移动设备等。

其原理是，任何两个导电体之间都存在着感应电容，一个用于触摸的按键（即一个焊盘）与大地也可构成一个感应电容，在周围环境不变的情况下，该感应电容值是固定不变的微小值。当有人体手指靠近、接触触摸按键时，人体手指与大地构成的感应电容会和焊盘与大地构成的感应电容并联，使总感应电容值增加。电容式触摸按键专用芯片在检测到触摸按键的感应电容值发生改变后，将输出某个按键被按下的确定信号，该信号传送到单片机，单片机随之控制相应的器件发生动作。

触摸感应盘可以由 PCB 铜箔、金属片、平顶圆柱弹簧、导电棉、导电油墨、导电橡胶、导电玻璃的 ITO 层等组成。应用中，将触摸感应盘与触摸按键专用芯片结合起来，可制成单路、多路触摸开关。

例如，用单路触摸芯片 TTP223 制作的单路触摸开关如图 3-23 所示。

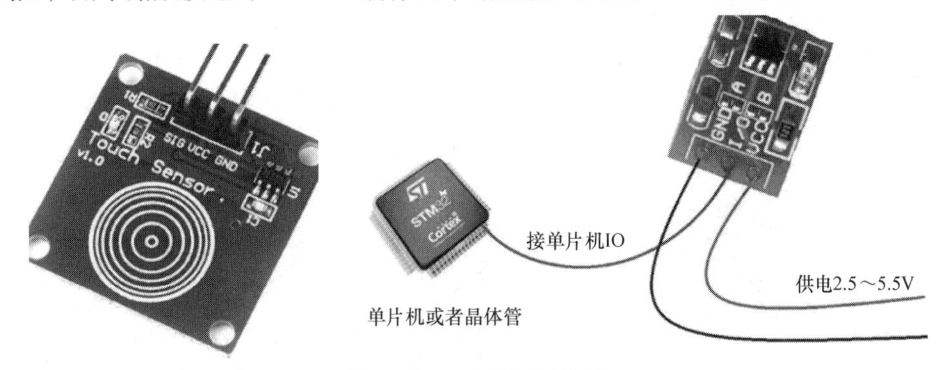

图 3-23　单路触摸开关

用 TTP229B（16 键/8 键）电容式触摸芯片制成的 16 键触摸开关如图 3-24 所示。其原理、说明和测试程序见《资料》。

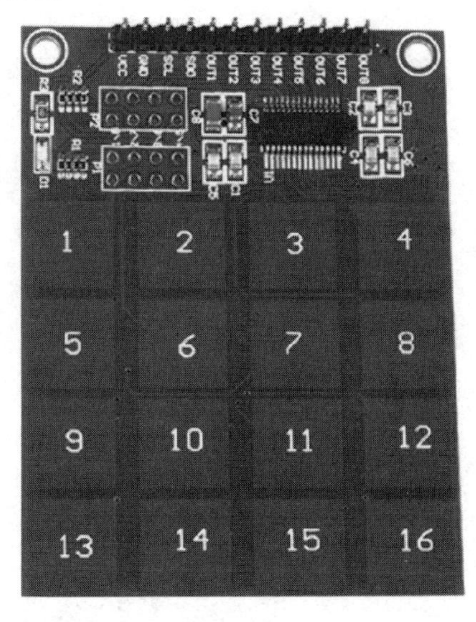

图 3-24　TTP229B 触摸开关模块

【复习训练题】

1. 用 if 语句完成本章中按键控制电动机正反转的任务。
2. 独立完成本章的各例程，达到相应任务书的要求。

注：本章视频教程包含本章全部内容。

第4章　显示器件与单片机的接口

【本章导读】

显示器件用于显示设备运行过程的一些参数、工作状态等信息。常用的基本显示器件有发光二极管、数码管、液晶屏等。这些器件价格低廉、性能稳定，易学易用，因而在生产实践中有广泛的应用。通过对本章的学习，读者可以较为轻松地掌握数码管和液晶屏显示的驱动方法，大幅提高单片机应用的编程能力，为学习和应用其他器件打下良好的基础。

【学习目标】

1）理解共阴极、共阳极数码管的结构和显示原理。
2）掌握控制数码管静态显示的方法。
3）掌握控制数码管动态显示的方法。
4）掌握 LCD1602 与单片机 I/O 口的连接方法。
5）掌握 LCD1602 显示 ASCII 字符的驱动方法。
6）熟悉 LCD12864 各引脚的功能。
7）掌握 LCD12864 和单片机之间的连接方法。
8）掌握 LCD12864 显示信息的取模方法。
9）掌握 LCD12864 显示汉字和字符的方法。
10）初步形成单片机驱动硬件的编程思路。

【学习方法建议】

理解硬件的基本结构和原理。对于数码管和液晶屏的驱动（编程），在理解的基础上，形成典型的例程，例程可以在其他项目中套用。

4.1　数码管的显示

4.1.1　常用的数码管类型与结构

1. 常用的数码管实物与结构

常用的数码管有一位和多位一体两类。一位数码管的实物、结构如图 4-1 所示。它由 8 个 LED（代号分别为 a、b、c、d、e、f、g、dp（或 h））排列成“日”形，任意一个 LED 叫作数码管的一个“段”。

通过给 a、b、c、d、e、f、g、dp 各个脚加上不同的控制电压可以使不同的 LED 导通、发光，从而显示 0 ~9 各个数字和 A、B、C、D、E、F 各个字母，可以用来显示二进制数、十进制数、十六进制数，如图 4-2 所示。

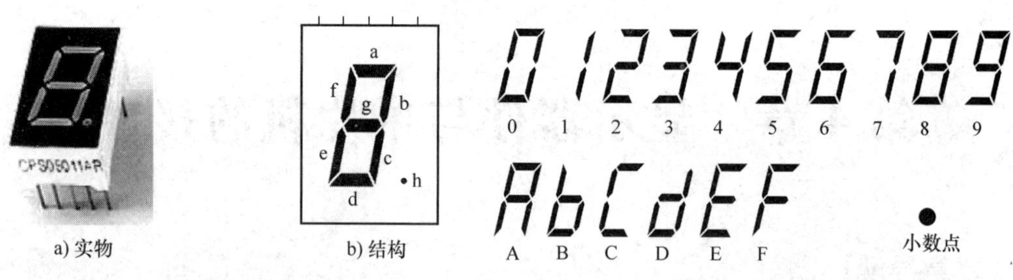

图 4-1　一位数码管的实物、结构　　　　图 4-2　数码管显示的数字和字符

2. 数码管类型、引脚编号和名称

由于 8 个 LED 共有 16 个引脚，为了减少引脚，形成了共阳极（共正极）和共阴极（共负极）两种数码管，其特点见表 4-1。

表 4-1　数码管的类型

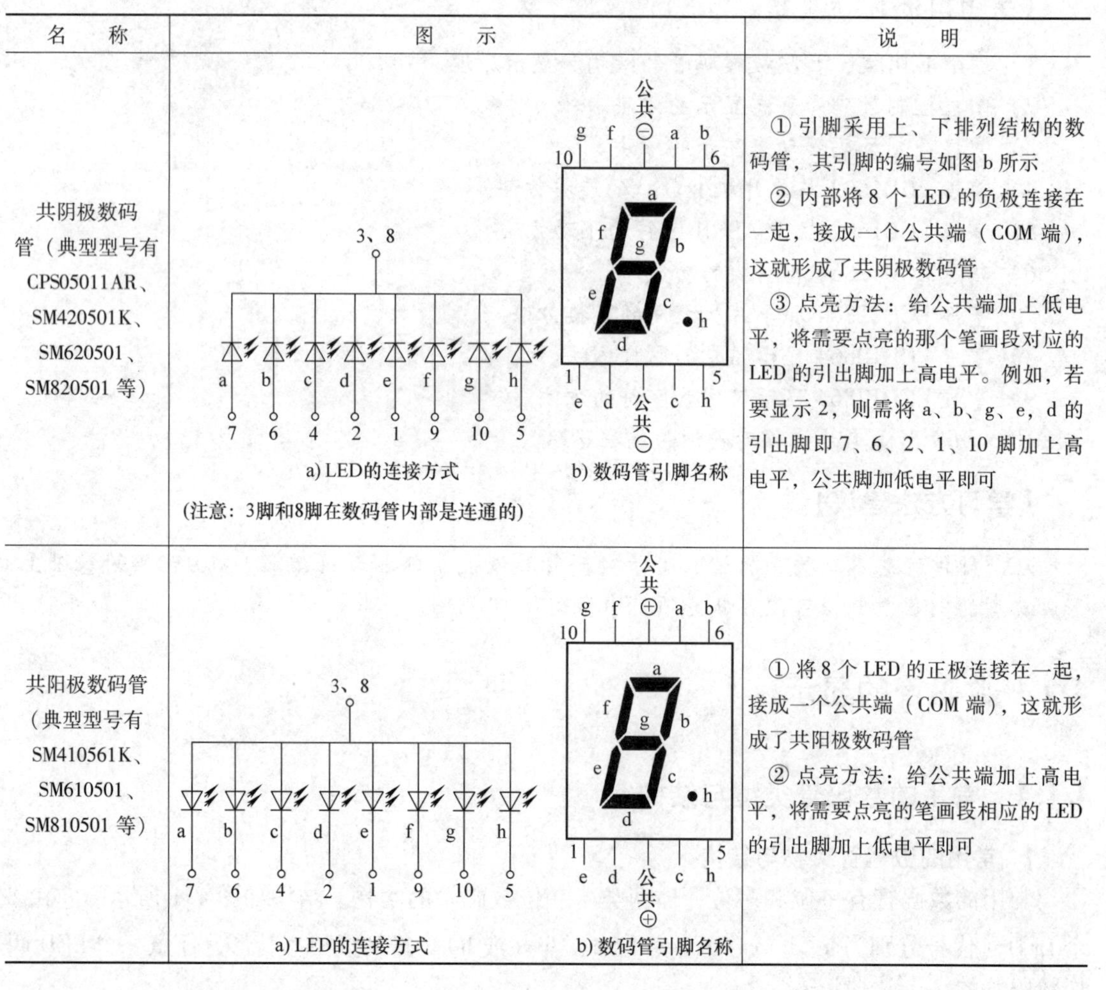

名　称	图　示	说　明
共阴极数码管（典型型号有 CPS05011AR、SM420501K、SM620501、SM820501 等）	a) LED的连接方式　b) 数码管引脚名称 (注意：3脚和8脚在数码管内部是连通的)	① 引脚采用上、下排列结构的数码管，其引脚的编号如图 b 所示 ② 内部将 8 个 LED 的负极连接在一起，接成一个公共端（COM 端），这就形成了共阴极数码管 ③ 点亮方法：给公共端加上低电平，将需要点亮的那个笔画段对应的 LED 的引出脚加上高电平。例如，若要显示 2，则需将 a、b、g、e、d 的引出脚即 7、6、2、1、10 脚加上高电平，公共脚加低电平即可
共阳极数码管（典型型号有 SM410561K、SM610501、SM810501 等）	a) LED的连接方式　b) 数码管引脚名称	① 将 8 个 LED 的正极连接在一起，接成一个公共端（COM 端），这就形成了共阳极数码管 ② 点亮方法：给公共端加上高电平，将需要点亮的笔画段相应的 LED 的引出脚加上低电平即可

注意：通常表 4-1 中引脚上下排列的数码管的公共脚都是 3、8 脚。引脚左右排列的数码管（如 SM420361 和 SM440391 等）的公共脚是 1、6 脚，如图 4-3 所示。但也有例外，必须针对具体型号具体对待（可用万用表检测出公共脚）。

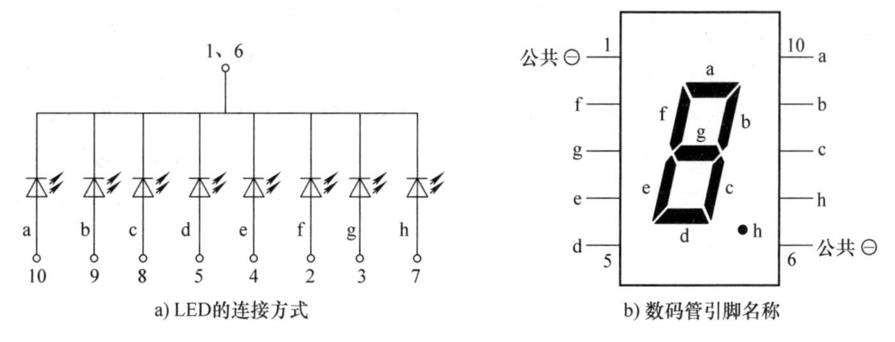

a) LED的连接方式　　b) 数码管引脚名称

图4-3　公共脚为1、6脚的数码管

4.1.2　数码管的静态显示

1. 数码管的静态显示电路

所谓静态显示，就是数码管的笔画段点亮后，这些笔画段就一直处于点亮状态，而不是处于周期性点亮状态。

以共阳极数码管为例，用单片机的P2端口驱动一个共阳极数码管的电路如图4-4所示。用其他端口也一样能驱动。

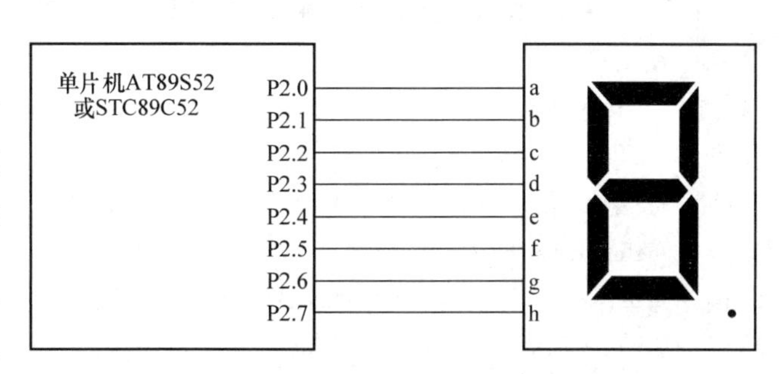

图4-4　P2端口驱动一个共阳极数码管

2. 段码（字形码）

数码管的笔画段a接在单片机的低位即P2.0脚，h（或叫dp）接在单片机的高位即P2.7脚。这是常用的接法。采用该接法时，显示常用字符对应的段码详见表4-2。

表4-2　共阳极数码管显示常用字符对应的段码

字　符	段　码	字　符	段　码
0	0xc0	0.	0x40
1	0xf9	1.	0x79
2	0xa4	2.	0x24
3	0xb0	3.	0x30
4	0x99	4.	0x19
5	0x92	5.	0x12
6	0x82	6.	0x02
7	0xf8	7.	0x78
8	0x80	8.	0x00
9	0x90	9.	0x10
A	0x88	A.	0x08
b	0x83	b.	0x03
C	0xc6	C.	0x46
d	0xa1	d.	0x21
E	0x86	E.	0x06
F	0x8e	F.	0x0e

这些段码可以记住或查资料，但要知道为什么段码是这样的。编制段码的方法为：例如，要显示3，则数码管的a、b、g、c、d应点亮，即公共端为高电平，a、b、g、c、d的引脚为低电平（a = b = g = c = d = 0），其他引脚均为高电平（e = f = h = 1）。从高位到低位排列为hgfedcba = 1011 0000，1011转化为十六进制为b，0000的十六进制为0，因此编码为0xb0。如果要显示3，只需将0xb0赋给P2端口（即P2 = 0xb0）就可以了。其他字符的段码编制方法与此相同。

注意： 如果数码管的引脚a不接单片机端口的低位，则段码就要改变，读者可以自己编写段码。但习惯是abcdefgh依次接单片机的低位到高位。

3. 数码管的静态显示示例

（1）任务书

利用图4-4所示的电路，使数码管间隔0.5s依次循环显示0→1→2→3→4→5→6→7→8→9→A→b→C→d→E→F的效果。

（2）程序示例

```
        #include <reg52.h>
        #define uint unsigned int
        #define uchar unsigned char
04 行    uchar code LED[] = {0xc0,0xf9,0xa4,0xb0,0x99,0x92,
05 行    0x82,0xf8,0x80,0x90,0x88,0x83,0xc6,0xa1,0x86,0x8e};    /* 数码管共阳极数组（依次是0、
                                                              1、2、3、4、5、6、7、8、9、A、
                                                              b、C、d、E、F） */
        delay(uint i){while(--i);}      //延时函数
        main()
        {
09 行        uchar n = 0;                /* 变量n在本项目中用来表示共阳极数组的下标，由于共有15
个下标，所以n不能定义为bit型，也没必要定义为uint型，只宜定义成uchar型 */
            while(1)
            {
12 行            P2 = LED[n];
13 行            delay(62469);           //延时约500ms
14 行            n++;
15 行            if(n>15) n=0;           /* n = 15时，显示F，当n = 16时，应该再从头开始显示，即显
                                          示0，因此有if（n>15）n=0； */
            }
        }
```

（3）代码解释

1）第04、05行：虽然数码管要显示的字符的段码是没有规律的，但是可以把0、1、2、3、4、5、6、7、8、9、A、b、C、d、E、F这16个字符对应的段码按顺序存入数组，这样数组的下标就与段码所显示的字符一一对应起来了。例如，a［0］表示0的段码，a［1］表示1的段码，a［10］表示A的段码。

2）第09、12、14、15行：n的不同值表示数组的不同下标，P2 = LED［n］也就是将

不同的段码赋给了P2端口。当执行到第12行时n的值若在0～15范围内从小到大依次循环变化，则数码管将依次显示0～F。

这种静态显示方法的局限性是，一个数码管要占用单片机的8个端口，当需要同时显示多个字符时，单片机的端口不够用。在这种情况下，宜采用数码管的动态显示。

注意：数码管的静态显示除了使用段码之外，还可以使用硬件译码器（如CD4511）等来完成数据到段码的转换。其优点是编程简单，缺点是硬件电路复杂。

4.1.3　数码管的动态显示

数码管的动态显示是一种“分时复用技术”，即依次快速点亮每一位数码管。由于数码管点亮再熄灭后有余辉，人眼也具有“视觉暂留”现象，所以会感觉到各个数码管是同时显示各个字符的。数码管动态显示的硬件电路也有很多种，本节以全国职业院校技能大赛指定产品YL－236单片机实训考核装置为例进行介绍。该方法也可以迁移到其他动态显示电路（根据硬件电路，程序要略做修改，本书《资料》有这方面的例程）。

1. 典型数码管显示电路及相应硬件电路

（1）锁存器74LS377芯片介绍

74LS377芯片是一个锁存器。其引脚功能如图4-5所示。D0～D7为数据（8位二进制数）输入端，Q0～Q7为数据（8位二进制数）输出端，$\overline{E}$为使能端，低电平有效（即为低电平时，该芯片有效，该芯片被选中）。CLK（或CP）为锁存信号输入端，上升沿锁存数据。上升沿就是CLK的电平由0变为1的过程，锁存数据就是将输入端的D0～D7端的数据传到输出端Q0～Q7，数据保持在Q0～Q7不变，直到有新数据传到输入端并且有锁存信号（即CLK的电平由0变为1）时，新数据就会传到输出端，Q0～Q7的数据才会改变为新的数据。

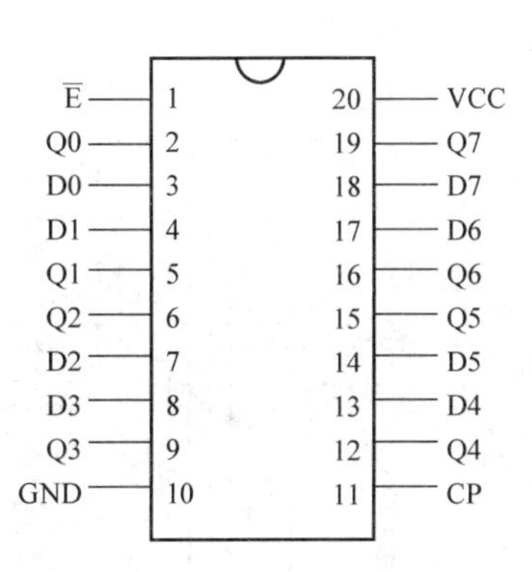

图4-5　74LS377引脚功能图

（2）典型数码管显示电路图

1）某实训台典型数码管显示电路图如图4-6所示。

2）原理图解释。从图4-6中的接线可以看出，两个锁存器的输入端是公共的。单片机I/O口输出的控制数据（8位）传到D0～D7后，由锁存器U2输出，控制8个晶体管是处于截止状态还是处于饱和导通状态。当某个晶体管（如VT1）的基极得到低电平，处于饱和导通状态时，5V供电就可以通过VT1传到数码管DS1的公共极，使该数码管处于可显示状态，至于显示什么内容，由段码决定。当VT1处于截止状态时，5V供电不能传到数码管的公共极，该数码管就不可能被点亮，无论段码是什么。控制哪个数码管被点亮（即将供电传给该数码管的公共极）的过程我们叫作“位选”，控制位选的数据叫作位选信号。

8个共阳极数码管的段码由锁存器U1来传送，段码决定数码管显示的内容。段码也可叫作段选信号。

3）数码管动态扫描的方法。由图4-6中的接线可以看出，CS1、CS2接线端子分别用于选择段、位锁存器，为片选端子。WR接线端子为锁存信号端子。这三个端子以及D0～D7

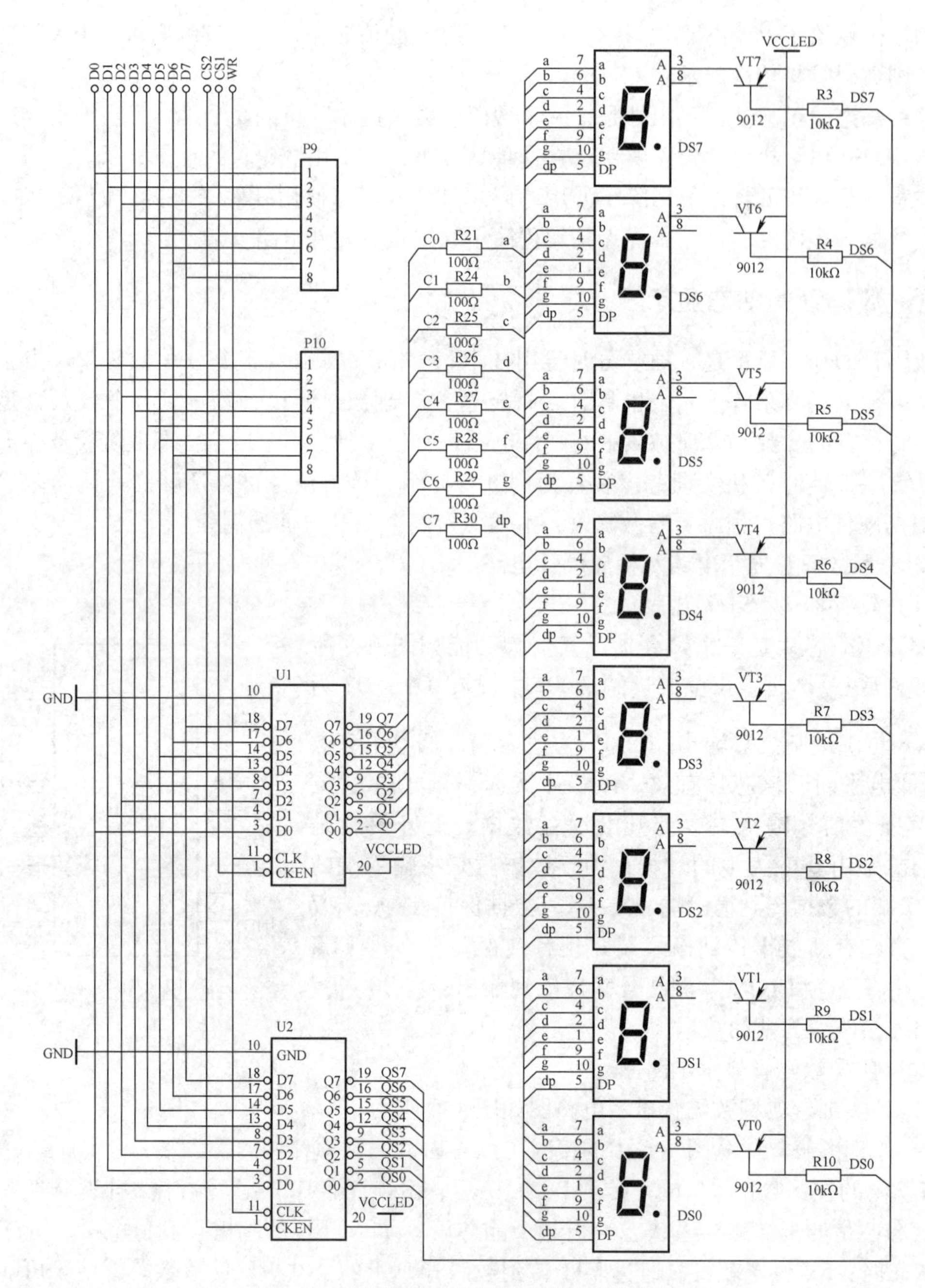

图 4-6　某单片机实训台数码管显示电路图

都须与单片机 I/O 口相连。

数码管动态扫描的方法是，选中段选锁存器 U1→送第一个数码管的段码至 D0 ~ D7→锁存至 U1 的输出端 Q0 ~ Q7（这时数码管都还不会被点亮）；选中位选锁存器 U2→送点亮第一个数码管的位选信号至 D0 ~ D7（不会干扰 U1 的输出端保存的段码）→锁存至 U2 的输出端 Q0 ~ Q7（这时，第一个数码管的公共极得电，被点亮，显示字符）→短暂延时→重复以上过程，使第二个数码管点亮、显示字符→短暂延时→重复以上过程，使第三个数码管点亮、显示字符……

该实训台数码管显示和单片机部分的硬件如图 4-7 所示。

a) 数码管显示部分(此图为图4-6所对应的实物，其中锁存器、限流电阻、晶体管等实物设置在面板的反面)

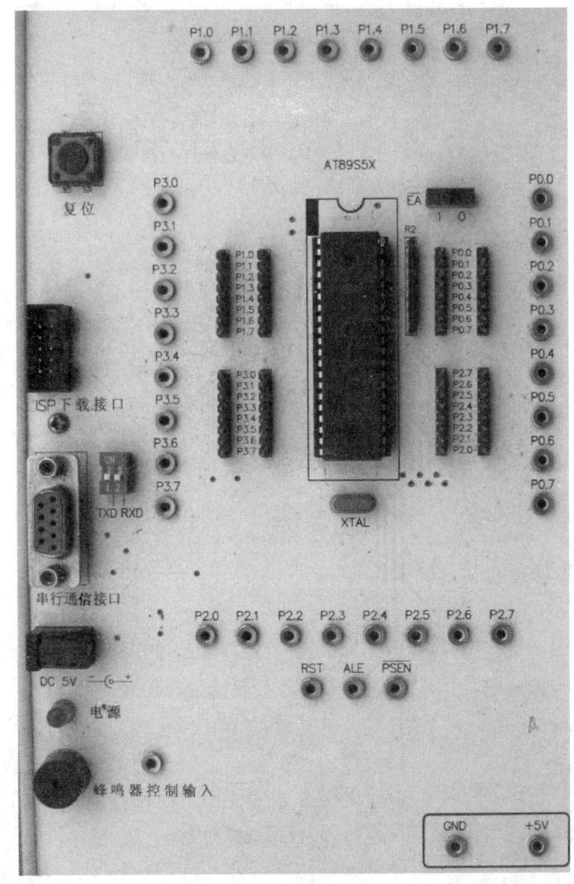

b) 单片机部分(P0、P1、P2、P3这4组I/O口各有两组排线输入/输出插针和一组输入/输出插孔，单片机部分与各功能模块之间通过插接线连接)

图 4-7　YL－236 单片机实训台数码管显示和单片机部分

2. 数码管动态显示编程入门示例

（1）任务书

利用 YL－236 实训台（见图 4-6 所示的电路），使数码管从右到左依次显示 12345678。

（2）程序示例

1）硬件连接。

图4-6所示电路中，我们将P3.0端口与CS1端子相连，将P3.1端口与CS2端子相连，将P3.2端口与WR端子相连，将P2.0～P2.7端口与D0～D7端子相连。注意：硬件端口之间的接线是灵活的，端口之间的连接改变后，程序中标识符表示的端口也必须相应改变。程序应与硬件的连接保持一致。

2）程序代码及解释。

```
        #include <reg52.h>
        #include <intrins.h>          //下面要用到循环移位"_crol_"函数，因此需添加"intrins.h"
        #define uint unsigned int
        #define uchar unsigned char
        sbit cs1 = P3^0;  /*用标识符cs1（也可以用别的名字）表示P3.0端口，用于选择
                                      控制段码的锁存器*/
        sbit cs2 = P3^1;              //用标识符cs2表示P3.1端口
        sbit wr = P3^2;               //用标识符wr表示P3.2端口
        uchar code tabsz[] = {0xf9,0xa4,0xb0,0x99,0x92,0x82,0xf8,0x80,};   /*共阳极数组，组内元
                                                                             素为1～8的段码*/
        void delay(uint z)            //毫秒延时函数
        {
            uint x,y;
            for(x = z;x > 0;x--)
                for(y = 120;y > 0;y--);
        }
        void main()
        {
17行        uchar i,temp = 0xfe;      /* 该项目中用temp的值表示数码管的位选信号，0xfe对应的二进
制为1111 1110，使数码管DS0处于可显示状态*/
18行        for(i = 0;i < 8;i++)
            {
20行            cs1 = 0;cs2 = 1;      //段码锁存器U1被选中，位锁存器关闭
21行            P2 = tabsz[i];        //数组内的元素的值（转化为二进制）赋给P2端口
22行            wr = 0;wr = 1;        //给锁存器加上锁存信号，使P2端口的数据传到U1的输出端
23行            cs1 = 1;cs2 = 0;          //位锁存器被选中，段锁存器关闭
24行            P2 = temp;                //位选信号的值赋给P2端口
25行            wr = 0;wr = 1;            //锁存信号，位选信号传到U2的输出端
26行            temp = _crol_(temp,1);  /* temp左移一位，变为选中下一个数码管的位选信号。_crol
_为循环左移函数，详见第2章的2.6.1节*/
27行            delay (2);            /*延时2ms。延时时间长短根据需要可调整，一般为2～10ms，时
                                      间太长，数码管容易闪烁，时间太短，数码管上一次点亮的字符段
                                      的余辉容易出现在这一次的显示中*/
            }
        }
```

（3）代码解释

首先，执行第17行，定义变量i，其默认初值为0，定义变量temp，给其赋初值0xfe→执行第18行，由于i=0，i<8为真，所以for（）后面{}内的语句会被执行→执行第20行，选中段锁存器U1→执行第21行，由于此时i=0，P2=tabsz［0］，所以将“1”的段码的值赋给P2端口→执行第22行，锁存，使P2端口的数据传到U1的输出端，加到各个数码管的段电极上→执行第23行，选中位锁存器U2→执行第24行，将temp的初值0xfe赋给P2端口→执行第25行，锁存，位选信号（0xfe）传送到U2的输出端，最右边的数码管DS0的公共极得到供电，该数码管点亮，显示数码“1”→执行第26行，temp的初值0xfe左移一位，得到的值（为0xfd，对应的二进制数为1111 1101）赋给temp，这时点亮数码管DS1的位选信号→执行第27行，短暂延时→执行第18行for（）内的i++，i变为1，再判断i<8是否为真，结果为真，则for（）后面的语句被执行→执行第20行→执行第21行，P2= tabsz［1］，将字符“2”的段码赋给P2端口→执行第22行→执行第23行→执行第24行，此时temp的值为0xfd→执行第25行，点亮数码管DS1，并显示“2”→执行第26行，temp的值0xfd左移一位，再赋给temp→执行第27行……不断地循环、重复，依次短时点亮各个数码管，每个数码管显示相应的字符，看起来就像各个数码管在同时显示字符。

4.2　LCD1602的认识和使用

液晶显示屏简称液晶（LCD）。各种型号的液晶通常是按显示字符的行数或液晶点阵的行、列数来命名的。例如，1602的意思就是每一行可显示16个字符，一共可以显示2行（类似的命名还有0801、0802、1601等）。这类液晶是字符型液晶，即只能显示ASCII码字符。而4.3节介绍的12864液晶属于图形型液晶，意思是液晶由128列、64行组成，即共由128×64个像素点构成，我们可以控制这128×64个像素点中任一个点的显示或不显示来形成各种图形、汉字和字符（类似的命名还有12232、19264、192128、320240等）。根据用户的需要，厂家也可以设计、生产任意规格的点阵液晶。

液晶体积小、功耗低、显示操作简单，但它有一个弱点，就是使用的温度范围较窄，通用型液晶的工作温度范围为0～+55℃，存储温度为-20～+60℃，因此设计相关产品时需考虑液晶的工作温度范围。

4.2.1　LCD1602的引脚功能及与单片机的连接

1. LCD1602的引脚功能

LCD1602可显示2行ASCII码字符，每行包含16个5×10点阵，其实物如图4-8所示。

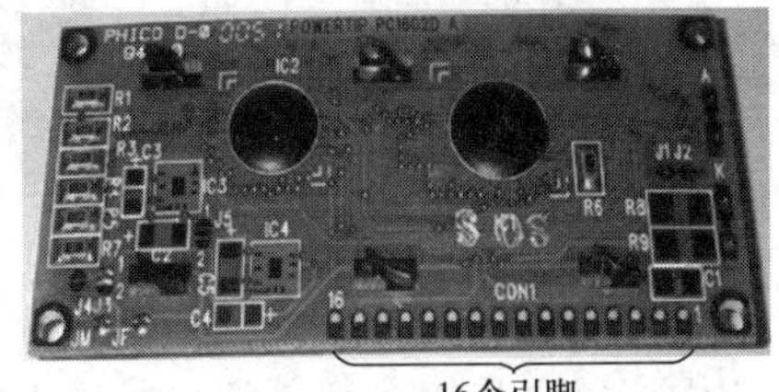

图4-8　LCD1602

LCD1602 采用标准的 16 引脚接口，各引脚功能见表 4-3。

表 4-3　LCD1602 的引脚功能

引　　脚	符　　号	功能说明
1	VSS	接地（+5V 的负极）
2	VDD	接电源（+5V）
3	VO	液晶显示屏对比度调整端，接 VDD 时对比度最低，接地时对比度最高（对比度过高时会产生“鬼影”，使用时可以通过一个 10kΩ 的电位器调整对比度）
4	RS	为寄存器选择端，该脚电平为高电平时选择数据寄存器，为低电平时选择指令寄存器
5	R/W	为读写信号线，该脚电平为高电平时进行读操作，为低电平时进行写操作
6	E	E（或 EN）端为使能（enable）端，高电平有效
7	DB0	双向数据总线 0 位（最低位）
8	DB1	双向数据总线 1 位
9	DB2	双向数据总线 2 位
10	DB3	双向数据总线 3 位
11	DB4	双向数据总线 4 位
12	DB5	双向数据总线 5 位
13	DB6	双向数据总线 6 位
14	DB7	双向数据总线 7 位（最高位），也是“忙”或“空闲”的标志（busy flag）位
15	BLA	背光电源正极
16	BLK	背光电源负极

2. LCD1602 与单片机的连接

根据 LCD1602 各引脚的功能，将其 2、15 脚接 +5V 的正极，1、16 脚接 +5V 的负极，3 脚通过一个 10kΩ 的电位器接地，其余引脚与单片机的 I/O 口相连，如图 4-9 所示，这样就搭成了硬件电路。某搭建成熟的 LCD1602 硬件模块如图 4-10 所示。

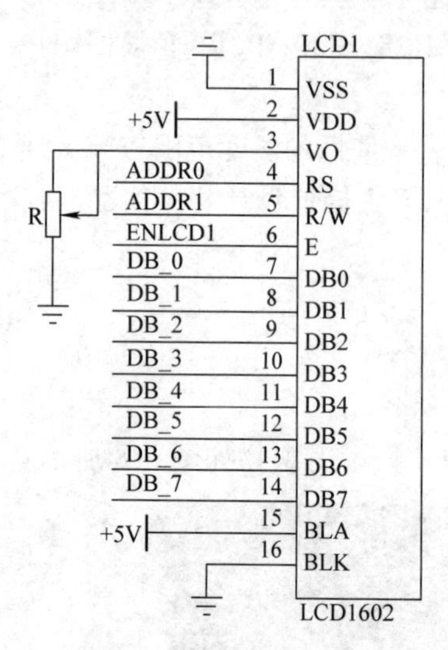

图 4-9　LCD1602 的接线图

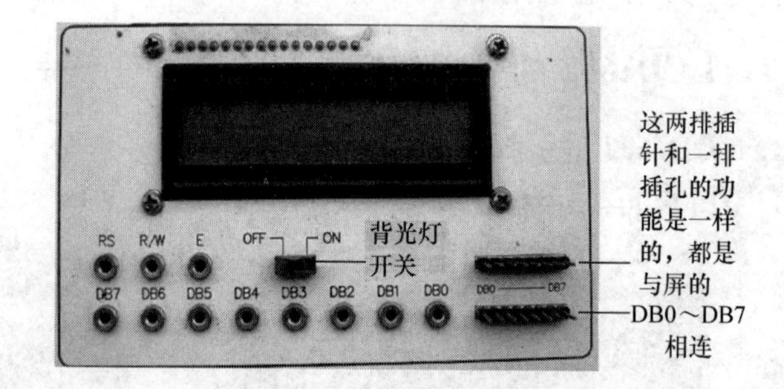

图 4-10　YL－236 LCD1602 硬件模块（电源孔座未在此图中画出）

图 4-10 中，RS、R/W、E 必须与单片机的任意 3 个 I/O 口相连接，DB0 ~ DB7 必须与单片机的任一组 I/O 口相连接，这样单片机就可以控制 LCD1602 的显示了。

4.2.2　LCD1602模块的内部结构和工作原理

1. LCD1602模块的内部结构

LCD1602模块的内部结构分为三部分，即LCD控制器、LCD驱动器、LCD显示器，如图4-11所示。

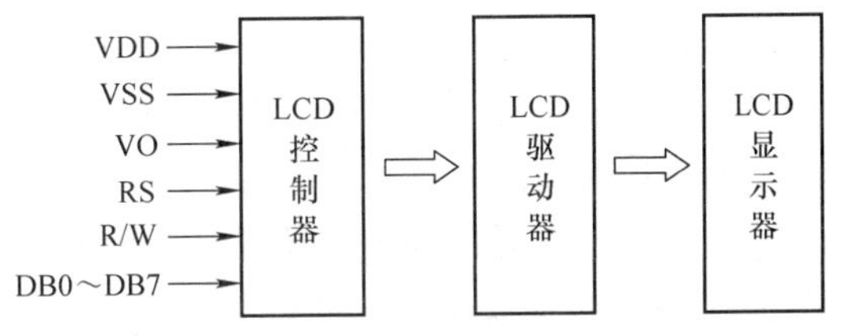

图4-11　LCD1602显示模块内部结构

图4-11中的LCD控制器和LCD驱动器一般由专用集成电路实现，大部分都是HD44780或其兼容芯片。HD44780是用低功耗CMOS技术制造的大规模点阵LCD控制器，具有简单、功能较为强大的指令集，可实现字符的显示、移动、闪烁等功能。HD44780控制电路主要由DDRAM、CGROM、CGRAM、IR、DR、BF、AC等集成电路组成，它们各自的功能详见表4-4。

表4-4　HD44780控制电路各部分的功能

名　称	功　能	说　明
DDRAM	数据显示RAM	用于存放需要LCD显示的数据，能存放80个字符数据。单片机只将标准ASCII码送入DDRAM，内部控制电路就会自动将数据传送到显示屏上显示出来
CGROM	字符产生器ROM	存储由8位字符生成的192种5×7点阵字符和32种5×10点阵字符。每一个字符都有一个固定的代码（类似于字模）
CGRAM	字符产生器RAM	可供使用者存储特殊字符码，共64字节
IR	指令寄存器	用于存储单片机要写给LCD的指令码
DR	数据寄存器	用于存储单片机要写入CGRAM和DDRAM的数据，也用于存储单片机要从CGRAM和DDRAM读出的数据
BF	忙信号标志	当BF为1时，不接收单片机送来的数据或指令
AC	地址计数器	负责计数写入/读出CGRAM中DDRAM的数据地址，AC按照单片机对LCD的设置值而自动修改它本身的内容

2. LCD1602显示字符的过程

HD447780内部带有80×8bit的DDRAM缓冲区，其显示位置与DDRAM地址的对应关系见表4-5。

表4-5　显示位置与DDRAM地址的对应关系

显示位置序号		1	2	3	4	5	6	7……15	16……39	40
DDRAM地址	第一行	00	01	02	03	04	05	06……0E	0F……26	27
	第二行	40	41	42	43	44	45	46……4E	4F……66	67

注：表中地址用十六进制数表示。

例如，要在第1行的第4列显示字符“R”，就要将“R”的ASCII码0x52写到DDRAM的第1行第4列的地址处。一行有40个地址，可以存入40个字符数据，但每行最多只能显示其中的16个。可以用其余的地址存入其他数据，实现显示的快速切换。注意：编程时，需将表中的地址加上80H才能正确显示，如要在第1行第4列处显示“R”，应将“R”的ASCII码（0x52）写到地址0x80+0x03即0x83处。

4.2.3 LCD1602 的工作时序

1. LCD1602 的读操作时序

LCD1602 的读操作时序如图 4-12 所示。

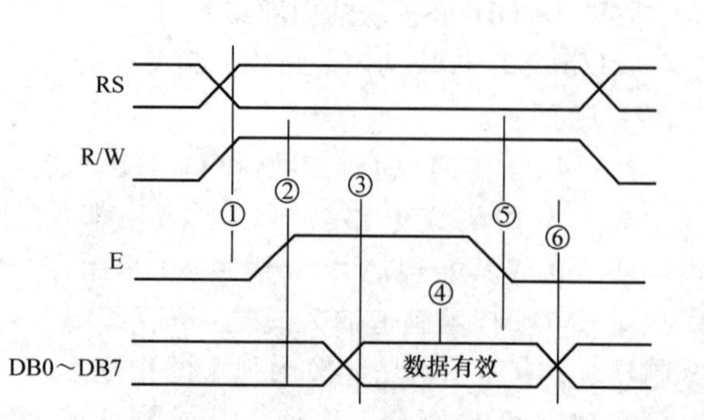

图 4-12 LCD1602 的读操作时序

LCD1602 的读操作编程流程：

1）给 RS 加电平（1 为数据，0 为指令）；给 R/W 加高电平（R/W =1）（为读），如图 4-12 中的状态①。

2）E =1（使能，高电平有效），延时，如图 4-12 中的状态②。

3）LCD1602 送数据到 DB0 ~ DB7，注意，从 E = 1 到数据有效，有延时，如图 4-12中的状态③。

4）读数据，如图 4-12 中的状态④。

5）E =0，如图 4-12 中的状态⑤。

6）读结束，如图 4-12 中的状态⑥。

7）改变 RS、R/W 的状态，为下次操作做准备。

2. LCD1602 的写操作时序

LCD1602 的写操作时序如图 4-13 所示。

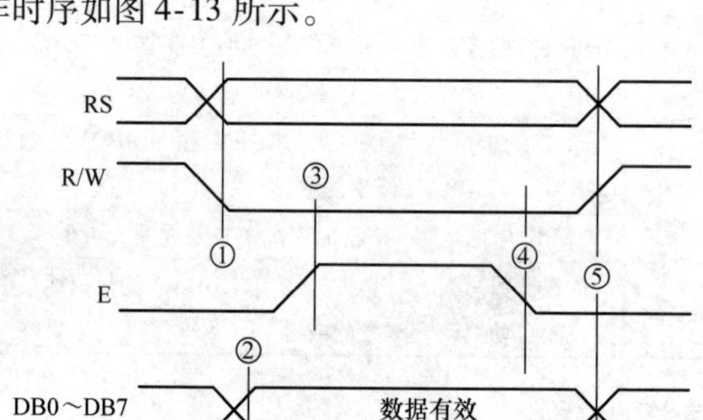

图 4-13 LCD1602 的写操作时序

LCD1602 的写操作编程流程：

1）给 RS 加电平（1 为数据，0 为指令）；R/W =0（为写）。

2）单片机送数据到 DB0 ~ DB7。

3）E =1（拉高使能线）。

4）E =0，写入生效。

5）改变 RS、R/W 的状态，为下次操作做准备。

以上各步骤对应图 4-13 中的① ~ ⑤。

4.2.4 LCD1602 的指令说明

LCD1602 指令说明详见表 4-6。

表 4-6　**LCD1602 指令说明**（DB7 ~ DB0 为指令的内容；“ * ” 的意思是为 0 或为 1 都可以）

序号	指令	RS	R/W	DB7	DB6	DB5	DB4	DB3	DB2	DB1	DB0
1	清除显示，光标到 0 位	0	0	0	0	0	0	0	0	0	1
2	光标返回 0 位	0	0	0	0	0	0	0	0	1	*
3	光标和显示模式设置	0	0	0	0	0	0	0	1	N	S
4	显示开/关控制	0	0	0	0	0	0	1	D	C	B
5	光标或字符移位	0	0	0	0	0	1	S/C	R/L	*	*
6	功能设置	0	0	0	0	1	DL	N	F	*	*
7	字符产生器存储器地址设置	0	0	0	1	字符产生器存储器地址（用 add 表示）					
8	数据存储器地址设置	0	0	1	显示数据存储器地址						
9	读忙标志或地址	0	1	BF	AC 寄存器地址						
10	写数到 CGRAM 或 DDRAM	1	0	要写的数据内容							
11	从 CGRAM 或 DDRAM 读数	1	1	读出的数据内容							

1602 液晶模块内部的控制器共有 11 条控制指令，按表 4-6 中的序号进行以下说明。

指令 1：清除显示，指令码为 0x01，其实质是将 DDRAM 全部写入空格的 ASCII 码 0x20，地址计数器 AC 清零。该过程需要的时间相对较长。

指令 2：光标复位，光标返回到地址 00H（即复位到屏左上方），地址计数器 AC 清零，DDRAM 内容不变，完成光标复位的时间相对较长。

指令 3：光标和显示模式设置。N——设置光标的移动方向，当 N = 1 时，读或写一个字符后，地址指针加 1，光标加 1；当 N = 0 时，读或写一个字符后，地址指针减 1，光标减 1。S——用于设置整屏字符是否左移或右移，当 S = 1 且 N = 1 时，写一个字符时整屏显示左移，当 S = 1 且 N = 0 时，写一个字符时整屏显示右移；若 S = 0，则整屏字符移动无效。因此常用的光标右移指令为 0x06。

指令 4：显示开/关控制。D——控制整体显示的开与关，高电平表示开显示，低电平表示关显示；C——控制光标的开与关，高电平表示有光标，低电平表示无光标；B——控制光标是否闪烁，高电平闪烁，低电平不闪烁。常用的开显示关光标指令为 0x0c。

指令 5：命令光标或字符移动。S/C 控制光标或字符，R/L 控制左右，具体如下：

(S/C)(R/L) = (0)(0)时，文字不动，光标左移一格，AC 减 1；

(S/C)(R/L) = (0)(1)时，文字不动，光标右移一格，AC 加 1；

(S/C)(R/L) = (1)(0)时，文字全部右移一格，光标不动；

(S/C)(R/L) = (1)(1)时，文字全部左移一格，光标不动。

指令 6：功能设置命令。DL——高电平时为 8 位数据总线，低电平时为 4 位数据总线；N——低电平时单行显示，高电平时两行显示；F——低电平时显示 5 × 7 的点阵字符，高电平时显示 5 × 10 的点阵字符。常用的两行显示、8 位数据、5 × 7 的点阵指令为 0x38。

指令 7：指令为 0x40 + add（可这样理解，当 DB7 ~ DB0 的低 6 位全为 0 时，DB7 ~ DB0 可写成 0x04；当 DB7 ~ DB0 的高 2 位全为 0 时，DB7 ~ DB0 可写成 add，合在一起则为 0x40 + add），该指令用于设置自定义字符的 CGRAM 地址。Add（DB5 ~ DB0）的前 3 位即 DB5DB4DB3 用于选择字符，DB2DB1DB0 用于选择字符的 8 位字模数据。

指令 8：指令为 0x80 + add，用于设置下一个要存入数据的 DDRAM 地址。Add 的范围是 0x00 ~ 0x27 对应第一行显示，0x40 ~ 0x67 对应第二行显示。每一行可存入 40 个字符，默认情况下 LCD1602 只能显示其中的前 16 个字符，可以通过指令 6 的字符移动指令来显示其他内容。

指令9：读忙信号和光标地址。BF：忙标志位，高电平表示忙，此时模块不能接收命令或数据，低电平表示闲，可以操作。

指令10：写数据。

指令11：读数据。

4.2.5　LCD1602 的编程

1. 电路连接

现将 LCD1602 模块的 RS、R/W、E 端子与单片机的 P2.0、P2.1、P2.2 口相连接，DB0 ~ DB7 与单片机的 P0 口相连接。

2. 基础操作函数

（1）引脚定义

```
/*根据电路连接,引脚定义如下*/
#include <reg52.h>
#define uint unsigned int
#define uchar unsigned char
void delay(uint i){while(--i)};          //延时函数
sbit RS = P2^0;sbit R/W = P2^1;sbit E = P2^2;
#define dat1602   P0   /*这里采用宏定义后，编程时 dat1602 就可以代表 P0 了。其好处是如果在实践中改变了 LCD1602 的 DB0 ~ DB7 与单片机的接口（不接在 P0 口），只需在该宏定义处修改接口，不必在程序中的相应位置逐一修改，显得简单实用*/
sbit BF = dat1602^7;     /*BF 表示 dat1602 的最高位，通过检测 BF 的电平，可以知道 LCD1602 是处于“忙”还是“闲”的状态*/
```

（2）忙检测函数

1）定义为有返回值的典型写法。

```
bit LCD1602_busy()                    //将忙检测函数定义成有返回值类型（bit 型）
{
    bit busy;
    P0 = 0xff;                        //防止干扰
    RS = 0;RW = 1;               //置“命令、读”模式
      E = 1;E = 1;
    busy = BF;                   //将读出的忙标志的数值（0 或 1）赋给 busy
    E = 0;
    return busy;                 /*函数返回 busy 的值，即函数的值等于 busy 的值。判断 busy_1602
                                 （）的值，当它为 0 时（闲），才能执行后续程序*/
}
```

2）定义为无返回值的典型写法（略）。

（3）写“命令”函数

```
void LCD1602_write_com（uchar com)          //com 为需写的命令
{
    while（LCD1602_busy());             //只有当 LCD1602_busy（）为 0 时（闲）才会跳出 while 循环
```

```
    RS = 0;RW = 0;              //置“命令、写”模式
    dat1602 = com;                 //将命令的内容（十六进制数）送到 dat1602 即 P0 端口
    E = 1;E = 0;                //使能端，高电平有效，使命令送到液晶的 DB0 ~ DB7
}
```

(4)写“数据”函数

```
    LCD_write_dat (uchar dat)
     {
        while (LCD1602_ busy());
        RS = 1;RW = 0;                    //置“数据、写”模式
        dat1602 = dat;                       //将数据的内容（十六进制数）送到 P0 端口
        E = 1;E = 0;                         //使能端，高电平有效，使数据送到液晶的 DB0 ~ DB7
          }
40 行      void LCD1602_init_1602()                    //1602 的初始化函数
      {
        LCD1602_write_com(0x38);   /* 调用写命令函数，将设置“两行、8 位数据、5 × 7 的点
阵”的命令 0x38 写入 LCD1602 的控制器 */
        LCD1602_write_com(0x0c);   //0x0c 为开显示关光标指令
        LCD1602_write_com(0x06);   //0x06 为光标右移指令
        LCD1602_write_com(0x01);   //0x01 为清除显示
46 行   }
```

3. LCD1602 的显示编程示例

(1) 任务书

在 LCD1602 的第 1 行依次显示“ABCDEFGHIJKLMNOP”，第 2 行依次显示“abcde”。

(2) 程序代码示例

```
void write_address (unsigned char x, unsigned char y)    //x、y 分别为列、行地址
    x& = 0x0f;                                   //列地址限制在 0 ~ 15 间
    y& = 0x01;                                   //行地址限制在 0 ~ 1 间
    if (y = = 0)                                 //如果是第 1 行
        LCD1602_write_com (x | 0x80);            //将列地址写入
    else                                         //如果是第 2 行
        LCD1602_write_com ( (x + 0x40) | 0x80);      //将列地址写入
}

void LCD1602_Disp (unsigned char x, unsigned char y, unsigned char buf)    /* LCD
    1602 的显示函数。参数 x、y 分别为列、行地址，buf 为要在屏上显示的字符 */
{
    LCD1602_Write_address (x, y);                //先将地址信息写入
    LCD1602_Write_data_busy (buf);                   //再写入要显示的数据
}
void main (void)                        //主函数，单片机开机后就是从这个函数开始运行的
{
    LCD1602_init ();                    //调用 1602 液晶初始化函数
```

```
/ * 1602 液晶第 1 行显示“ABCDEFGHIJKLMNOP”，
1602 液晶第 2 行显示“abcde” * /
LCD1602_Disp (0, 0, 'A');        //在第 1 行的第 1 列显示 A
LCD1602_Disp (1, 0, 'B');        //在第 1 行的第 2 列显示 B
LCD1602_Disp (2, 0, 'C');        //在第 1 行的第 3 列显示 C
LCD1602_Disp (3, 0, 'D');        //在第 1 行的第 4 列显示 D
LCD1602_Disp (4, 0, 'E');        //在第 1 行的第 5 列显示 E
LCD1602_Disp (5, 0, 'F');        //在第 1 行的第 6 列显示 F
LCD1602_Disp (6, 0, 'G');        //在第 1 行的第 7 列显示 G
LCD1602_Disp (7, 0, 'H');        //在第 1 行的第 8 列显示 H
LCD1602_Disp (8, 0, 'I');        //在第 1 行的第 9 列显示 I
LCD1602_Disp (9, 0, 'J');        //在第 1 行的第 10 列显示 J
LCD1602_Disp (10, 0, 'K');       //在第 1 行的第 11 列显示 K
LCD1602_Disp (11, 0, 'L');       //在第 1 行的第 12 列显示 L
LCD1602_Disp (12, 0, 'M');       //在第 1 行的第 13 列显示 M
LCD1602_Disp (13, 0, 'N');       //在第 1 行的第 14 列显示 N
LCD1602_Disp (14, 0, 'O');       //在第 1 行的第 15 列显示 O
LCD1602_Disp (15, 0, 'P');       //在第 1 行的第 16 列显示 P
LCD1602_Disp (0, 1, 'a');        //在第 2 行的第 1 列显示 a
LCD1602_Disp (1, 1, 'b');        //在第 2 行的第 2 列显示 b
LCD1602_Disp (2, 1, 'c');        //在第 2 行的第 3 列显示 c
LCD1602_Disp (3, 1, 'd');        //在第 2 行的第 4 列显示 d
LCD1602_Disp (4, 1, 'e');        //在第 2 行的第 5 列显示 e
while (1);                       //死循环，将一直运行这个死循环
}
```

注：本书《资料》中有独立液晶屏 1602 与单片机的连接及例程。

4.3　不带字库 LCD12864 的使用

LCD12864 是一块点阵图形显示器，如图 4-14 所示。其显示分辨率为 128（行）×64（列）个像素点，有带字库（内置 8192 个 16×16 点汉字和 128 个 16×8 点 ASCII 字符集）和不带字库两种。其显示的原理和 LED 点阵相似，均由若干“点亮”的像素点的组合构成文字、符号或图形。

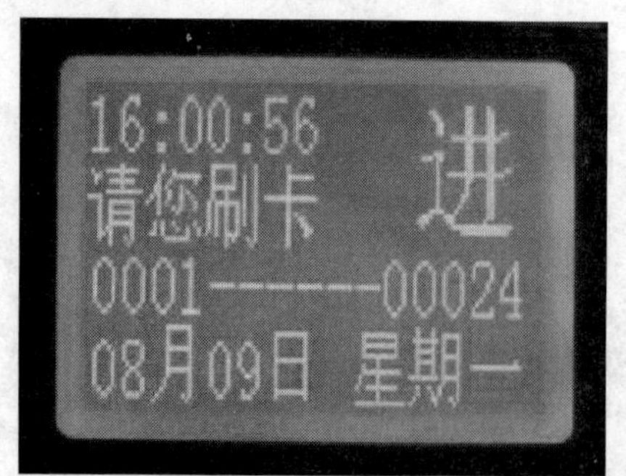

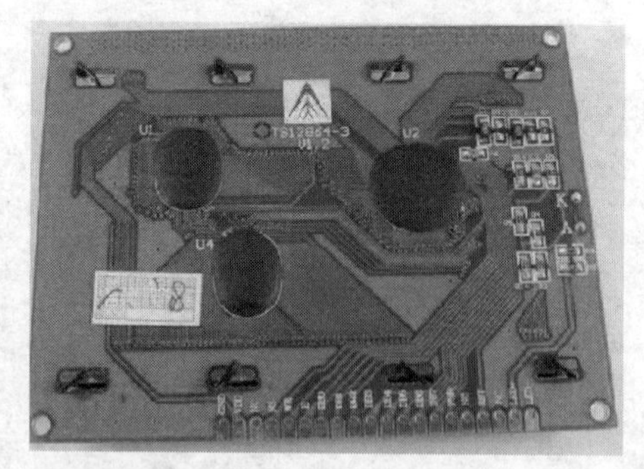

图 4-14　LCD12864 实物图

4.3.1　引脚说明

LCD12864 的引脚功能详见表 4-7。

表 4-7　LCD12864 的引脚功能

引脚号	引脚名称	电平	引脚功能描述
1	VSS	0V	电源地
2	VDD	3 ~ 5V	电源正
3	VL	—	对比度调整
4	RS	H/L（高/低）	指令/数据选择，RS 为高电平选择“数据”，RS 为低电平时选择“指令”
5	R/W	H/L	读/写选择，R/W = “H”，为读操作，R/W = “L”，为写操作
6	E	H/L	使能信号。高电平读出有效，低电平写入有效
7 ~ 14	DB0 ~ DB7	H/L	三态数据线，用于单片机与 LCD12864 之间读、写数据
15	CS1		左半屏选择，高电平有效
16	CS2		右半屏选择，高电平有效
17	$\overline{\text{RST}}$	H/L	复位端，低电平有效
18	VEE	—	LCD 驱动电压（ -10V）输出端
19	LED +	+5V	背光源正极
20	LED -	0V	背光源负极

4.3.2　模块介绍

1. 实验板上的典型 LCD12864 模块

很多单片机实验板带有 LCD12864 模块，将 LCD12864 的各个引脚连接到接线端子（插孔和插针）上，用导线将各接线端子与单片机的 I/O 口相连，通过对单片机编程就可以控制 LCD12864 的显示了。YL -236 单片机实训台上的 LCD12864 模块实物图如图 4-15a 所示。该模块不带字库，有 CS1、CS2、RS、R/W、E、$\overline{\text{RST}}$、DB0 ~ DB7 共 14 个引脚，其他引脚已在模块内部接好。其内部已接有复位电路，接线是地，$\overline{\text{RST}}$ 一般无须再连接。其内部电路如图 4-15b 所示。

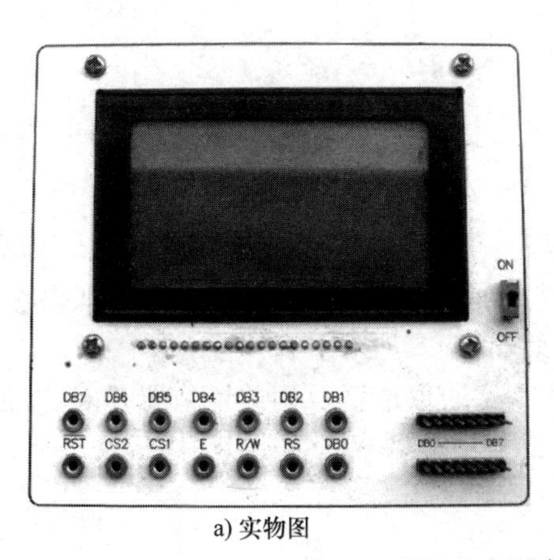

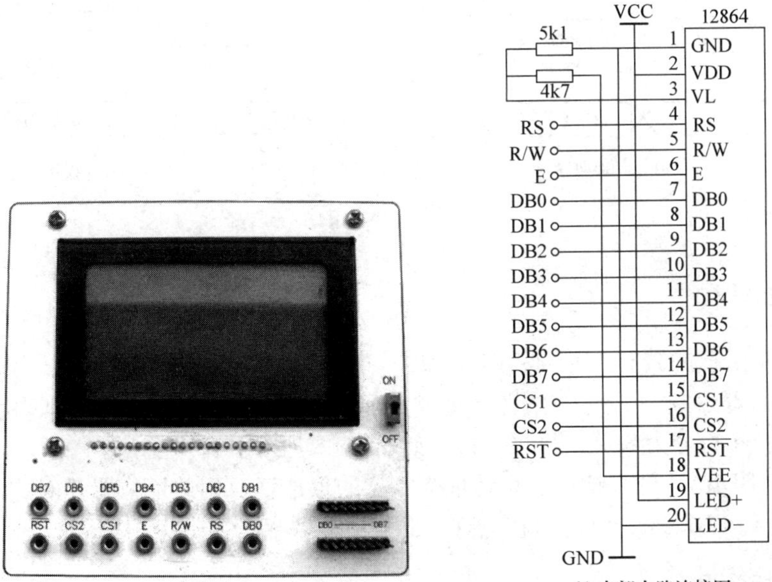

a) 实物图　　b) 内部电路连接图

图 4-15　YL -236 单片机实训台上的 LCD12864 实物图

2. 自制的 LCD12864 模块

自制的 LCD12864 模块（在淘宝网上很容易买到）如图 4-16 所示。将该模块、万能板、2 个电阻、插针按照图 4-15b 连接就可以使用了。

图 4-16　自制的 LCD12864 模块

4.3.3　读写时序

不带字库 LCD12864 的读、写时序如图 4-17 所示。

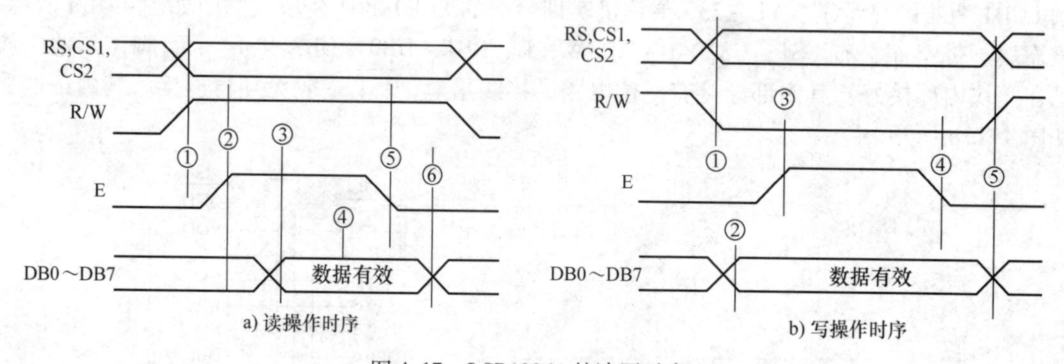

图 4-17　LCD12864 的读写时序

4.3.4　点阵结构

LCD12864 沿横向共有 128 列，即有 128 个像素点，沿纵向共有 64 行，即有 64 个像素点。将横向的 128 列分为左、右两屏，每屏有 64 列，用 CS1、CS2 来选择使用左屏或使用右屏；将纵向的 64 行分为 8 页，每页 8 行，如图 4-18 所示。

显示缓存 DDRAM 的页地址、列地址与点阵的页地址、列地址位置是对应的，单片机需将字模数据送到 DDRAM，就可以在点阵上的相应位置显示字符了。

4.3.5　指令说明

LCD12864 的指令说明详见表 4-8。

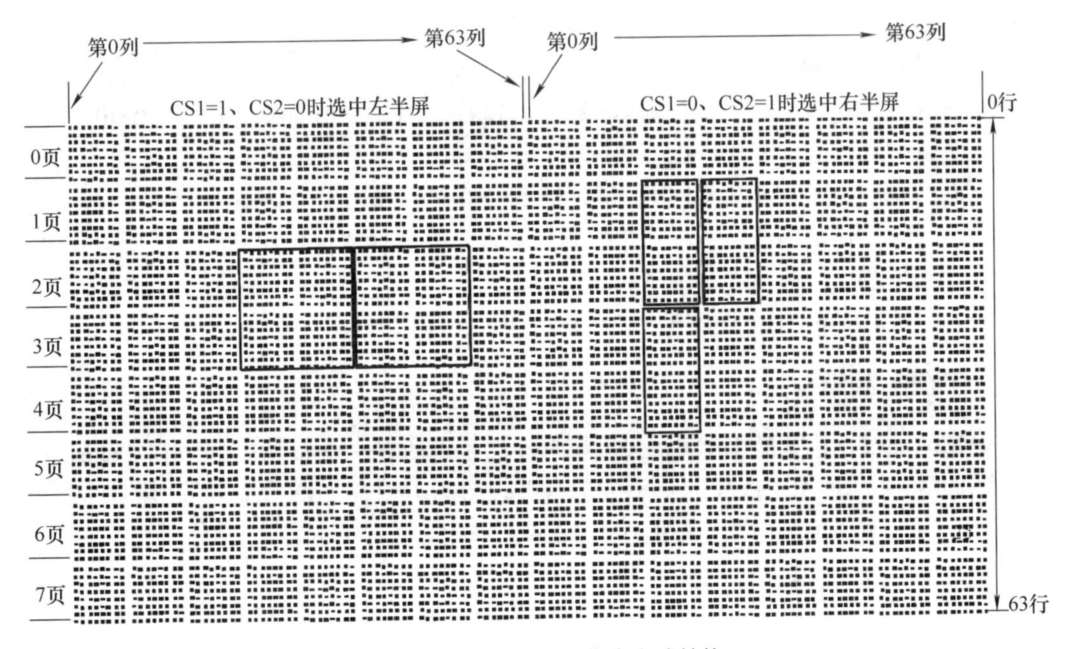

图 4-18　LCD12864 的像素点阵结构

表 4-8　LCD12864 的指令说明

指令编号	RS	R/W	DB7	DB6	DB5	DB4	DB3	DB2	DB1	DB0	功　能
指令 1	0	0	0	0	1	1	1	1	1	D	显示开/关
指令 2	0	0	1	1	L5	L4	L3	L2	L1	L0	用于设置显示的起始行
指令 3	0	0	1	0	1	1	1	P2	P1	P0	页地址设置
指令 4	0	0	0	1	C5	C4	C3	C2	C1	C0	列地址设置
指令 5	0	1	BF	0	ON/OFF	RST					读状态字
指令 6	1	0	数据								写需显示的数据
指令 7	1	1	数据								读显示数据

表 4-8 中各条指令的 RS、R/W 由单片机的 I/O 口通过位操作的方式来赋值，根据是读还是写、是命令还是数据来确定是高电平或低电平。DB7 ~ DB0 由单片机的 I/O 口通过字节（总线操作方式）赋值。各条指令的作用和说明如下。

指令 1：相当于显示开/关。D = 1 为开，DB7 ~ DB0 为 0x3f；D = 0 为关，DB7 ~ DB0 为 0x3e。

指令 2："0xc0 + add" 用于设置显示起始行的上下移动量。由于 DB7、DB6 均为 1，所以 DB5 ~ DB0 均为 0 时可写成 0xc0，我们用 add 表示 DB5 ~ DB0 的实际值，因此 DB7 ~ DB0 可写成 0xc0 + add，由于 LCD12864 共有 64 行，所以 add 的值为 0 ~ 63。例如，若 add = 0，则起始行字符显示在屏的最上面。

指令 3："0xb8 + add" 用于设置后续读、写的页地址。由于 DB7、DB6、DB5、DB4、DB3、0、0、0 可写成 0xb8，我们用 add 表示 P2、P1、P0 的实际值，所以 DB7 ~ DB0 可写成 0xb8 + add。由于 LCD12864 一字节的数据对应纵向 8 个点，规定每 8 行为一页，所以 add 的值为 0 ~ 7。例如，当 add 为 0 时，0xb8 + add 指向第 0 页；当 add 为 1 时，0xb8 + add 指向

第 1 页。

指令 4："0x40 + add" 用于设置后续读、写的列地址。add 的值为 0 ~ 63。读、写数据时，列地址自动加 1，在 0 ~ 63 范围内循环，不换行。例如，当 add 为 0 时，0x40 + add 为第 0 列；当 add 为 1 时，0x40 + add 为第 1 列。

指令 5：读状态字。当 BF = 1 时，忙；当 BF = 0 时，说明已准备好。

指令 6：RS、R/W 的电平由单片机控制，写入字模数据（由单片机的 I/O 口送到DB7 ~ DB0），以显示字符。

指令 7：RS、R/W 的电平由单片机控制，读出字模数据。

4.3.6 字模的获取

LCD12864 的显示内容的字模可通过取模软件（常用的有 "Lcmzimo. exe" 和 "zimo. exe"，可在网上下载，本书使用 "Lcmzimo. exe" 软件并设置为 "纵向 8 点下高位" "宋体 16 点阵" "从左到右、从上到下的顺序"）取模。两种软件的取模方法详见本书《资料》。

4.3.7 显示信息的操作示例

1. 任务书

在图 4-18 所示 LCD12864 的左半屏矩形框位置显示 "机电"，格式为 16 × 16，右半屏显示字符 "A、B、C"，格式为 8 × 16。

2. 硬件连接

本任务的硬件连接如图 4-19 所示。

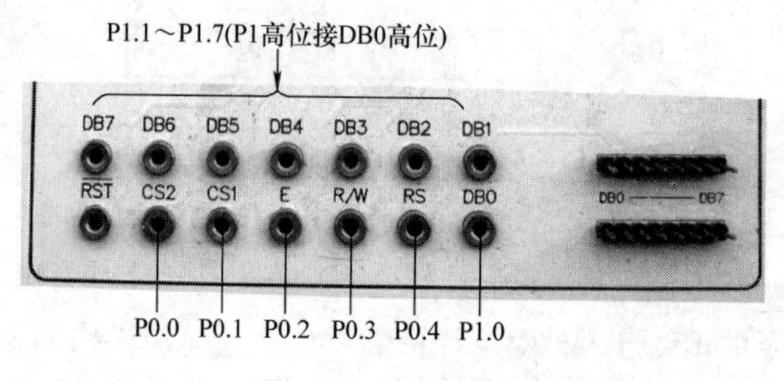

图 4-19　硬件连接

3. 程序代码示例

```
/ * 利用 LCD12864 显示，可将初始化、清屏、忙检测、写命令、写数据等写成子函数，这些子函数是 LCD12864 的基础函数，供显示汉字和字符时调用 * /
#include < reg52. h >
#define uint unsigned int
#define uchar unsigned char
sbit cs2 = P0^0;            //片选信号，控制右半屏，高电平有效
sbit cs1 = P0^1;            //片选信号，控制左半屏，高电平有效
sbit en = P0^2;             //读写使能信号，由高电平变为低电平时写入有效
sbit rw = P0^3;             / * 读写控制信号，为高电平时，从显示静态寄存器中读取数据到数据总线上，为低电平时写数据到数据静态寄存器，在写指令后列地址自动加 1 * /
```

```
sbit rs = P0^4  /＊寄存器与显示内存操作选择，高电平时对指令进行操作，低电平时对数据进行操作＊/
uchar code asc[ ] = {   /＊该数组为字符 A、B、C 的 8×16 字模数据，每个字的字模共 16 个字节＊/
0xE0,0xF0,0x98,0x8C,0x98,0xF0,0xE0,0x00, 0x0F,0x0F,0x00,0x00,0x00,0x0F,0x0F,0x00, /＊A＊/
0x04,0xFC,0xFC,0x44,0x44,0xFC,0xB8,0x00, 0x08,0x0F,0x0F,0x08,0x08,0x0F,0x07,0x00, /＊B＊/
0xF0,0xF8,0x0C,0x04,0x04,0x0C,0x18,0x00,0x03,0x07,0x0C,0x08,0x08,0x0C,0x06,0x00, /＊C＊/
};
uchar code hz[ ] = {  //该数组为汉字“机电”16×16 的字模数据，每个字的字模共 32 个字节
0x10,0x10,0xD0,0xFF,0x90,0x10,0x00,0xFC,0x04,0x04,0x04,0xFE,0x04,0x00,0x00,0x00,
0x04,0x03,0x00,0xFF,0x80,0x41,0x20,0x1F,0x00,0x00,0x00,0x3F,0x40,0x40,0x70,0x00, //机
0x00,0xF8,0x48,0x48,0x48,0x48,0xFF,0x48,0x48,0x48,0x48,0xFC,0x08,0x00,0x00,0x00,
0x400,0x07,0x02,0x02,0x02,0x02,0x3F,0x42,0x42,0x42,0x42,0x47,0x40,0x70,0x00,0x00  //电
void busy_12864 ( )   //LCD12864 的忙检测函数
  {
    P1 = 0xff;
    rs = 0; rw = 1;      //置命令、读模式
    en = 1;              //en 为使能端，高电平时，读出数据有效
    while (P1&0x80);     /＊若 P1&0x80 = 0，说明 P1 的最高位（即 BF）变为 0（BF 为 0 表示已准备好），就退出循环，可执行其他的函数，否则程序停在这里等待。也可写成 while (BF = 1)，不过这样就要再用一个端口检测 LCD12864 的 DB7 的值，即 BF 的值＊/
    en = 0;
  }
void write_com (uchar com) //用于“写指令”的函数，其他函数调用该函数时需用具体的指令
                             值代替“com”
  {
    busy_12864 ( );      //调用忙检测
    rs = 0; rw = 0;      //置命令，写模式
    P1 = com;            //将指令的值赋给 P1
    en = 1; en = 0;      //使能端，下降沿有效
  }
    void write_dat (uchar dat)   /＊用于“写数据”的函数，其他函数调用该函数时用显示字
                                   符或汉字的具体字模数据代替“dat” ＊/
  {
    busy_12864 ( );
    rs = 1; rw = 0;               //置数据，写模式
    P1 = dat;                     //将需显示的内容的字模数据赋给 P1 端口
    en = 1; en = 0;
  }
void qp_lcd ( )                   //清屏函数。清屏就是将原来屏上的显示内容清除
  {
    uchar i, j;                   //函数内定义两个局部变量（只在本函数内起作用）
```

```
        cs1 = cs2 = 1;                    //左右屏都选中
        for(i = 0;i < 8;i + + )
        {
            write_com (0xb8 + i);             //写满 0 ~ 7 页
            write_com (0x40);                //从第 0 列开始写
            for (j = 0; j < 64; j + + ) {write_dat (0);} //每一屏的 0 ~ 63 列都写 0，实现清屏
        }
    }
    void init_12864 ()                   //LCD12864 的初始化函数
     {
        write_com (0x3f);              //写入“开显示”指令
        write_com (0xc0);                //写入“第一行字符显示在屏的最上面”的指令
        qp_lcd ();                       //调用清屏函数
     }                                     /* 以上的忙检测、写指令、写数据、清屏函数为基础函数，
在液晶屏显示具体内容时需经常调用它们 */
58 行    void asc8 (uchar d, uchar e, uchar dat)        /* 8 × 16 点阵显示函数（常用于显示
  ASCII 字符）。参数 d 为页数，e 为列数，dat 为字模号数（即数组内第几个字，本书中都是从 0 开始
编号的），这样，需显示其他字符时，只需调用该函数。注意看下面的示例 */
     {
        uchar i;
61 行    if (e < 64) {cs1 = 1; cs2 = 0;}           //若列数小于 64，则选择左屏
62 行    else {cs1 = 0; cs2 = 1; e - = 64;}     /* 否则选择右屏。e - = 64 即为 e = e - 64，其作用
是，当 e 为 64 ~ 127 之间变化时，可使 e 的值限定在 0 ~ 63 的范围内。第 61、62 行是典型、简洁的选屏方
法 */
63 行        write_com(0xb8 + d);                  //设置字符显示所在的页地址
64 行        write_com(0x40 + e);                  //设置字符显示所在的列地址(可在 0 ~ 127 之间取值)
65 行        for(i = 0;i < 8;i + + )
             {
67 行          write_dat(asc[i + 16 * dat]);     //写上面的那一页
             }
69 行        write_com(0xb8 + d + 1);              //页地址加 1
70 行        write_com(0x40 + e);
71 行        for(i = 8;i < 16;i + + )
             {
73 行            write_dat(asc[i + 16 * dat]); //写下面的那一页
             }
       }
```

/* 一个 8 × 16 的字符由上下两页构成。第 63 行为确定上页的地址，第 65、67 行为写上页的每一行，具体过程是，以显示数组内第 0 个字（即 A）为例，dat = 0，第 67 行为写上页的 8 个字节的数据；第 69 行为显示“A”的下页（页地址增加 1），第 73 行为写下页的 8 个字节数据（8 ~ 15）。

i + 16 * dat 是什么意思呢？以显示数组内第 1 个字符（B）为例，dat = 1，在第 67 行，i 的值是 0 ~ 7，因此 i + 16 * dat 的值就是 16 ~ 23，对应的数组内的这 8 个元素正是显示 B 的上页的 8 个字节。在第 73 行，i 的值是 8 ~ 15，因此 i + 16 * dat 的值就是 24 ~ 31，对应的数组内的这 8 个元素正是显示 B 的下页的 8 个字节。下面 16 × 16 的显示函数的编程思想是一样的。该写法可当作一种固定的模式供参考使用 */

```
void hz16(uchar d,uchar e,uchar dat)  /*16×16 点阵显示，参数 d 为页数，e 为列数，dat 为字模号
数(即数组内的第几个字的字模)*/
  {
    uchar i;
    if(e<64){cs1=1;cs2=0;}
    else {cs1=0;cs2=1;e-=64;}
    write_com(0xb8+d);
    write_com(0x40+e);
83 行   for(i=0;i<16;i++)              //上页
  {
85 行     write_dat(hz[i+32*dat]);     //写上页的 16 个字节
  }
    write_com(0xb8+d+1);             //页地址加 1，对应着下页
    write_com(0x40+e);
89 行    for(i=16;i<32;i++)
    {
91 行       write_dat(hz[i+32*dat]);  //写下页的 16 个字节
    }
  }
```

/*第 85、91 行的 i+32*dat 解释：一个 16×16 汉字共有 32 个字节的字模。以显示数组 hz 内第 0 个字（即“机”）为例，dat=0，第 83~85 行为写上页的 16 个字节的数据（0~15）；第 89~91 行为显示“机”的下页的 16 个字节数据（16~31）。

i+32*dat 是什么意思呢？以显示数组 hz 内第 1 个字符（即“电”）为例，dat=1，在第 85 行，i 的值是 0~15，i+16*dat 的值就是 32~47，对应的数组内的这 8 个元素正是显示“电”的上页的 16 个字节。在第 91 行，i 的值是 16~31，i+16*dat 的值就是 48~53，对应的数组内的这 8 个元素正是显示“电”的下页的 16 个字节*/

```
  void main()
  {
96 行    init_12864();          //调用 LCD12864 的初始化函数
    hz16(2,24,0);               //从第 2 页的上端、第 24 列开始显示 16×16 汉字“机”
    hz16(2,40,1);               //从第 2 页的上端、第 40 列开始显示 16×16 汉字“电”
    asc8(1,88,0);               //从第 1 页的上端、第 88 列开始显示 8×16 ASCII“A”
    asc8(1,96,1);               //从第 1 页的上端、第 96 列开始显示 8×16 ASCII“B”
101 行   asc8(3,88,2);          //从第 3 页的上端、第 88 列开始显示 8×16 ASCII“C”
    while(1);          //程序停在这里。也可以用 while(1){}将第 96~101 行放在{}内
}
```

4.3.8　跨屏显示

1. 任务书

将“机电”“A”显示在图 4-20 所示的 LCD12864 的字符位置。

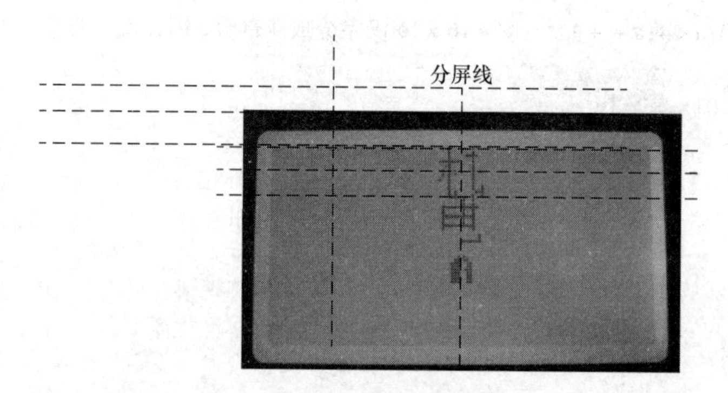

图 4-20　LCD12864 的跨屏显示

分析：以 16×16 的“机”的跨屏显示为例，它分为 4 部分，在左屏分布在第 0 页和第 1 页的第 56～63 列，在右屏分布在第 0 页和第 1 页的第 0～5 列。因此，编程时可分为 4 部分进行显示。我们用取模软件取出来的各字节的排列顺序是，左屏第 0 页的 56～63 列、右屏第 0 页的 0～5 列、左屏第 1 页的 56～63 列、右屏第 1 页的 0～5 列。我们在调取字模时要注意这个排列顺序。下面按首先写左屏两页、再写右屏两页的方式来编程。

2. 程序代码示例

```
#include <reg52. h>
#define uint unsigned int
#define uchar unsigned char
sbit cs2 = P2^0;            //片选信号，控制右屏，高电平有效
sbit cs1 = P2^1;            //片选信号，控制左屏，高电平有效
sbit en = P2^2;             //读写使能信号，由高电平变为低电平时信号锁存
sbit rw = P2^3;             /*读写控制信号，为高电平时，从显示静态寄存器中读取数据到数据总线上，
为低电平时写数据到数据静态寄存器，在写指令后列地址自动加1*/
sbit rs = P2^4;             //高电平时对指令进行操作，低电平时对数据进行操作
uchar code hz[] = {         //字模数据各字节的排列顺序决定显示函数里调用字模的顺序，详见4.3.6节
        0x10,0x10,0xD0,0xFF,0x90,0x10,0x00,0xFC,0x04,0x04,0x04,0xFE,0x04,0x00,0x00,0x00,
        0x04,0x03,0x00,0xFF,0x80,0x41,0x20,0x1F,0x00,0x00,0x00,0x3F,0x40,0x40,0x70,0x00, /*
机 */
        0x00,0xF8,0x48,0x48,0x48,0x48,0xFF,0x48,0x48,0x48,0x48,0xFC,0x08,0x00,0x00,0x00,
        0x00,0x07,0x02,0x02,0x02,0x02,0x3F,0x42,0x42,0x42,0x42,0x47,0x40,0x70,0x00,0x00  /*
电 */
};
uchar code asc[] = {
0xE0,0xF0,0x98,0x8C,0x98,0xF0,0xE0,0x00,
0x0F,0x0F,0x00,0x00,0x00,0x0F,0x0F,0x00};                 // A
/*LCD12864的忙检测、写命令、写数据等基础函数在前面已介绍，这里略去*/
void hz16(uchar d,uchar e,uchar dat)      /*16×16点阵显示。参数d为页，e为列数，dat为字模号
数。本项目中只有两个字，对应的dat的值为0、1*/
{
        uchar i,a;
```

```
        for(a=0;a<4;a++)        /*16×16汉字分成4部分，因此就需要循环4次*/
        {
        if(a==0||a==1)
        {
            cs1=1;cs2=0;                            //选择左屏
            if(a==0){write_com(0xb8+d);}            //如果a=0，就写到上页
            if(a==1){write_com(0xb8+d+1);}          //如果a=1，就写到下页
            write_com(0x40+e);                      //不管写到上页还是下页，起始列都是相同的
            for(i=0;i<8;i++)                        //写一页共有8个字节
            {
            if(a==0){write_dat(hz[i+32*dat]);}   /*写左屏的上页，例如，对于"机"来说，
dat=0,就是数组内的第0~7个元素*/
            if(a==1){write_dat(hz[i+32*dat+16]);}/*写左屏的下页，例如，对于"机"来说，
调用的就是数组内的第16~23个元素*/
            }
        }
    }
    if(a==2||a==3)
    {
        cs1=0;cs2=1;                        //选择右屏
        if(a==2){write_com(0xb8+d);}         //写上页
        if(a==3){write_com(0xb8+d+1);}       //写下页
        write_com(0x40);                    //这里它们的起始列是相同的，都是64
        for(i=0;i<8;i++)
        {
            if(a==2){write_dat(hz[i+32*dat+8]);}     /*写右屏的上页，例如，对于"机"来
说，就是调用数组中的第8~15个元素*/
            if(a==3){write_dat(hz[i+32*dat+24]);}    /*写右屏的下页，例如，对于"机"来
说，就是调用数组中的第24~31个元素*/
            }
        }
}
void main()
{
    init_12864();
    hz16(0,56,0);     //显示"机"
    hz16(2,56,1);     //显示"电"
    while(1);
}
```

【拓展】

1. 用专用芯片驱动数码管

数码管的驱动芯片有多种，其中串行输入/输出的控制芯片可以节省单片机的端口。例如，MAX7219是一种集成化的串行输入/输出共阴极显示驱动器，它连接单片机与8位数字

的7段数字LED显示，也可以连接条线图形显示器或者64个独立的LED。其上包括一个片上的B型BCD编码器、多路扫描回路、段字驱动器，而且还有一个8×8的静态RAM用来存储每一个数据。只有一个外部寄存器用来设置各个LED的段电流。

一个方便的四线串行接口可以连接所有通用的微处理器。只需要3个I/O口即可驱动8位数码管，数码管显示时无闪烁。典型应用如图4-21所示。

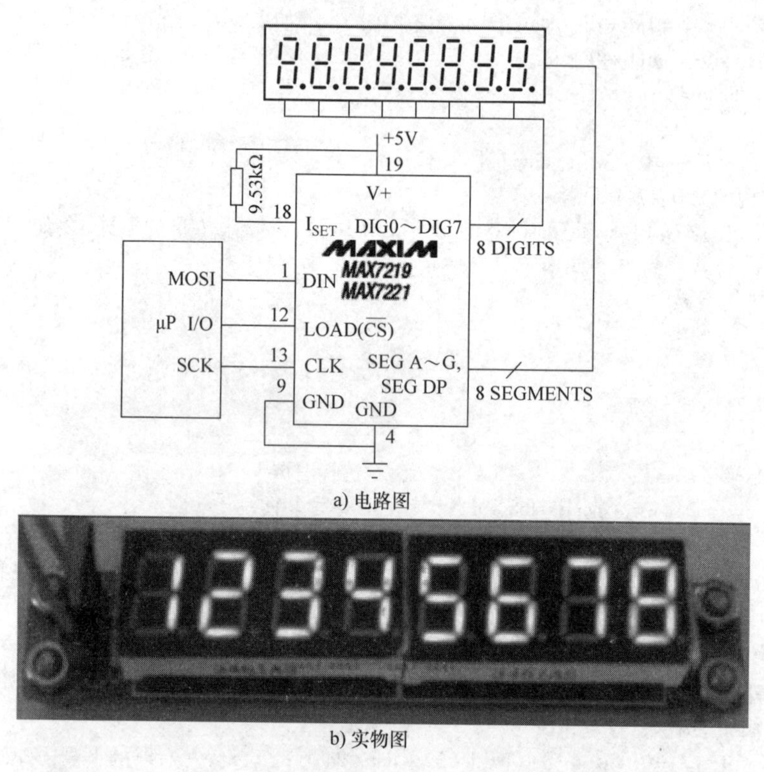

a) 电路图

b) 实物图

图4-21　串行驱动数码管的典型（模块）电路

该模块的典型应用示例（程序代码）详见本书《资料》。

注意：我们可以根据数码管的驱动电路自制模块，例如，根据图4-6制成了小巧实用的显示模块，便于学习和实训，如图4-22所示。

图4-22　自制数码管显示模块

2. 带字库的LCD12864液晶屏

带字库的LCD12864与不带字库的LCD12864的不同之处主要是，带字库的LCD不需取模，但显示的内容和格式是固定的，可选择串行或并行传送数据的方式，价格相对较高；而不带字库的LCD需要取模，程序的容量大一些，但显示内容和格式可随意，只能并行传送数据。

带字库的LCD12864有多种型号，各型号的引脚功能和使用方法基本相同，内置8192个16×16点汉字和128个16×8点ASCII字符集。驱动方法示例见本书《资料》。

3. OLED 屏

有机发光二极管（Organic Light Emitting Diode，OLED）由于同时具备自发光、不需背光源、对比度高、厚度薄、视角广、反应速度快、分辨率高、显示效果优于 LCD、可用于挠曲性面板、使用温度范围广、构造及制程造较简单等优异特性，被认为是下一代的平面显示器新兴应用技术。虽然以目前的技术，OLED 的尺寸还难以大型化，但它已在仪器仪表等中高端设备中有了广泛的应用。现以 0.96 英寸 OLED 屏为例进行介绍。

0.96 英寸 OLED 屏外观如图 4-23 所示。

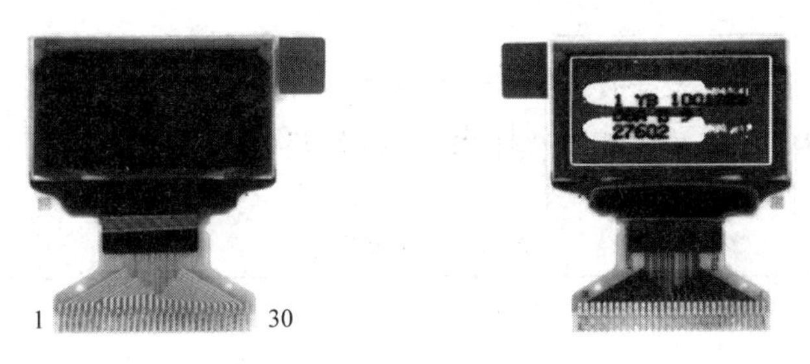

图 4-23　0.96 英寸 OLED 效果屏外观

OLED 屏为 30pin（30 引脚），从屏正面看左下角为 1，右下角为 30；具体的接口定义可查看 0.96 英寸 OLED 的官方数据手册。该屏所用的驱动芯片为 SSD1306，它的每页包含了 128 个字节，总共 8 页，这样刚好为 128 ×64 的点阵大小。

应用时，可以将 OLED 屏、外围元器件按照图 4-24 所示的原理图制作成应用电路。

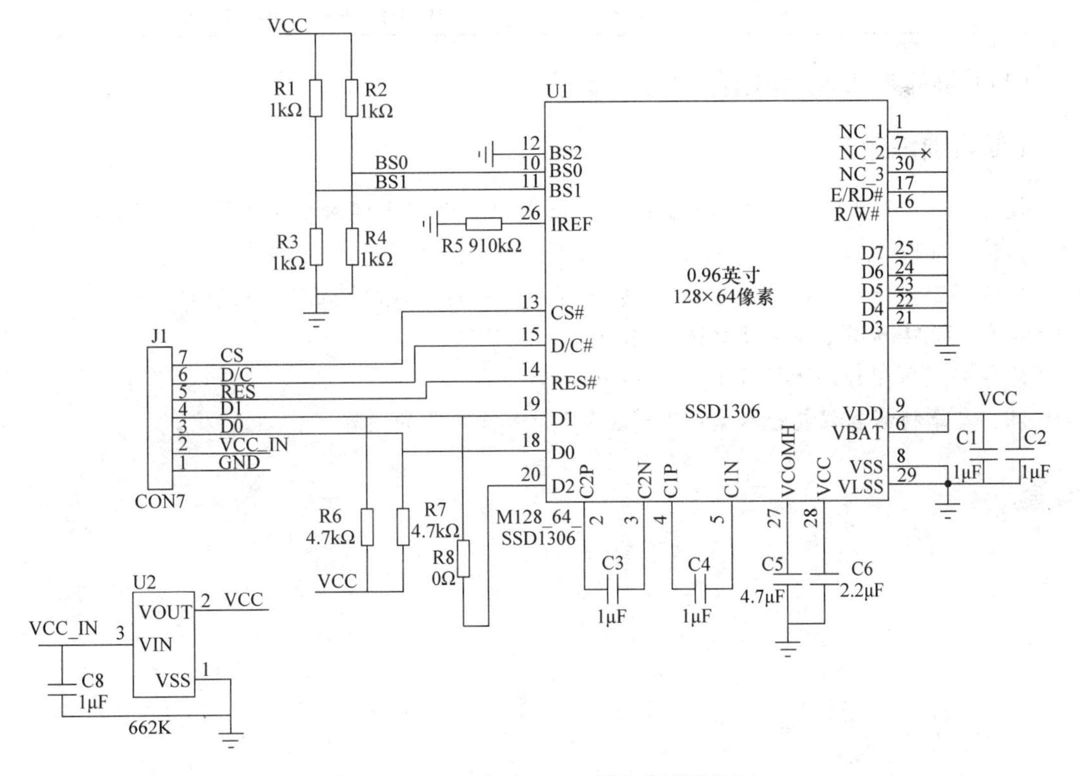

图 4-24　0.96 英寸 OLED 屏的应用原理图

图中的 BS0、BS1、BS2 引脚的电位用来配置显示屏与单片机之间通信的模式。当 BS0、BS1、BS2 的电位为 0、1、0 时为 I^2C 通信，当电位为 1、0、0 时为三线 SPI 通信，当电位为 0、0、0 时为四线 SPI 通信。若采用 SPI 接口，R1、R2 两个电阻是不用焊接的。

为了简便，可直接购买成熟的 OLED 模块，如中景园电子公司的 0.96 英寸七针 OLED 屏模块，如图 4-25 所示。

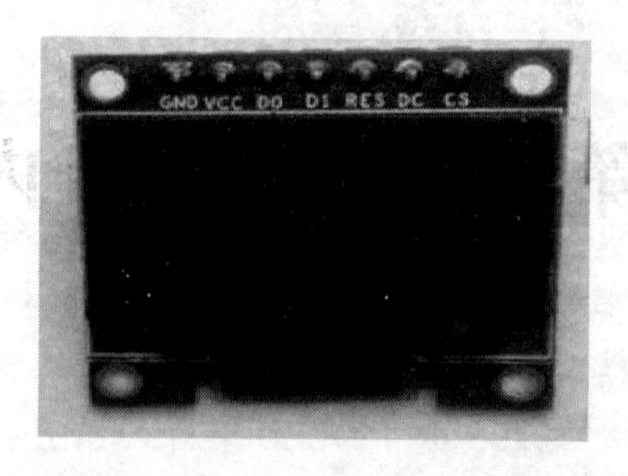

图 4-25　0.96 英寸七针 OLED 屏模块

对于该模块，我们只需关注各引脚的功能就可以将模块与单片机系统正确连接起来了。中景园电子公司的 0.96 英寸七针 OLED 模块引脚功能详见表 4-9。

表 4-9　引脚功能

引脚编号	符号	说明
1	GND	电源地
2	VCC	电源正极（3～5.5V）
3	D0	在 SPI 和 I^2C 通信中为时钟引脚
4	D1	在 SPI 和 I^2C 通信中为数据引脚
5	RES	OLED 的 RES#脚，用来复位（低电平复位）
6	D/C	OLED 的 D/C#E 脚，数据和命令控制引脚
7	CS	OLED 的 CS#脚，也就是片选引脚

OLED 屏的典型应用示例详见本书《资料》。

【复习训练题】

任务书一：对于图 4-6 所示的数码管驱动电路，编程实现每个数码管（DS7→DS0）的笔画自检，即按 a、b、c、d、e、f、g、h 的顺序依次点亮片刻，然后熄灭。

任务书二：在 LCD12864 的第 2 行居中显示“单片机控制装置”，采用 16×16 规格。第 3 行显示“1234abcd”，采用 8×16 规格。

任务书三：在 LCD1602 上显示“welcome!”

注：本章视频教程包含本章 4.1 节、4.2 节和 4.3 节的内容。

第5章　单片机内部资源——中断及应用示例

【本章导读】

中断是为了使单片机对外部或内部随机发生的事件具有实时处理能力而设置的。有了中断，使单片机处理外部或内部事件的能力大为提高，它是单片机的重要功能之一，是我们必须掌握的。通过学习本章，可以理解中断的概念和中断的设置方法，掌握应用外部中断和定时器中断解决实际问题的方法，提高应用单片机的能力。

【学习目标】

1）理解中断响应过程。

2）知道51单片机的中断源。

3）知道单片机的优先级和中断嵌套。

4）知道IE、IP、TMOD、TCON寄存器各个位的意义。

5）掌握外部中断、定时器中断的开启和关闭方法。

6）会应用外部中断、定时器中断解决实际问题。

【学习方法建议】

将理论和具体应用的例程相结合来进行理解，然后独立地应用。

5.1　单片机的中断系统

5.1.1　中断的基本概念

中断是CPU在执行现行程序（事件A）的过程中，发生了另外一个事件B，请求CPU迅速去处理（这叫中断请求），使CPU暂时中止现行程序的执行（这叫中断响应），并设置断点，转去处理事件B（这叫中断服务），待将事件B处理完毕，再返回被中止的程序即事件A，从断点处继续执行（这叫中断返回）的过程。

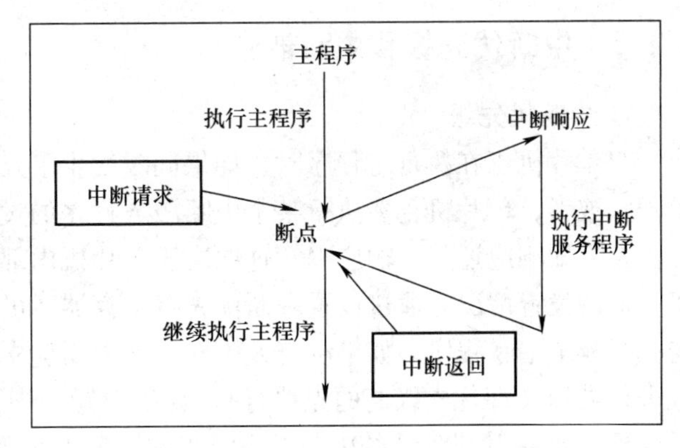

图5-1　中断响应过程

中断响应过程如图5-1所示。

生活中，中断的例子很多。例如，你正在看书（执行主程序），突然电话响了（中断请求），你停止看书［中断响应为在书上做记号（设置断点）]，去接听电话（中断服务），接听电话完毕，你再返回从断点处继续看书（中断返回）。

关于中断，还要理解以下两个概念。

中断系统：实现中断的硬件逻辑和实现中断功能的指令统称为中断系统。

中断源：引起中断的事件称为中断源，实现中断功能的处理程序称为中断服务程序。51单片机的中断源见表5-1。

表5-1　51单片机的中断源

符　号	名　称	说　明
INT0	外部中断0	由单片机外部器件的状态变化（产生一个低电平或下降沿）引起的中断，中断请求由P3.2端口线引入单片机。究竟是低电平引起外部中断还是下降沿引起外部中断，可以由寄存器TCON进行设置（具体设置方法稍后介绍）
INT1	外部中断1	由单片机外部器件的状态变化（产生一个低电平或下降沿）引起的中断，中断请求由P3.3端口线引入单片机。究竟是低电平引起外部中断还是下降沿引起外部中断，可以由寄存器TCON进行设置
T0	定时器/计数器0中断	由单片机内部的T0计数器计满回零引起中断请求。编程时可以对寄存器TMOD进行设置来使T0工作于定时器方式或计数器方式。TMOD的具体设置稍后介绍 计数器是对外部输入脉冲的计数，每来一个脉冲，计数器加1，当计数器全为1（计满）时，再输入一个脉冲就使计数器回零，产生计数器中断，通知CPU完成相应的中断服务处理 定时器通过对单片机内部的标准脉冲（由晶振等产生的时钟信号经12分频而得到）进行计数，一个计数脉冲的周期就是一个机器周期。计数器计数的是机器周期脉冲个数。计满后再输入一个脉冲就使计数器回零，产生中断，从而实现定时
T1	定时器/计数器1中断	由单片机内部的T1计数器计满回零引起中断请求
T2	定时器/计数器2中断	由单片机内部的T2计数器计满回零引起中断请求（52系列的单片机才有该中断，51单片机没有该中断）
TI/RI	串行中断	由串行端口完成一帧字符的发送/接收后引起，属于单片机内部中断源。该内容将在第6章介绍

5.1.2　中断优先级和中断嵌套

1. 中断优先级

当单片机正在执行主程序时，如果同时发生了几个中断请求，单片机会响应哪个中断请求呢？或者，单片机正在执行某个中断服务程序的过程中，又发生了另外一个中断请求，单片机是立即响应还是不响应呢？这取决于单片机内部的一个特殊功能寄存器——中断优先级寄存器的设置情况。通过设置中断优先级寄存器，可以告诉单片机，当两个中断同时产生时先执行哪个中断程序。如果没有人为地设置中断优先级寄存器，则单片机会按照默认的优先级进行处理（即优先级高的先执行）。如果设置了中断优先级寄存器，则按设置的优先级进行处理。52单片机默认的中断优先级级别详见表5-2。

表 5-2　52 单片机默认的中断优先级级别

中　断　源	优先级	中断序号（C 语言编程用）	入口地址（汇编语言编程用）
INT0——外部中断 0	最高	0	0003H
T0——定时器/计数器 0 中断	↓	1	000BH
INT1——外部中断 1		2	0013H
T1——定时器/计数器 1 中断		3	001BH
TI/RI——串行中断		4	0023H
T2——定时器/计数器 2 中断	最低	5	002BH

2. 中断嵌套

所谓中断嵌套，就是如果单片机正在处理一个中断程序，又有另一个级别较高的中断请求发生，则单片机会停止当前的中断程序，而转去执行级别较高的中断程序，执行完毕后再返回到刚才已经停止的中断程序的断点处继续执行，执行完毕后再返回到主程序的断点处继续执行。中断嵌套的流程图如图 5-2 所示。

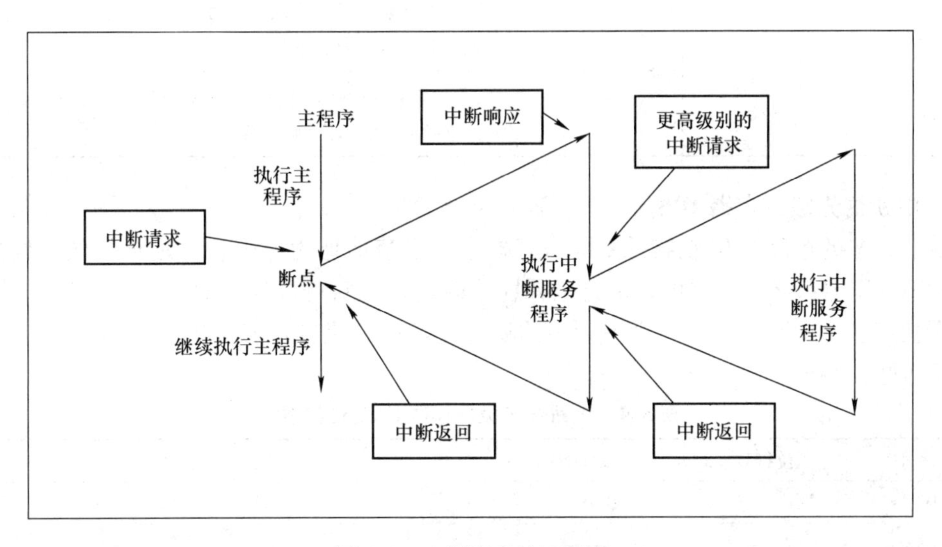

图 5-2　中断嵌套的流程图

5.1.3　应用中断需要设置的寄存器

1. 中断允许寄存器 IE

CPU 对中断源是开放（即允许）或屏蔽（不允许），由片内的中断允许寄存器 IE 控制。IE 在特殊功能寄存器中，字节地址为 A8H，位地址从低位到高位分别为 A8H ~ AFH，该寄存器可以进行位寻址，即编程时对寄存器的每一位都可以单独操作。单片机复位时 IE 的各个位全部被清 0（即各个位都变为 0）。

IE 各位的意义详见表 5-3。

表 5-3　中断允许寄存器 IE 各位的意义

位序号	位符号	位地址	位符号的意义
D7	EA	AFH	中断允许寄存器 IE 对中断的开放和关闭实行两级控制，即有一个总的开、关中断控制位 EA。当 EA =0 时，屏蔽所有的中断申请（任何中断申请都不接受）；当 EA =1 时，CPU 开放所有的中断（允许所有的中断申请），但 5 个中断源还要由 IE 的低 5 位各自相应地进行中断允许控制设置
D6	—	—	
D5	ET2	ADH	定时器/计数器 2 的中断允许位。当 ET2 =1 时，允许开启 T2 中断；当 ET2 =0 时，不允许 T2 中断
D4	ES	ACH	串口中断允许位。当 ES =1 时，开启串口中断；当 ES =0 时，关闭串口中断
D3	ET1	ABH	定时器/计数器 1 的中断允许位。当 ET1 =1 时，允许开启 T1 中断；当 ET1 =0 时，不允许 T1 中断
D2	EX1	AAH	外部中断 1 的中断允许位。当 EX1 =1 时，允许开启外部中断 1；当 EX1 =0 时，不允许外部中断 1
D1	ET0	A9H	定时器/计数器 0 的中断允许位。当 ET0 =1 时，允许开启 T0 中断；当 ET0 =0 时，不允许 T0 中断
D0	EX0	A8H	外部中断 0 的中断允许位。当 EX0 =1 时，允许开启外部中断 0；当 EX0 =0 时，不允许外部中断 0

2. 中断优先级寄存器 IP

中断优先级寄存器 IP 在特殊功能寄存器中，字节地址为 B8H，位地址从低位到高位分别为 B8H ~ BFH，该寄存器可以进行位寻址，即编程时对寄存器的每一位都可以单独操作。IP 用于设定各个中断源属于两级中断中的哪一级。单片机复位时，IP 全部被清零。IP 的各位意义详见表 5-4。

表 5-4　中断优先级寄存器 IP 各位的意义

位序号	位符号	位地址	位符号的意义
D7	—	BFH	
D6	—	—	
D5	—	—	
D4	PS	BCH	串口的中断优先级控制位。当 PS =1 时，串口中断定义为高优先级中断；当 PS =0 时，串口中断定义为低优先级中断
D3	PT1	BBH	定时器/计数器 1 的中断优先级控制位。当 PT1 =1 时，定时器/计数器 1 定义为高优先级中断；当 PT1 =0 时，定时器/计数器 1 定义为低优先级中断
D2	PX1	BAH	外部中断 1 的中断优先级控制位。当 PX1 =1 时，外部中断 1 定义为高优先级中断；当 PX1 =0 时，外部中断 1 定义为低优先级中断

（续）

位序号	位符号	位地址	位符号的意义
D1	PT0	B9H	定时器/计数器 0 的中断优先级控制位。当 PT0 = 1 时，定时器/计数器 0 定义为高优先级中断；当 PT0 = 0 时，定时器/计数器 0 定义为低优先级中断
D0	PX0	B8H	外部中断 0 的中断优先级控制位。当 PX0 = 1 时，外部中断 0 定义为高优先级中断；当 PX0 = 0 时，外部中断 0 定义为低优先级中断

注意：高优先级中断能够打断低优先级中断而形成中断嵌套，同优先级中断之间不能形成中断嵌套，低优先级中断不能打断高优先级中断。

一般情况下，中断优先级寄存器不需设置，而采用默认设置。

3. 定时器/计数器工作方式寄存器 TMOD

TMOD 在单片机内部的特殊功能寄存器中，字节地址为 89H，不能位寻址（即编程时不能单独操作各个位，只能采用字节操作）。该寄存器用来设定定时器的工作方法及功能选择。单片机复位时，TMOD 全部被清零。TMOD 各位的意义详见表 5-5。

表 5-5　定时器/计数器工作方式寄存器 TMOD 各位的意义

	位序号	位符号	位符号的意义
高 4 位用于设置 T1	D7	GATE	门控制位。若 GATE = 0，则只要在编程时将 TCON 中的 TR0 或 TR1 的值置为 1，就可以启动定时器/计数器 T0 或 T1 工作；若 GATE = 1，则编程时将 TR0 或 TR1 置为 1，同时还需将外部中断引脚（INT0 或 INT1）也置为高电平，才能启动定时器/计数器 T0 或 T1 工作。应用中一般该位可置 0
	D6	$C/\overline{T}$	定时器/计数器模式选择位。当 $C/\overline{T}$ 为 1 时，为计数器模式；当 $C/\overline{T}$ 为 0 时，为定时器模式
	D5	M1	M1M0 为工作方式选择位。T1 有 4 种工作方式： ① M1 = 0 且 M0 = 0 时，为方式 0，即 13 定时器/计数器 ② M1 = 0 且 M0 = 1 时，为方式 1，即 16 定时器/计数器（方式 1 为常用方式） ③ M1 = 1 且 M0 = 0 时，为方式 2，即 8 位初值自动重装的 8 定时器/计数器 ④ M1 = 1 且 M0 = 1 时，T0 分为两个 8 位的定时器/计数器，T1 停止
	D4	M0	
低 4 位用于设置 T0	D3	GATE	同 D7
	D2	$C/\overline{T}$	同 D6
	D1	M1	M1M0 为工作方式选择位。T0 有 4 种工作方式： ① M1 = 0 且 M0 = 0 时，为方式 0，即 13 定时器/计数器 ② M1 = 0 且 M0 = 1 时，为方式 1，即 16 定时器/计数器（方式 1 为常用方式） ③ M1 = 1 且 M0 = 0 时，为方式 2，即 8 位初值自动重装的 8 定时器/计数器 ④ M1 = 1 且 M0 = 1 时，为方式 3，仅适用于 T0，分成两个 8 位计数器，T1 停止
	D0	M0	

4. 中断控制寄存器 TCON

TCON 在特殊功能寄存器中，字节地址为 88H，位地址从低到高为 88H ~ 8FH，可以进行位寻址（每一位可单独操作）。该寄存器用于控制定时器/计数器的开启和停止、标志定时器/计数器的溢出和中断情况，还可对外部中断进行设置。单片机复位时 TCON 全部清零。TCON 各位的意义详见表 5-6。

表 5-6　TCON 各位的意义

位序号	位符号	位地址	位符号的意义
D7	TF1	8FH	定时器 1 中断请求标志位。当定时器 1 计满溢出时，由硬件自动将此位置“1”，进入中断服务程序后由硬件自动清零。注：如果使用定时器中断，该位不需人为操作。但是编程时若使用程序查询的方式查询到该位置 1，就需要用程序去清零
D6	TR1	8EH	定时器 1 的运行控制位 当 TMOD 高 5 位中的 GATE = 1 时，编程时将该位置 1，且 INT1 = 1 时，才能启动 T1，置 0 时关闭 T1。当 TMOD 高 5 位中的 GATE = 0 时，编程时将该位置 1，启动 T1，置 0 时关闭 T1
D5	TF0	8DH	定时器 0 的中断请求标志位。其功能及操作方法同 TF1
D4	TR0	8CH	定时器 0 的运行控制位。其功能及操作方法同 TR1
D3	IE1	8BH	外部中断 1 的请求标志位。有中断请求时该标志位置 1，没有中断请求时或中断程序执行完毕后该位由硬件自动清零
D2	IT1	8AH	当 IT1 =0 时，为电平触发方式，即在每个机器周期 INT1 脚（即 P3.3 脚）进行一次采样，若该脚为低电平，则产生中断请求，IE1 由硬件置 1，否则 IE1 为 0 当 IT1 = 1，为负跳变触发方式，即在每个机器周期对 INT1 脚进行一次电平采样，当电平由高变低时，产生中断请求，IE1 = 1，否则 IE1 清零
D1	IE0	89H	外部中断 0 的请求标志位，其功能及操作方法同 IE1
D0	IT0	88H	外部中断 0 的触发方式选择位，其功能及操作方法同 IT1

5.1.4　中断服务程序的写法

C51 中断函数的格式如下：

```
void  函数名()interrupt 中断号
{
    中断服务程序的语句;
}
```

说明：中断函数不能返回任何值，因此前面必须加 void；函数名可随便起，只要不和 C 语言的关键字相同就行了；中断函数是不带参数的，因此（）内为空；interrupt 是固定的、必需的；中断号就是表 5-2 的中断序号，需记住。

例如，定时器 T1 的中断服务可写为

```
void T1_time()interrupt 3;
```

5.2　定时器的工作方式1

5.2.1　与周期相关的几个概念

1. 时钟周期

时钟周期就是时钟频率的倒数。

2. 机器周期

机器周期为单片机的基本操作周期，在一个基本操作周期内单片机可完成一个基本的操作（如存储器的读写、取指令等）。机器周期为时钟周期的12倍。对于11.0592MHz的晶振，可算出机器周期约为1.09μs。

3. 指令周期

指令周期指CPU执行一条指令所需的时间，一般一个指令周期为1～5个机器周期。

5.2.2　定时器的工作方式1工作过程详解

工作方式1的计数位是16位。以T0为例进行说明（T1和T0的工作方式1是一样的）。T0由两个寄存器TL0和TH0构成，TL0为低8位，TH0为高8位。

启动T0后，TL0便在机器周期的作用下从0000 0000开始计数，计数过程是，0000 0001→0000 0010→0000 0011→0000 0100→…，按二进制累加的方式计数。当TL0计满也就是计到1111 1111（即十进制255）时，再计1个数即计到256时，TL0清零（即变为0000 0000），同时向TH0进一位，TH0内为0000 0001。当TL0再一次计满时，TL0又清零，并向TH0进一位，此时TH0内为0000 0010。直到TH0、TL0都计满（此时TH0、TL0内的数都为1111 1111，即65535），再计1个数（TL0、TH0都变为0）就溢出，产生中断请求，同时TF0（中断标志位）由硬件自动置1。中断服务程序执行完毕后，硬件自动将TF0清零。

以上是定时器工作方式1的工作过程，其他的工作方式应场合较少，这里不做介绍。

可以看出，TH0中每增加一个“1”，就相当于计了256个数。这是在工作方式1给定时器装初值时，TH0中装入的是初值对256取模、TL0中装入的是初值对256取余的原因。

5.2.3　定时器T0和T1的工作方式1应用示例

1. 任务书

在图2-1所示的流水灯电路中，利用定时器/计数器0的工作方式1，实现一个发光二极管（以VL0为例）亮1s、熄1s，这样周期性地闪烁。

2. 典型程序示例及解释

```
#include <reg52.h>
unsigned char num;
sbit D0 = P1^0;          //定义P1.0端口(用标识符D0表示)
void main()
{
```

```
        TMOD = 0x01;  / * 0x01 的二进制数为 0000 0001, 即寄存器 TMOD 的最低位 M0 为 1,
                        其余全为 0,这样就把定时器 0 设为工作方式 1,即 16 位定时器 * /
07 行          TH0 = (65536 - 45872)/256;        //给定时器的高 8 位赋初值
08 行          TL0 = (65536 - 45872)%256;        //给定时器的低 8 位赋初值
```

/ * 07、08 这两行是给 T0 装初值。①16 位定时器的最大计数范围是从 0000 0000 0000 0000 到 1111 1111 1111 1111，即从 0 计到 65535，再加一个数就溢出（产生了中断）。但是我们一般不需要定时器经过这么长的时间（从 0 计到 65536）才产生中断，所以可以根据定时的需要给定时器加上初始值。②如果单片机的晶振频率为 11.0592MHz（一般的实验板都是这样），机器周期约为 1.09μs（计一个数的时间），若要定时器每 50ms（50000μs）产生一个中断，则需要计数的次数为 50000μs/1.09μs = 45872，因此现在给定时器加的初值为 65536 - 45872 即 19664，定时器启动后从初值开始不断自加 1，直到共自加 45872 次（定时器变为 65535 后再自加了一次），定时器溢出，产生中断 * /

```
             EA = 1;                //允许开启所有的中断。注：IE 寄存器可以采用位操作
             ET0 = 1;               //允许开启定时器 0 中断
             TR0 = 1;               //启动定时器 T0
             while(1)
             {
14 行          if( num = = 20)
15 行          {
16 行               num = 0; D0 = ~D0;
```

/ * 从第 14 行到第 16 行的解释：num 值的变化是由定时器 0 中断引起的。由装的初值决定 T0 每隔 50ms 产生一次中断，每一次中断 num 的值就自加 1，num 从 0 自加到 20 就是 1s 的时间，num 就需清零（再从 0 开始自加，达到 20 时再产生中断），D0 = ~D0 为 D0 的状态取反，即可实现数码管闪烁。这几个语句可以写在一行，但最好一句写一行，有利于阅读 * /

```
               }
             }
        }
        void T0 time( ) interrupt 1            / * 定时器 0 的中断处理函数, T0 time 是函数
                                               名(起别的名字也可以, 有利于识别就行) * /
        {
             TH0 = (65536 - 45872)/256;     //重装初值
             TL0 = (65536 - 45872)%256;     / * 重装初值。由于产生一次中断, TH0 和 TL0 都会清零, 如
果不重装初值, 那么定时器就会从 0 开始计数, 导致需要时间不准 * /
             num + +;                       / * 每发生一次中断发生后, 中断服务程序要做的事就是
                                            num 自加 1, 因 此 num 等于几, 用的时间就是几个 50ms * /
        }
```

说明：定时器工作在后台，是和主函数内的语句同时工作的，只有产生中断请求时，才打断其他程序而执行中断服务程序（当然是在满足优先级的前提下）。

5.3 外部中断的应用

外部中断触发方式有边沿触发（一般采用下降沿，即负脉冲）和电平触发（一般采用低电平）两种方式，它们的特点和区别如下。

如果采用下降沿触发，那么当电平从高至低转变时，触发产生，低电平无论保持多久都

只产生一次。

如果采用低电平触发，那么在低电平持续时间内中断一直有效。所以如果在电平没有变为高电平之前中断处理程序就已经执行完成从而退出，那么会在退出后又再次进入中断。但只要中断没有退出是不会重复触发的。所以应用中通常采用这样的做法：在中断退出前关闭中断（不允许），等后面恰当时机再开启。

应用中一般都采用下降沿触发。

5.3.1 低电平触发外部中断的应用示例

1. 任务书

用图2-1所示的流水灯电路，编程使单个LED点亮约0.5s然后熄灭（熄灭状态不延时），这样依次循环流动。用一按键当作暂停键，该键第一次按下时，流水灯暂停，再次按下时流水灯从暂停前的位置继续流动。

2. 编程思路

采用外部中断0，低电平触发方式。

硬件连接如图5-3所示。

当单片机检测到按键S按下时，就由P1.7输出一个低电平，送到P3.2端口，使单片机进入外部中断服务程序，主程序暂停，流水灯暂停。当单片机检测到按键S再次按下时，就由P1.7输出一个高电平，送到P3.2端口，使单片机退出外部中断服务程序，主程序沿断点继续运行，流水灯接着暂停前的状态继续运行。当按键第三次按下时，又进入暂停状态，第四次按下时又继续运行，如此循环。

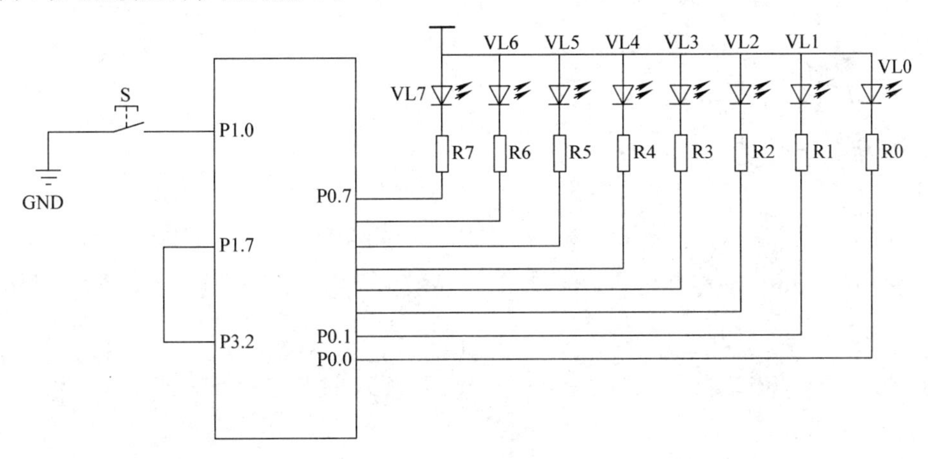

图5-3 外部中断控制流水灯暂停硬件连接接线图

3. 程序代码示例

```
#include <reg52.h>
#define uint unsigned int
#define uchar unsigned char
sbit led0 = P0^0;    //P0.0~P0.7用于控制8个LED的亮、灭
sbit led1 = P0^1;
sbit led2 = P0^2;
```

```
sbit led3 = P0^3;
sbit led5 = P0^5;
sbit led5 = P0^5;
sbit led6 = P0^6;
sbit led7 = P0^7;
sbit k = P1^7;          //用该引脚输出低电平，送到P3.2端口，使单片机进入外部中断0
sbit s = P1^0;          //该引脚检测按键是否按下
uchar i;
uint j;
void csh()              //初始化函数，用于设置寄存器
{
    TCON = 0x00;        //TCON的各位为0，IT0也为0，设置为低电平触发外部中断，见表5-6
    EA = EX0 = 1;       //开启外部中断0和总中断
}
void delay(uint z)
{
    uint x,y;
    for(x = z;x > 0;x - - )
        for(y = 110;y > 0;y - - );
}
void key()
{
    if(s = = 0)
    {
        delay(5);
        if(s = = 0)while(! s);                //等待按键释放后执行下一条语句
        i + +;                                //用i记录按键按下的次数
        if(i = = 1)                           //按键第1次按下后i=1,第2次按下后i=2
        {
            delay(50);
            k = 0;     //P1.7端口输出低电平，送到P3.2端口，进入外部中断，流水灯暂停
        }
            if(i = = 2){ delay(50);k = 1,i = 0;}      /*按键第2次按下，P1.7输出高电平，送到
P3.2，这样就不会产生中断请求。请i清0，是为了下一次检测到按键按下后，i的值经过i + +后,刚好为1*/
        }
}
void lsd()                                    //流水灯。LED低电平点亮
{
    led0 = 0;                                 //VL0点亮
    for(j = 0;j < 500;j + + ) key();          /*按键检测函数执行500遍，进行延时，可适时检测
到按键是否按下。若用其他延时函数延时，在延时过程中，若有按键按下，则单片机就会检测不到*/
    led0 = 1;led1 = 0;                            //VL0熄灭，VL1点亮
    for(j = 0;j < 5000;j + + ) key();
    led1 = 1; led2 = 0; for(j = 0;j < 5000;j + + ) key();
    led2 = 1; led3 = 0; for(j = 0;j < 5000;j + + ) key();
```

```
        led3 = 1; led4 = 0; for(j = 0;j < 500;j + + ) key( );
        led4 = 1; led5 = 0; for(j = 0;j < 500;j + + ) key( );
        led5 = 1; led6 = 0; for(j = 0;j < 500;j + + ) key( );
        led6 = 1; led7 = 0; for(j = 0;j < 500;j + + ) key( );
        led7 = 1;
    }
    void main( )
    {
        csh( );
        while(1)
        {
          lsd( );
        }
    }
    void it0( ) interrupt 0
    {
        EX0 = 0;                //关闭外部中断 0，防止在 P3.2 为低电平时反复进入外中断
        while(i = = 1) key( ); /* i = = 1 进入外部中断，暂停流水灯。在中断处理函数中检测按键，
                                当 i 的值为 2 时，退出 while 循环 */
        EX0 = 1;                //开启外部中断 0，为下一次暂停做准备
    }
```

5.3.2　下降沿触发外部中断的应用示例

任务书同 5.3.1 节，要求用下降沿触发外部中断来实现。

只需在 5.3.1 节的按键函数中将按键按下修改为当按键按下时，产生一个下降沿就行了，其余不变，如下所示。

```
    void key( )
    {
        if(s = = 0)
        {
            delay(5);                       //消抖延时
            if(s = = 0)                     //检测按键是否按下
            {
              i + +;                        //用 i 记录按键按下的次数
              if(i = = 1)
              {
                k = 1;k = 1;
                k = 0;k = 0;                //P1.7 端口输出下降沿，送到 P3.2 端口，进入外部中断 0
              }
              if(i = = 2){ k = 1; i = 0;}   //P1.7 电平拉高，以便下一次产生下降沿
            }
        }while(! s);                        //等待按键释放
    }
```

【复习训练题】

1. 利用定时器从单片机的 I/O 口输出一个周期为 1s 的方波。

2. 利用定时器使一个 LED 渐亮、渐暗直至熄灭，这样循环 3 次。

3. 搭建硬件，编程实现秒表。要求用两个键：键 1 点按一次启动秒表，点按第二次暂停，点按第三次接着计时，这样循环。暂停状态键 2 点按一次则清零。

4. 搭建硬件，编程实现独立按键校准时的数字钟，要求进入外部中断服务程序校准时间。

5. 上电后，从 00 小时 58 分 00 秒开始计时，在 01 小时 05 分 24 秒，直流电动机起动，蜂鸣器鸣响 0.5s，在 01 小时 07 分 00 秒电动机停止。

注：本章视频教程包含本章全部内容。

第6章　单片机内部资源——串口及应用示例

【本章导读】

51单片机内部集成有一个功能很强大的串行通信接口，简称串口。本章首先介绍了单片机串行通信的基本知识，然后介绍了用串行通信的方法由计算机（上位机）对单片机控制实现对电子时钟的时间校准，以及由单片机向计算机发送信息的方法。通过本章项目的实施，读者可比较轻松地掌握51单片机串行通信的基本编程方法，提高解决实际问题的能力。

【学习目标】

1）理解串行通信和并行通信的概念。

2）理解单工、半双工和全双工通信的特点。

3）了解51单片机串口的工作方式。

4）掌握51单片机与计算机之间通信的设置方法和通信编程方法。

【学习方法建议】

首先只需要大致了解串行通信的理论知识，接着根据示例程序中的串行通信语句，掌握串行通信的发送和接收的编程方法，再阅读串行通信的相关理论知识。在以后的实践中，可以套用例程。

6.1　串行通信的基础知识

6.1.1　串行通信标准和串行通信接口

1. 串行通信与并行通信的概念

我们传送的数据都是一系列的二进制数。数据的发送和接收有串行和并行两种方式，见表6-1。

2. 串行通信标准

通信协议是指通信的各方事前约定的操作规则，可以形象地理解为各个计算机之间进行会话所使用的共同语言。使用统一的通信协议，双方才能顺利、正确地传递信息，才能读懂信息的内容。

串行通信有多种协议，最经典的是RS－232标准，它是计算机和通信工程应用很广的一种传统的串行接口通信标准。但RS－232的传输距离较短，抗干扰能力不是很强，因此现在大量使用RS－485标准［其突出优点是具有多点、双向通信的能力，抗干扰能力强、传输距离远（可达1000m以上）］。

表 6-1　串行通信和并行通信

名称	图　示	说　明	优、缺点
串行通信	接收设备 ← D0 … D7 — 发送设备 8位顺次传送	是按二进制位（0 或 1）逐位传送的通信方式（如传送 0111 1010，且先传低位后传高位，则传送的方式是 0、1、0、1、1、1、1、0），数据是成“串”的	其优点是使用的导线较少，缺点是效率低一些。其应用较广
并行通信	发送设备 → 1 0 1 1 0 0 1 0 → 接收设备 询问 应答	数据是按“字”一次性传送的，即二进制数同时并列（并行）传送	其优点是效率高，缺点是需要的导线多

3. 串行通信接口（简称串口）

数据传输在单片机的应用中具有重要的地位。数据传输接口是数据传输的硬件基础，也是数据通信、计算机网络的重要组成部分。51 单片机本身的数据传输接口主要有 8 位并行通信接口（如51 单片机的 P0、P1、P2、P3）或16 位并行通信接口（如16 位单片机可同时操作 16 个 I/O 口）和全双工串行通信接口。随着技术的发展，单片机通信一般只使用串行通信，大多数电子器件和电子设备也都设置了串行数通信接口。

一个完整的 RS－232 接口有 22 根线，采用标准的 25 芯插头座（DB25），还有一种 9 芯的 RS－232 接口（DB9），如图 6-1 所示。

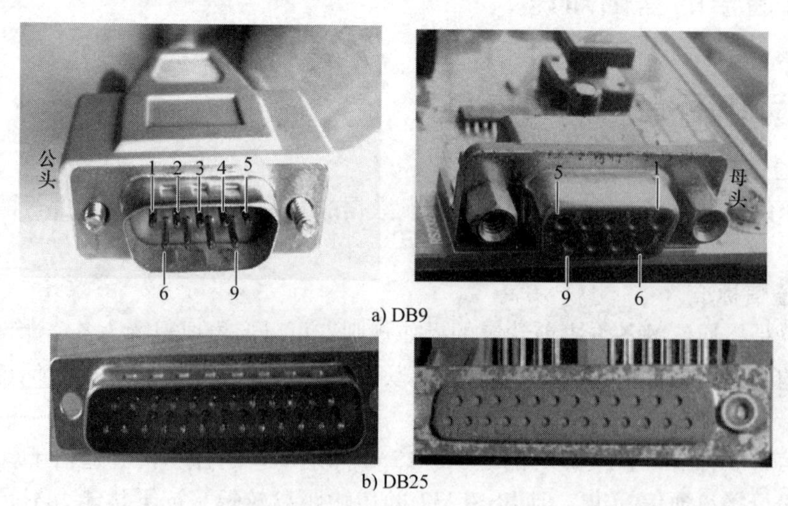

a) DB9

b) DB25

图 6-1　串口

DB9 的引脚功能详见表 6-2。

表 6-2　DB9 的引脚功能

引　脚　号	符　　号	信 号 方 向	功 能 说 明
1	DCD	输入	载波检测
2	RXD	输入	接收数据
3	TXD	输出	发送数据
4	DTR	输出	数据终端准备好
5	GND	接地（公共端）	信号地
6	DSR	输入	数据装置准备好
7	RTS	输出	请求发送
8	CTS	输入	清除发送
9	RI	输入	振铃指示

4. 串口通信的方式

按照信号传送方向与时间的关系，数据通信可以分为三种类型：单工通信、半双工通信与全双工通信。

（1）单工通信

单工通信的信号只能向一个方向传输，任何时候都不能改变信号的传送方向。

（2）半双工通信

半双工通信的信号可以双向传送，但必须是交替进行，当向一个方向传送完毕后才能改变传送方向。

（3）全双工通信

全双工通信的信号可以同时双向传送。

单工通信、半双工通信与全双工通信的特点如图 6-2 所示。

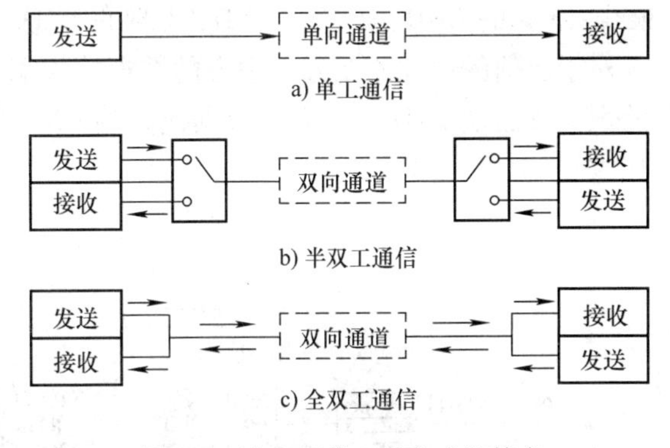

图 6-2　串口通信三种方式的特点

6.1.2　通信的几个基本概念

1. 波特率和比特率

波特率是指数据对信号的调制速率，它用单位时间内载波调制状态改变的次数来表示，波特率可以表示每秒钟传送的码元的个数，它是对传输速率的一种度量。

在数字通信中，比特率是数字信号的传输速率，它用单位时间内传输二进制代码的有效位（bit）来表示，其单位是比特每秒（bit/s）。

比特率 = 波特率 × 单个调制状态（码元）对应的二进制位数。

2. 异步通信与同步通信简介

（1）同步通信

同步通信时要建立发送方时钟对接收方时钟的直接控制，使双方达到完全同步。在传输过程中，一帧数据中不同位之间的距离均为“位间隔”（即传输相邻两位之间的时间间隔）的整数倍，同时，传送的字符间不留间隙，即保持位同步关系，也保持字符同步关系。同步通信的传输速率高，但由于硬件电路复杂，并且无论是在发送状态还是在接收状态都要同时使用两条信号线，这就使得同步通信只能使用单工方式或半双工方式。

（2）异步通信

异步通信是指通信的发送与接收设备使用各自的时钟控制数据的发送和接收过程。为使双方的收发协调，要求发送和接收设备的时钟尽可能一致。

异步通信是以字符（构成的帧）为单位进行传输的，字符与字符之间的间隙（时间间隔）是任意的，但每个字符中的各位是以固定的时间传送的，即字符之间是异步的（字符之间不需要有“位间隔”的整数倍的关系），但同一字符内的各位是同步的（各位之间的距离均为“位间隔”的整数倍）。

异步通信的特点：每个字符要附加 2 ~ 3 位用于起止位，各帧之间还有间隔，因此传输效率不高，但不要求收发双方时钟严格一致，实现容易，设备开销较小，单片机的通信一般都使用异步通信。

6.1.3　RS－232 串行通信的硬件连接

51 系列单片机有一个全双工的串口，因此单片机与计算机之间、单片机与单片机之间可以方便地进行串行通信。进行串行通信时要满足一定的条件，如计算机的串口使用 RS－232 电平（RS－232 电平采用负逻辑，即逻辑 1 为 －3 ~ －15V；逻辑 0 为 ＋3 ~ ＋15V），而单片机的串口使用 CMOS 电平［即高电平（3.5 ~ 5V）为逻辑 1，低电平（0 ~ 0.8V）为逻辑 0］。因此两者之间必须有一个电平转换电路。我们常用专用芯片 MAX232 来实现电平转换。我们可采用最简单的连接方式即三线制，也就是说，与计算机的 9 针串口只连接其中的 3 根线：5 脚的 GND、2 脚的 RXD、3 脚的 TXD，如图 6-3 所示。

对于通信的甲和乙双方，甲方的数据接收端 RXD 与乙方的数据发送端 TXD 相连接，甲方的数据发送端 TXD 与乙方的数据接收端 RXD 相连接，数据一位一位地按照次序进行发送和接收。

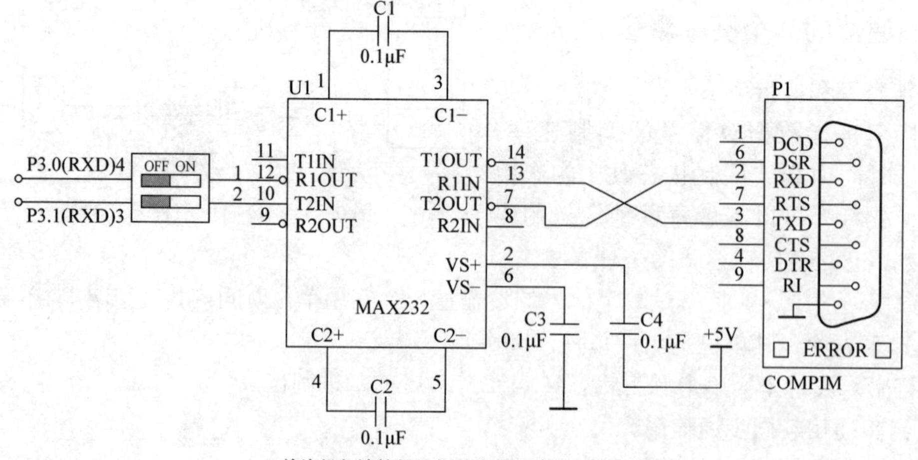

a) 单片机与计算机之间的串行通信接口的连接电路

图 6-3　单片机的串口连接电路

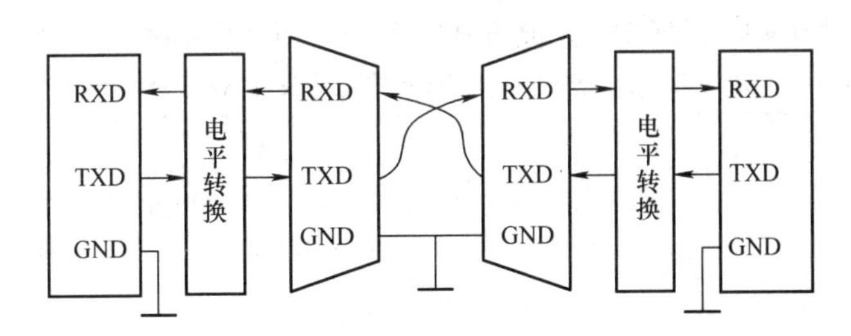

b) 单片机与单片机之间的串行通信接口的连接电路

图6-3　单片机的串口连接电路（续）

6.1.4　读写串口数据

51系列单片机配有可编程全双工串行通信接口，具有UART（通用异步收发器）的全部功能，能同时进行数据的发送和接收。51系列单片机的串行通信接口主要由两个独立的串行数据缓冲寄存器SBUF（一个是发送缓冲寄存器、一个是接收缓冲寄存器。这两个寄存器的地址相同，但在物理结构上完全独立）和发送控制器、接收控制器、输入移位寄存器及若干门电路组成。

1. 接收数据

当单片机串口接收完一帧数据后，会将数据写入SBUF（缓冲寄存器）中，同时单片机串行通信的接收中断标志位RI置位（即RI置1），通过判断RI的值，就知道收到了数据，需要读出来。读出来的方法是将SBUF内的数据保存在一个变量或数组内，如

```
temp = SBUF;   /* 意思是将接收缓冲寄存器收到的数据赋给变量temp。注：读出数据后应编程将接收中断标志位RI清零，以便收到下一帧数据后，该位重新置1。这样，单片机通过判断RI的值，就可接收新的一帧数据 */
```

2. 发送数据

向发送SBUF写入一字节的数据，将立即启动数据的发送，即

```
SBUF = dat;   /* 数据发送完毕，会自动置位发送中断标志位TI，由此可知是否发送完毕 */
```

3. 串口的工作方式

接收和发送都是通过SBUF进行的，但写入实质上是将数据装入发送寄存器中，读取实质上是从接收寄存器读取。

6.1.5　单片机串行控制与状态寄存器

1. 串行控制与状态寄存器

51系列单片机有一个串行控制与状态寄存器SCON，其各位的定义见表6-3。

2. 波特率选择寄存器

波特率选择寄存器PCON有8位，用于波特率倍增控制。PCON不可位寻址。与波特率有关的是D7位SMOD，又称波特率倍增位，当设置SMOD为1时，则波特率提高一倍，当设置SMOD为0时，则波特率不变。

6.1.6　串口的工作方式

51系列单片机的串口有四种工作方式，由串口控制寄存器SCON中的SM0、SM1两位

选择决定。我们一般都采用方式 1，其他方式可简单了解一下即可。

表 6-3　SCON 的位定义

位编号	位名	定义
0	RI	接收中断标志位。当方式 0 中接收到第 8 位数据或方式 1、2、3 中接收到停止位时，由硬件置位 RI（置为 1），引发中断。此标志必须用软件清零（即编程清零）
1	TI	发送中断标志位。当方式 0 中发送完第 8 位数据，方式 1、2、3 中发送完停止位时，由硬件置位 TI，引发中断。此标志必须用软件清零。因为 RI 和 TI 共用中断号（4），所以编程时通常必须先在中断程序中判断是 TI 还是 RI 引起的中断，再做相应的处理，并清零中断标志位
2	RB8	为方式 2、方式 3 中要接收的第 9 位数据；在方式 1 中 RB8 接收的停止位（为 1）
3	TB8	为方式 2、方式 3 中要发送的第 9 位数据，常用于奇偶校验或多机通信控制
4	REN	串口接收允许位。置位时允许接收数据
5	SM2	允许方式 2 和方式 3 多机通信控制位。在多机通信模式中，通信双方分为主机和从机，而 SM2 用于控制从机的接收。当 SM2 = 1 时，允许多机通信，主要用于方式 2 和方式 3 中 当设置 SM2 = 1 时，则从机可以接收地址帧，若接收到的第 9 位数据（RB8）为 0，表示是数据帧，不启动中断标志 RI，即 RI = 0，并将前面接收到的 8 位数据丢失。如果接收到的第 9 位数据是（RB8）为 1，表示是地址帧，此时将接收到的前 8 位数据存入 SBUF，并置位中断标志（RI = 1），进行中断申请 当设置 SM2 = 0 时，从机可以接收所有的信息。从机在接收一帧数据后，无论第 9 位（RB8）是 0 还是 1，都将启动中断标志 RI，即 RI = 1，并将数据存入 SBUF 中 在方式 1 时，只有当接收到停止位时才能启动接收中断；在方式 2、方式 3 时只有接收到的第 9 位数据（RB8）为 1 时，才能启动接收中断 在方式 0 时，SM2 应设为 0 多机通信时，可以通过第 9 位数据区分“地址”和“数据”，从而控制子机与主机的通信
6	SM1	定义串口的工作方式。具体是，SM0SM1 = 00，为方式 0；SM0SM1 = 01，为方式 1；SM0SM1 = 10，为方式 2；SM0SM1 = 11，为方式 3
7	SM0	

1. 方式 0

方式 0 为移位寄存器方式，数据的接收/发送都通过 RXD（P3.0），而 TXD（P3.1）用来产生移位脉冲。当 RI = 0 时，软件置位 REN 后，开始接收数据。串口以固定的频率采样 RXD、TXD 端发出的脉冲，使移位寄存器同步移位。当向 SBUF 写入数据后，立即启动发送。8 位数据的收/发都是低位在前，波特率固定为晶振频率的 1/12。方式 0 常用于配合 CMOS 或 TTL 移位寄存器进行串/并、并/串的转换。

2. 方式 1

方式 1 为 10 位数据格式：1 位起始位（为 0），8 位数据位（低位在前），1 位停止位（为 1），起始位和停止位都是由硬件产生的。接收时停止位进入 RB8。TXD 用于发送数据，RXD 用于接收数据。方式 1 可以用定时器 1 或定时器 2 充当波特率发生器，充当了波特率发生器的定时器，一般不能再用于其他用途。当定时器 1 当作波特率发生器使用时，波特率的计算公式如下：

$$波特率 = (2^{SMOD}/32) \times 定时器1设置的溢出率$$

式中，SMOD 为波特率选择寄存器 PCON 的波特率倍增位，取值为 0 或 1。

定时器当作波特率发生器使用时，定时器选择工作方式 0、1、2 均可，一般选择方式 2（即 8 位初值、自动重装方式），此时，上述波特率的计算公式如下：

$$波特率 = (2^{SMOD}/32) \times [振荡频率/(12 \times (256 - 定时器初值))]$$

发送数据：任何写 SBUF 的行为将启动串行发送，发送完毕中断标志位 TI 置 1。

接收数据：若 SM2 = 0，则收到有效的数据起始位后，开始接收数据。接收完毕，若 RI = 0，则数据写入 SBUF，同时将接收中断标志位 RI 置 1；若 SM2 = 1（此时允许多机通信），只有收到有效停止位时，才会将数据写入 SBUF，同时将中断标志位 RI 置 1。

3. 方式 2 和方式 3

方式 2 和方式 3 都是通过 TXD 和 RXD 分别进行发送和接收数据的，数据为 11 位：1 位起始位（0），8 位数据位（低位在前），单独的第 9 位数据，1 位停止位。发送时，应先将第 9 位数据送入 RB8，再执行写 SBUF 的指令。接收时，第 9 位数据进入 RB8，而停止位丢弃。第 9 位数据常用于多机通信或奇偶校验。

方式 2 的波特率是固定的。其计算公式为

$$波特率 = (2^{SMOD}/64) \times 振荡频率$$

方式 3 的波特率由定时器 1 或 2 的溢出率决定，其计算公式与方式 1 相同。

6.2　串口通信设置

6.2.1　计算机串口通信设置

用计算机与单片机通信时，可使用“串口调试助手”这个工具（在网上很容易下载）对计算机的串口进行设置。步骤如下。

1）启动串口调试助手。启动串口调试助手后，界面相关解释如图 6-4 所示。

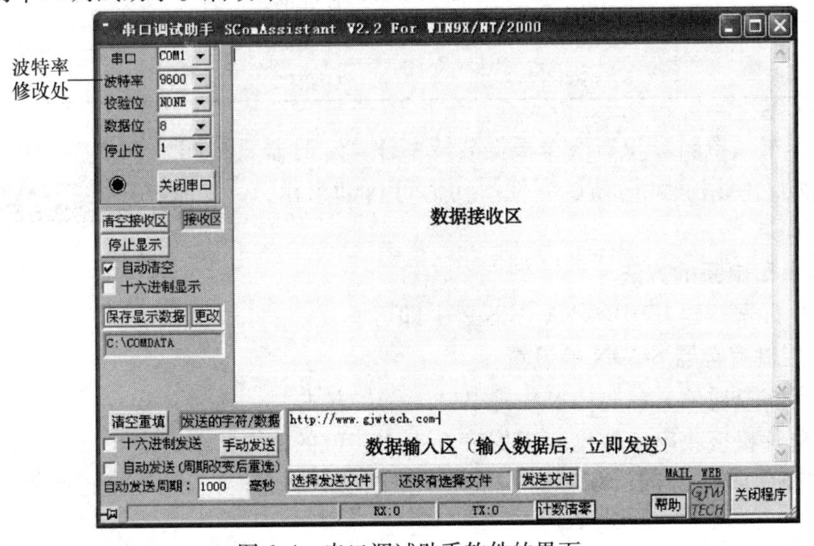

图 6-4　串口调试助手软件的界面

2）修改波特率，即将计算机端串口的波特率修改为与单片机串口的波特率相一致。例如，若单片机串口的波特率为4800，则应在图6-4中将波特率修改为4800。

3）输入需向单片机传送的数据。在图6-4中的数据输入区输入欲向单片机传送的数据（若干字节），然后单击左边的“手动发送”按钮，就会通过串口发送出去。由计算机串口接收到的数据，会自动在数据接收区显示出来。

注意：字符在传送过程中，传输的实际上是字符的ASCII码值（二进制）。

在计算机通信中都是采用二进制数的组合来表示传送的信息（数字、字符、操作等）的。例如，如0~9、A、B、C、@、\、^、%等常用字符和符号及“空格”“回车”“换行”等操作的传送和接收，都需要各自使用独立的二进制数组合来表示，这样才能进行通信。各种字符和操作究竟用什么样的二进制组合来进行传送呢？这需要统一标准，否则人们相互之间就不能进行通信了。这个统一的标准就是有关的标准化组织制定的ASCII码。例如，在ASCII码标准中，字符9的ASCII码值是二进制0011 1001来表示的（0x39）。ASCII码详见附录B。

6.2.2　单片机串口通信设置

1. 波特率的设置

为了方便进行串口通信，单片机中设置了串口中断。在该中断中，一般使用定时器T1的工作方式2产生波特率。

方式2是自动加载初值的8位定时器。TH1是它自动加载的初值，因此设定TH1的值就能改变波特率。定时器T1工作在方式2时常用的波特率对应的TH1的初值详见表6-4。在应用中可以查表获得波特率，不用计算。

表6-4　定时器T1工作在方式2时常用的波特率对应的TH1的初值

常用的波特率	PCON	晶振频率/MHz	TH1
62500	0x80（即SMOD=1，其他位为0）	12	0xff
19200	0x80	11.0592	0xfd
9600	0x00	11.0592	0xfd
4800	0x00	11.0592	0xfa
	0x80	11.0592	0xf4
2400	0x00	11.0592	0xf4
1200	0x00	11.0592	0xe8

注意：本书《资料》里有一个根据波特率计算定时器初值的小工具，使用非常简洁、方便。初值可自动求出，如图6-5所示。

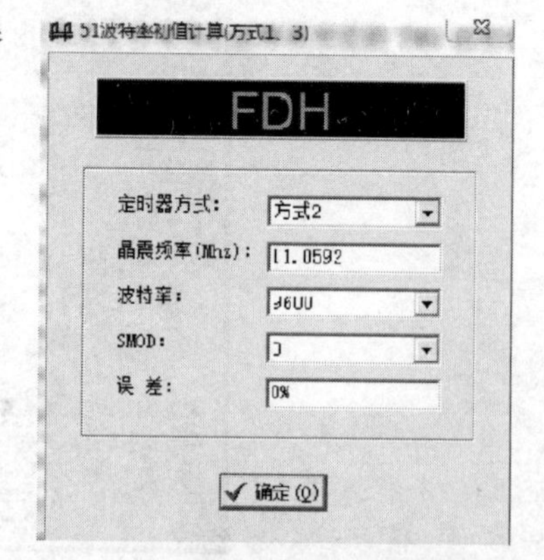

图6-5　根据波特率计算定时器初值

2. 开启串口中断的方法

将中断允许寄存器IE中的EA、ES置1即可。

3. 串口控制寄存器SCON的设置

只要不是多机通信，一般让单片机串口工作在方式1，而且要允许单片机接收串口数据。根据表6-3中各位的定义，需要将SCON置为0x50（对应的二进制为0101 0000）。

4. 特殊功能寄存器 PCON 的设置

若需要将表 6-4 所示的波特率加倍，则需要将 PCON 的最高位（SMOD）设为 1，也就是将 PCON 置为 0x80。

6.3 单片机串口通信的基础程序范例

1. 串口中断初始程序（以 4800Band 的波特率为例）

```
void init_interrupt( )              //函数名中断的初始化，也可以使用别的名字
{
    ES = 1;                         //串口中断打开
    TMOD = 0x20;                    //定时器 1 选择工作方式 2
    TH1 = 0xf4;
    TL1 = 0xf4;                     //T1 装初值
    PCON = 0x80;                    //配合 T1 的初值可产生 4800Band 的波特率
    SCON = 0x50;                    //串口工作在方式 1，允许单片机接收串口数据
    TR1 = 1;                        //开定时器 T1
    EA = 1;                         //总中断开关，1 为开启
}
```

2. 串口接收程序

```
void serial( ) interrupt 4          //serial 是串行之意
{
    if(RI)                          //数据接收完成，RI 由硬件置 1
    {
        str[0] = SBUF;              //从缓存 SBUF 中取出 ASCII 码数据(1 个字节)，存入数组的第 0
个元素 str[0]中
        RI = 0;                     //接收完成后必须由软件清零
    }
}
```

3. 串口发送程序

```
void send_byte(unsigned char temp)          // send byte 为发送 1 个字节的意思，可以使用别的名字
{
    SBUF = temp;
    while(TI = =0);                         //等待发送完成(即 TI = 1)时，才会退出循环，执行下一
语句
    TI = 0;                                 //发送完毕，必须用软件将 TI 清零
}
```

6.4 串口通信应用示例（用串口校准数字钟的时间）

1. 任务书

利用单片机实训板，实现 24h 的数字钟，初始时是 00 - 00 - 00，显示格式是

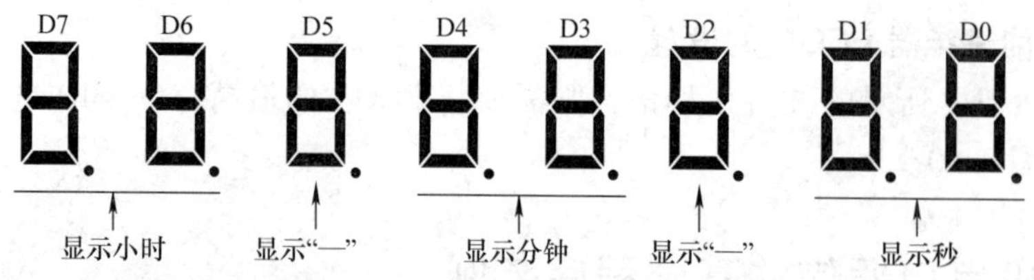

刚上电时单片机不断向上位机（计算机）发送请求：

qingshurudangqianshijian!　（注：为“请输入当前时间”的汉语拼音）
geshi:xxxxxx（xiaoshi fenzhong miaozhong）　［注：格式（小时分钟秒钟）如图 6-6 所示］

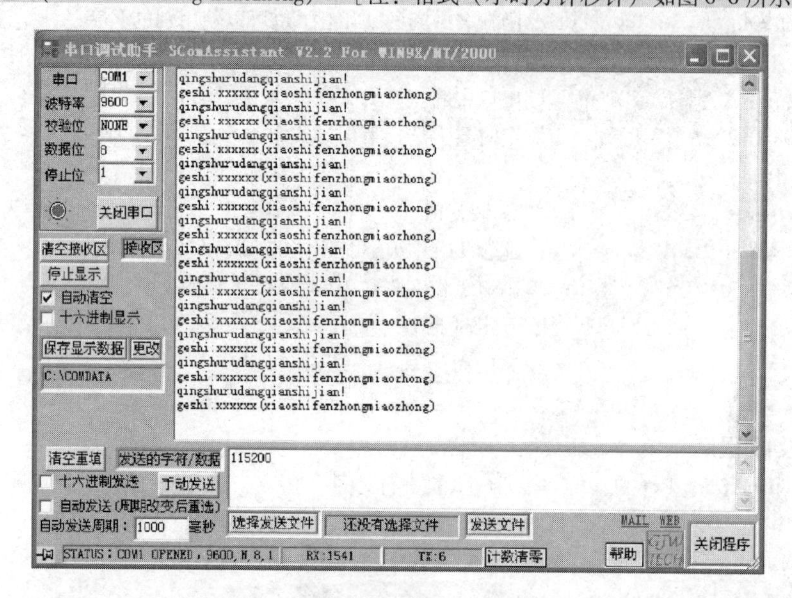

图 6-6　串口校时时钟初上电时的状态

直到上位机（计算机）发送当前时间后单片机就会停止向上位发送请求，电子钟就以上位机发来的时、分、秒的值作为初始值开始计时。

2. 硬件的接线

单片机与计算机的连接如图 6-3a 所示。其中 DB9 通过串行数据线与计算机相连。其他硬件的接线在程序代码的相关声明中很容易看清。

3. 程序代码示例

```
#include < reg52. h >
#define uint unsigned int
#define uchar unsigned char
sbit  d = P1^0; sbit w = P1^1; sbit  wr = P1^2;  //段、位、锁存信号的端口声明
uchar code smgd[ ] = {0xc0,0xf9,0xa4,0xb0,0x99,0x92,0x82,0xf8,0x80,0x90,0xbf};  /*显示“0~9”“-”的共阳段码的数组。数组的每个元素作为段码使数码管显示的数值和该元素在数组中的序号相同，如第 0 个元素作为段码可使数码管显示 0 */
    uchar code smgw[ ] = {0xfe,0xfd,0xfb,0xf7,0xef,0xdf,0xbf,0x7f};    /*共阳极数码管依次点亮的位码数组。例如，0xfe 即 1111 1110，为点亮最右数码管的位码 */
    uchar sj[ ] = {11,11,11,11,11,11};
```

```
08 行    uchar code sc[ ] = "qingshurudangqianshijian! \r\ngeshi:xxxxxx(xiaoshifenzhongmiaozhong)\r\n";
    /* 该数组存储向上位机发送的字符（请输入当前时间！换行、回车后显示格式：xxxxxx（小时分钟秒钟）的拼音）。双引号括起来的是一个字符串，共 67 个字符。注意：\r、\n 是转义字符，分别为回车、换行的意思 */
    uchar hhh,mmm,sss,num,abc,n,i; /* hhh 表示小时，mmm 表示分钟，sss 表示秒，n 用于控制单片机向上位机传送数据 */
    void  delay(uint z)
    {
        uint x,y;
        for(x = z;x > 0;x - - )
            for(y = 110;y > 0;y - - );
    }
    void xs_smg(uchar i,uchar j)        /* 数码管显示函数，参数 i 用于表示段码数组内的第几个参数，j 用于表示位码数组内的第几个元素。调用该函数时，给定了 i、j 的值，就能确定第几个数码管点亮（位）及显示什么内容（段）。数码管显示的这种写法较简洁 */
    {
        d = 0;w = 1;P0 = smgd[i];wr = 0,wr = 1;P0 = 0xff;   //d、w 低电平有效
        w = 0;d = 1;P0 = smgw[j];wr = 0;wr = 1;P0 = 0xff;
        delay(2);
    }
    void init()                       //初始化函数
    {
        ES = 1;                       //串口中断打开
        TMOD = 0x21;                  //定时器 1 选择工作方式 2，定时器 0 选择方式 1
        TH1 = TL1 = 0xfd;             //T1 装初值，可产生 9600 的波特率(详见表 6-4)
        SCON = 0x50;                  //串口工作在方式 1，允许单片机接收串口数据
        PCON = 0x00;                  //T1 初值产生的波特率不加倍
        TH0 = 0x4c;                   //定时器 T0 装初值，每 50ms 产生一次中断
        TL0 = 0xd0;                   //定时器 T0 装初值，每 50ms 产生一次中断
        EA = ET0 = TR1 = TR0 = 1;     //开启总中断、T0、T1
    }
    void main()
    {
        init();
        while(1)
        {
38 行          if(n = = 0)     /* n 初值为 0。我们自行设定当单片机收到上位机传来的数据时，标志变量 n = 1，在此状态就不能执行向上位机发送请求的语句，详见第 83 行 */
39 行          {
40 行          while(i < 67)  /* 向上位机发送请求，共有 67 个字符。若尚未发送完毕则继续执
                             行 {} 内的语句，即继续发送 */
            {
```

```
42行            SBUF = sc[i];  //依次将第08行数组内的67个字符写入SBUF中并依次发送
43行           while(! TI);  //第1个字符发送完毕，TI由硬件置1,! TI为0，退出while循环
44行          TI = 0;
45行          i + +;      /*i增大到等于67时（就已将数组内的67个字符发送完毕）退
                           出while循环，执行第47行*/
            }
```

/*执行第40行时，由于i的初值0，所以会执行第42行，SBUF = sc［0］，即发送数组内的第0个字符→再执行第43行→再执行第44行，将TI清零，为发送下一字符做准备→执行第45行，i变为1→执行第40行→第42行，SBUF = sc［1］，发送数组内的第1个字符→执行第43行→执行第44行→执行第45行，i变为2→……→直到i等于66，数组内的数据全部发送完毕→当i等于67时退出while循环→执行第47行→执行第48~58行，调用数码管显示函数50遍（此时，还没有收到上位机传来的时、分、秒的值，hhh、mmm、sss均为0）→执行第60行，i清零→再执行第40行，重复以上过程*/

```
47行           if(i! =0)
48行           {
                  for(i =0;i <50;i + +)
                  {
51行              xs_smg(hhh/10,7);
                  xs_smg(hhh%10,6);
                  xs_smg(10,5);
                  xs_smg(mmm/10,4);
                  xs_smg(mmm%10,3);
                  xs_smg(10,2);
                  xs_smg(sss/10,1);
58行              xs_smg(sss%10,0);
               }
60行           i =0;
61行           }
       }
   }
   void time() interrupt 1        //T0用于产生秒（sss）、分（mmm）、时（hhh）的具体数值
   {
     TH0 = (65 535 - 45 872)/256;
     TL0 = (65 535 - 45 872)%256;
     num + +;
     if(num = =20)
     {
       num =0;sss + +;
       if(sss = =60)
       {
         sss =0;mmm + +;
         if(mmm = =60){mmm =0;hhh + +;if(hhh = =24) hhh =0;}
       }
```

```
        }
    }
    void zd( ) interrupt 4
        /*串口中断程序，实现用计算机（上位机）对时钟的调时（在计算机上打开串口调试
助手，即可在图6-4所示的数据输入区依次输入时、分、秒十位、个位的校准数据）*/
    {
            if(RI = =1)                    //一个字节接收结束，RI置1
            {
83行        n=1;   /*n=1为单片机收到上位机传来的数据时的状态标志，在此处设该标志的目的是实
现当单片机收到上位传来的数据时不再向上位机发送请求，详见第38行*/
            sj[abc] = SBUF - 0x30;  /*abc的默认初值为0。第0次接收的那个字节（ASCII）转为十六进
制数后存储在sj[0]中*/
            RI =0;
            switch(abc)
            {
              case 1:hhh = sj[0] * 10 + sj[1];  /*当第0次、第1次接收数据后，abc=1，这一行被执行，
sj[0]为小时的十位，sj[1]为小时的个位*/
                if(hhh > =24){hhh =23;}break;
                case 3:mmm = sj[2] * 10 + sj[3]; /*当第2、3次接收数据后，abc=3，这一行被执行，sj
[2]、sj[3]分别为分钟的十位、个位。"—"不需调整*/
                    if(mmm > =60){mmm =59;}break;
                    case 5:sss = sj[4] * 10 + sj[5];if(sss > =60){sss =59;}break; //校秒
                }
                abc + +;
                if(abc >5){abc =0;}
                n =0;
            }
    }
```

【复习训练题】

任务书：串行通信、数码管、液晶显示基本功训练。

系统上电后，上位机向单片机发送“CX”，单片机收到后向上位机发送“0123456789ABCDEF”。换行后再发送“ABCDEF”。然后上位机向单片机随机发送一个十位数，单片机收到后显示在数码管上，同时也显示在LCD12864屏上。

注：本章视频教程包含本章全部内容。

第7章　A/D与D/A的应用入门

【本章导读】

本章通过完成温度及电压监测仪项目，可使读者掌握LM35模拟温度传感器、A/D与D/A转换的入门级芯片的使用方法，为学习更高精度的A/D及D/A转换芯片打好基础，并能提高综合应用这些器件完成实际项目的能力。在本章及后续章节中，我们需要从一些器件的相关说明文档中获取所需要的信息，这就需要我们逐步培养、提高这方面的能力。

【学习目标】

1）知道A/D转换与D/A转换的作用和应用场合。

2）掌握入门级A/D转换芯片ADC0809的硬件连接方法和编程方法。

3）理解LM35模拟温度传感器的硬件连接电路。

4）掌握LM35的编程方法。

5）通过温度及电压监测仪项目的实现，提高综合应用的编程能力。

6）理解入门级D/A转换芯片DAC0832的硬件连接电路，掌握DAC0832的编程方法。

7）理解LM35模拟温度传感器的应用电路。

【学习方法建议】

对硬件连接电路要理解，对芯片编程的例程在理解的基础上可直接套用。这是以后学习其他芯片的重要方法。

7.1　任务书——温度及电压监测仪

温度及电压监测仪包含以下两部分功能。

1. 监测温度

用LM35模拟温度传感器感受环境温度，将温度信息转化为电压信息输出给ADC0809（A/D转换芯片），ADC0809输出转化后的数字量给单片机处理，单片机将收到的数字量还原成温度信息，传送到LCD1602上显示出环境温度。

2. 电网电压监控

可用变压器将市电（额定380V）降低100倍，电压变为3.8V，经A/D转换后传给单片机，单片机将接收到的电压值乘以100（即为实际的市电电压值），显示在LCD1602上。当单片机检测到过电压或欠电压影响设备的正常运行时，单片机驱动蜂鸣器（或报警器）报警。

7.2 A/D转换

7.2.1 A/D和D/A简介

1. A/D与D/A的基本概念

在实际应用中，很多传感器可将被测量的因素（如温度、压力等）转换成连续变化的电信号（即模拟信号）。单片机不能直接处理这些模拟信号，而要将其转化为数字量，才能进行分析和处理，这种将模拟信号转化为相应的数字信号的过程叫作A/D转换（反之，单片机输出的数字信号也可以转换成模拟量去控制外围设备，这种转换叫作D/A转换）。现在有很多单片机内部设置了A/D和D/A转换功能。但在需要较高分辨率的场合常常在单片机外部设置专用的高分辨率的A/D或D/A芯片。AT89S52、STC89C52没有内置A/D和D/A电路，需要使用A/D或D/A芯片进行扩展。

2. A/D转换芯片的主要参数

（1）转换精度

转换精度通常用分辨率和量化误差来描述。

1）分辨率。分辨率指数字量变化一个最小量时模拟信号的变化量，通常用数字信号的位数来表示。分辨率为$V_{REF}/2^n$，V_{REF}为芯片的基准电压，n为A/D转换的位数。由此可以看出，位数越多，分辨率就越高。例如，一个8位A/D转换芯片，设V_A为输入的电压模拟量，D为输出的8位数字量，对应的A/D转换关系为$V_A = DV_{REF}/2^n$。该A/D转换芯片的分辨率为基准电压的$1/2^8$，若基准电压为5V，则分辨率为5V/256≈20mV。

2）量化误差。量化误差指零点和满度校准后，在整个转换范围内的最大误差。它通常以相对误差的形式出现，以LSB（数字量最小有效位所表示的模拟量）为单位。例如，上述8位A/D芯片在基准电压为5V时，量化误差为±1LSB/2≈10mV。

（2）转换时间

转换时间指A/D转换器完成一次A/D转换所需的时间。转换时间越短，适应输入信号快速变化的能力就越强。例如，下面介绍的ADC0809在时钟频率为500kHz时的转换时间为128μs。

3. A/D转换芯片的选用

A/D转换芯片的种类很多，选择时主要考虑具体项目对转换精度和转换时间的要求及其自身的性能。

7.2.2 典型A/D芯片ADC0809介绍

1. ADC0809的引脚功能

ADC0809是8通道8位分辨率的A/D转换芯片（CMOS芯片），它是逐次逼近式A/D转换器，可以和单片机直接接口。其实物、引脚名称、内部逻辑框图如图7-1a、b、c所示。

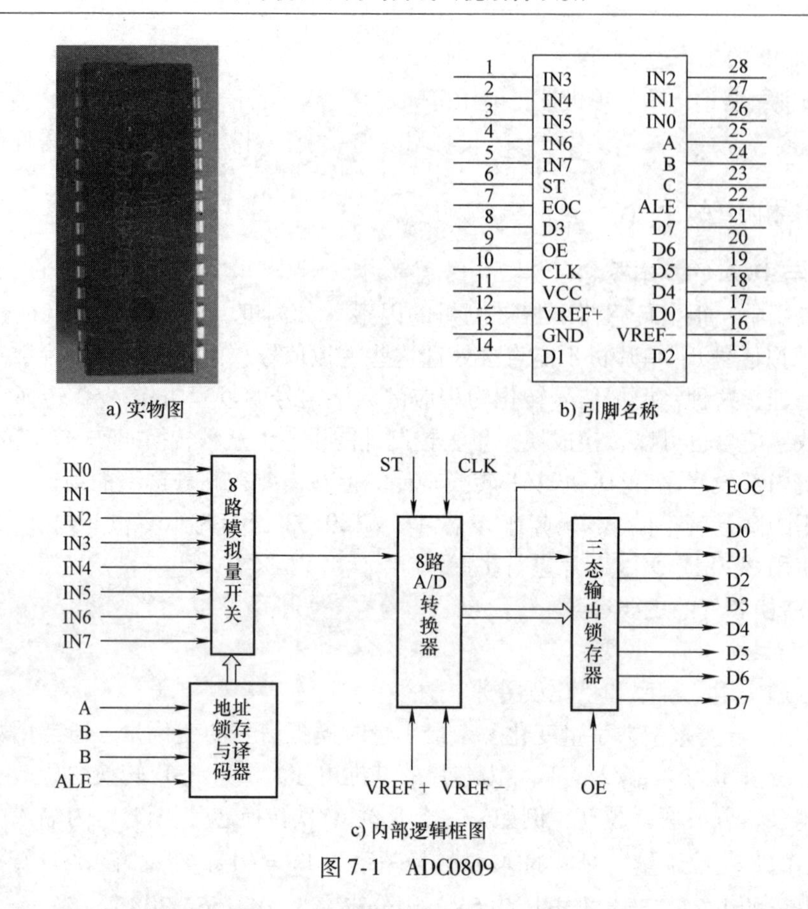

a) 实物图　b) 引脚名称

c) 内部逻辑框图

图 7-1　ADC0809

ADC0809 的引脚功能详见表 7-1。

表 7-1　ADC0809 的引脚功能

引脚名称	功　能	说　明
IN0 ~ IN7	8 路模拟量输入	必须使用 A、B、C 不同电平的组合选择其中的一路进行 A/D 转换
A、B、C	地址输入	不同的电平组合可选择 IN0 ~ IN7 中的任一通道，如 CBA = 000 时，选中通道 IN0；CBA = 001 时，选中 IN1，其他的按二制递增类推
D0 ~ D7	8 位数字量输出	A/D 转换结果由这 8 个引脚送往单片机。D7 为高位
VCC	+5V 工作电压	
GND	地	
VREF +、VREF -	正、负基准电压输入	当要求不是很高时，VREF + 接电源 VCC，VREF - 接 GND。转换后输出的数字量 0 对应 VREF -，数字量 255 对应 VREF +
ALE	地址锁存允许信号输入	上升沿将 A、B、C 的地址锁存
CLK	时钟信号输入	一般为 10 ~ 1200kHz，典型值为 640kHz
START	A/D 转换启动信号输入	其上升沿复位 ADC0809，下降沿启动 A/D 转换
EOC	转换结束信号输出	开始转换时为低电平，转换结束后为高电平
OE	输出允许控制	高电平时，数字量输出到并行总线 D0 ~ D7；低电平时 D0 ~ D7 为高阻状态

2. ADC0809的工作过程

对输入模拟量要求：信号单极性，电压范围是0～5V，若信号太小，必须进行放大；输入的模拟量在转换过程中应该保持不变，若模拟量变化太快，则需在输入前增加采样保持电路。

ADC0809的工作过程如下：

1）初始化时，使START和OE信号全为低电平。

2）确定输入端：给C、B、A赋值，选择通道，并用ALE锁存，使选中的通通生效。

3）发送启动信号：START发送正脉冲。

4）等待转换结束。可查询EOC的值。

5）读结果：OE置高电平，使数据输出。

3. 模拟电压与数字量的数学关系

假设输入的模拟电压为 V_i，输出的数字量为Dat，参考电压为 V_{REF+}、V_{REF-}，则有

$$V_i = (V_{REF+} - V_{REF-}) \cdot Dat/255 + V_{REF-}$$

当VREF+接电源，VREF-接地，电源电压为5V时，上式简化为

$$V_i = 5 \cdot Dat/255 = Dat/51$$

输入电压的范围为0～5V。

4. ADC0809与单片机的连接

ADC0809的信号输入部分IN0～IN7分别接8路传感器或其他模拟量，转换的数字信号输出脚D0～D7与单片机P0、P1、P2、P3中的任一组I/O口相连接，另外还有START、ALE、OE、EOC和通道选择A、B、C必须与单片机的7个I/O口相连接。由于ALE是上升沿锁存地址，而START是上升沿复位ADC0809，所以常将这两个引脚并联。可以按图7-2

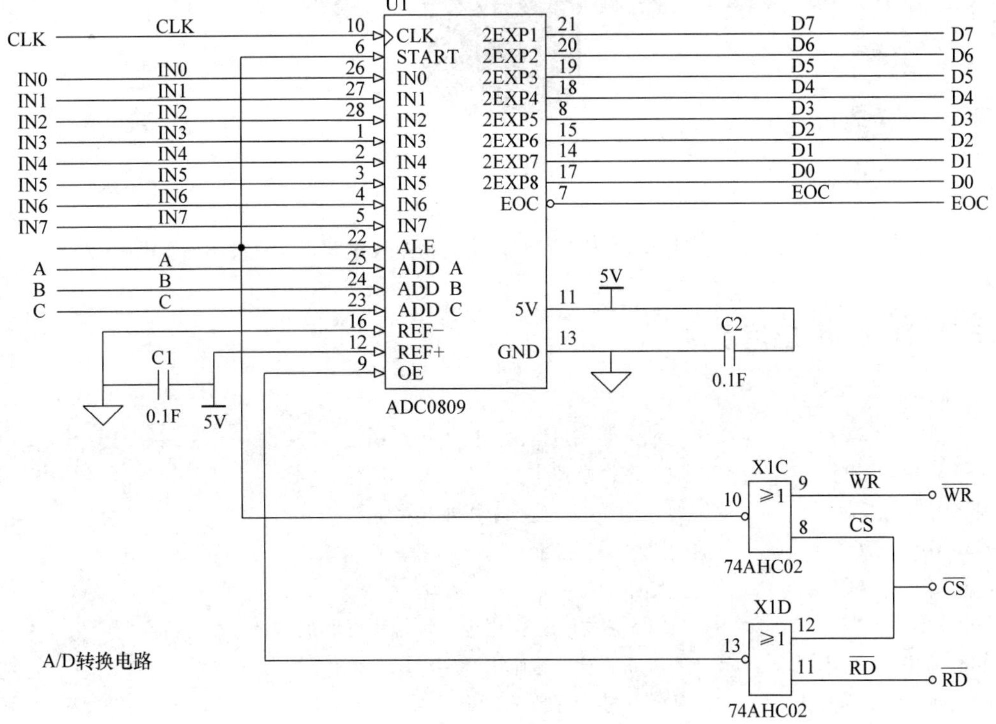

图7-2 ADC0809与单片机的连接电路

所示连接成硬件电路。按照图 7-2 连接成的实验模块如图 7-3 所示。

图 7-2 中的读信号 OE（允许输出控制端）、启动信号 START、地址锁存信号 ALE 经过或非门 74AHC02 接到 ADC 模块的端子$\overline{WR}$、$\overline{RD}$、$\overline{CS}$上。其中，$\overline{WR}$和$\overline{CS}$信号一起进行地址锁存和启动 A/D 转换信号（START 和 ALE 的功能）；$\overline{RD}$和$\overline{CS}$共同作用，产生输出允许信号（OE 的功能），这在编程时要注意。

注意：单片机访问 ADC0809 可以使用 I/O 口的方式（这时$\overline{WR}$和$\overline{RD}$可与单片机的任意 I/O 口相连接），也可以使用扩展地址方式［这时$\overline{WR}$和$\overline{RD}$必须与单片机的$\overline{WR}$（即 P3.6 脚）、$\overline{RD}$（即 P3.7 脚）相连］。

因此，该 A/D 模块需与单片机连接的端口有：D0 ~ D7、A、B、C、$\overline{WR}$、$\overline{RD}$、CS、EOC 共 15 个端口。如果只有一路模拟量输入，可将 A、B、C 3 个端口都接地，选择通道 IN0，可节省单片机的 3 个端口。

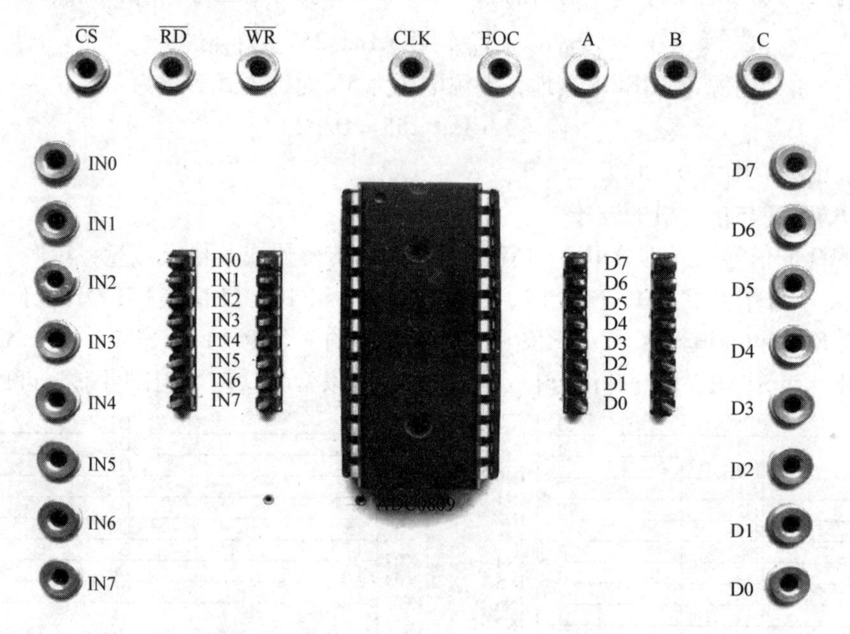

图 7-3　某典型单片机实训平台 ADC0809 模块实物图（电源正、负极的插孔没画出）

7.2.3　ADC0809 应用示例

```
#include <reg52.h>
sbit ADA = P2^0;          //位地址选择端口定义，用于选择通道
sbit ADB = P2^1;          //位地址选择端口定义，用于选择通道
sbit ADC = P2^2;          //位地址选择端口定义，用于选择通道
sbit ADCS = P2^3;         //通道地址锁存控制信号
sbit ADEOC = P2^4;        //转换结束的标志
sbit ADWR = P2^5;         //与 ADCS 信号一起作用进行地址锁存和启动 A/D 转换信号
sbit ADRD = P2^6;         //与 ADCS 信号一起作用产生输出允许信号
unsigned int temp;        //定义转换结果存放的变量
void adc (void)
```

```
{
    unsigned char k = 4;
    unsigned int adtemp;          //定义暂存 A/D 转换的输出结果
    ADCS = 1;ADWR = 1;            //此时由于或非门的作用，使 START、ALE、OE 均为 0
    ADA = ADB = ADC = 0;          //选择通道 0
    for(k = 0;k < 3;k + +);       //短暂延时
    ADCS = 0;ADWR = 0;    /* 由于或非门的作用，使 START、ALE 均变为 1，产生了一个上升沿，复
位 ADC0809 芯片、锁存地址 */
    for(k = 0;k < 100;k + +); //延时
    ADWR = 1; /* 此时由于 ADCS = 0,在或非门作用下，使 START 变为 0，产生了一个下降沿，启
动 A/D 转换。同时 ALE 也变为 0（如果更改输入通道，则 A、B、C 的值就会改变），ALE 变为 0 就可为
下次锁存 A、B、C 的值所需的上升沿做准备 */
    while(! ADEOC)           /* 转换没有结束时，ADEOC 为 0，程序停在这里等待。转换结束后
ADEOC 为 1，会跳出 while 循环，执行后续程序 */
    adtemp = P1;             /* ADC0809 转换结束输出的数据会传到 P1，现将总线 P1 上的数据赋
给变量 adtemp */
    temp = ( adtemp * 100)/51   /* 需要将 ADC0809 输出的数字量 adtemp 转换（还原）成模拟量。
设 ADC0809 输出的数字量 Dat 对应的输入模拟量为 Vi，由于它们之间的关系是 Vi = 5 × Dat/255，所以输
出的数字量为 adtemp 时，其输入的模拟量为 temp = adtemp × 5/255。为了避免出现小数，可将 temp 的值
扩大 100 倍，即 temp = adtemp × 500/255，再根据显示或其他需要将 adtemp 的百位、十位、个位分离出来
(用取模、取余的方式)，若需要显示小数点，可人为地写上一个小数点，这一点将结合温度和电压监测
仪的具体实现进行详细介绍 */
    ADCS = 1;ADWR = 1;ADRD = 1;
}
```

7.3　LM35温度传感器的认识和使用

7.3.1　LM35的外形及特点

LM35是精密集成电路模拟温度传感器，它可以精确到1位小数，且体积小、成本低、工作可靠，广泛应用于工业和日常生活中。它的不同封装的引脚排列如图7-4所示。

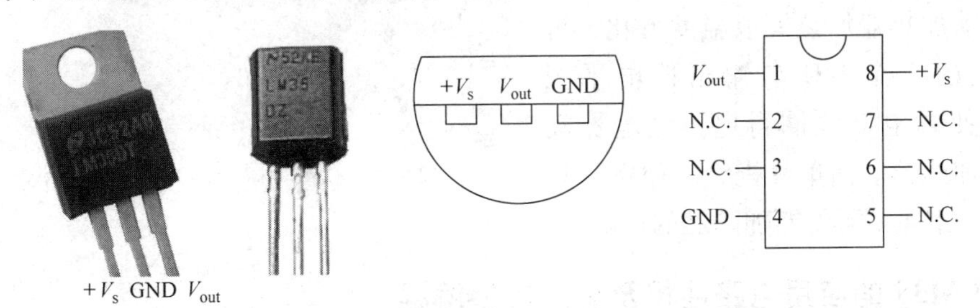

图7-4　LM35温度传感器的常见封装及引脚功能

LM35的特点是，输出电压与摄氏温标成线性关系，即0℃时输出电压为0V，每升高

1℃，输出电压增加 10mV，这一特点使转换后的“电压 - 温度”换算非常简单；常温下无需校准即可达到 ±0.25℃的线性度和 0.5℃的精度。

LM35 既可以采用单电源供电，也可以采用正、负双电源供电，如图 7-5 所示。

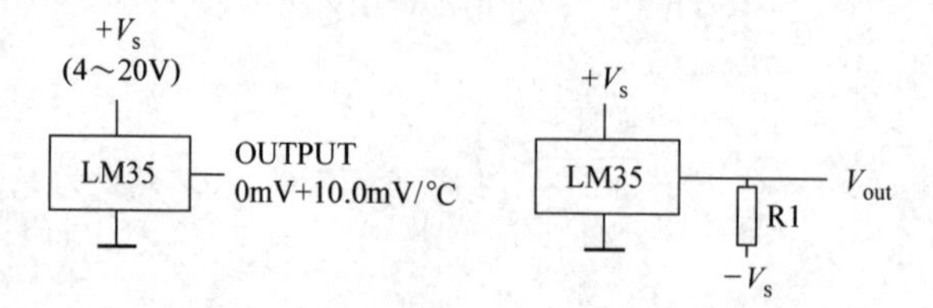

图 7-5　LM35 的供电形式

7.3.2　LM35 的典型应用电路分析

某单片机实训台上的 LM35 及 5 倍放大电路如图 7-6 所示。

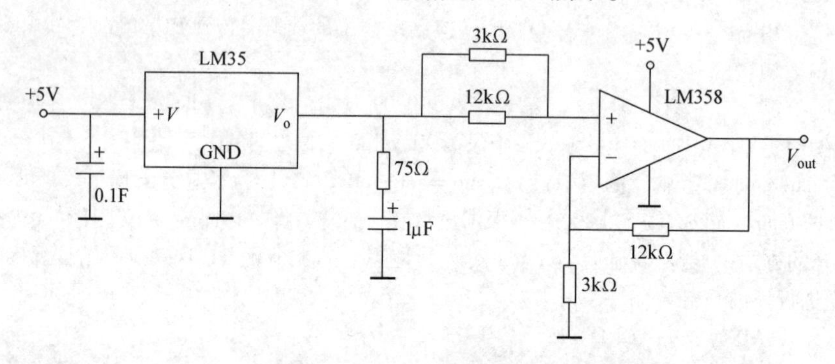

图 7-6　LM35 及 5 倍放大电路

由图 7-6 可以看出，LM35 的输出电压经过集成运放 LM358 放大（放大了 5 倍），因此，电压与温度的换算关系变为 1℃/50mV。

实训台上的 LM35 实物如图 7-7 所示。使用时只需将专用的插接线插入孔座即可将模块和单片机、A/D 转换器件相连。图 7-7 中的“CON”为驱动继电器的端子。若需要启动加热器加热模拟温度变化，可用单片机的一个 I/O 口输出低电平至“CON”，使继电器线圈得电，继电器动作，接通加热器。当单片机给“CON”送高电平时，继电器可切断加热器的供电。

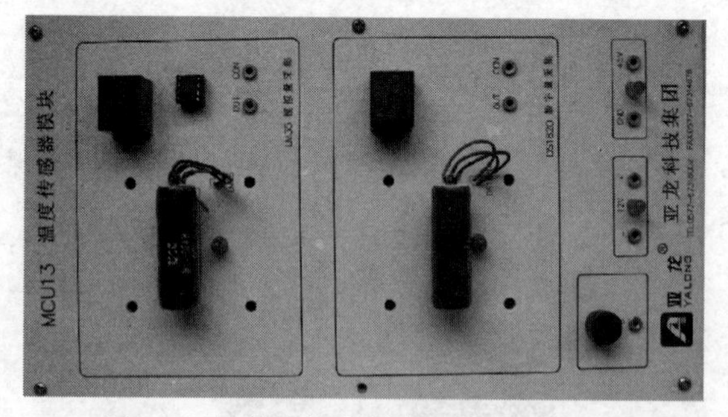

图 7-7　某单片机实训台上的 LM35 实物

7.3.3　LM35 的应用电路连接及温度转换编程

某典型实训台上的 LM35 的输出端（OUT）接 ADC0809 的任一个输入通道，ADC0809 的输出端（D0 ~ D7）接单片机的任一组 I/O 口，单片机收到温度信息后，可驱动数码管、LED 点阵、液晶显示屏显示温度，单片机还可以根据温度的变化驱动风扇、继电器等器件动作。示例如图7-8所示。

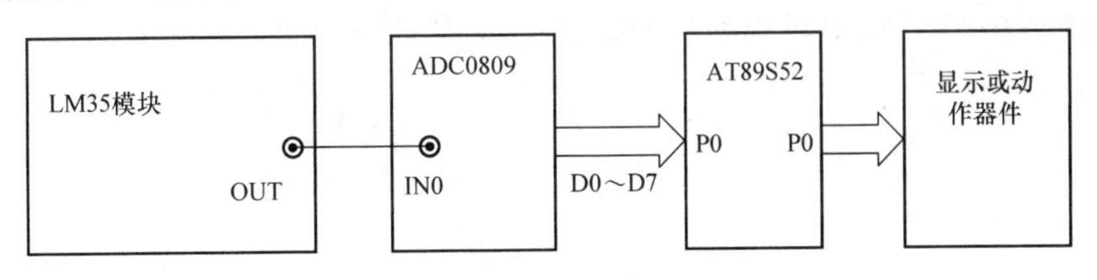

图7-8　LM35的应用电路（示例）

LM35的编程思路：LM35输出的电压放大5倍后，经ADC0809转换后的值（即7.2.3节中的temp）按50mV/1℃的关系就可得到测量的实际温度。详见本章7.5节。

7.4　电压源

实验时可以用一个电压源来代替传感器输出的模拟量及一些模拟电压信号，非常方便。

某实训台上的电压源设在A/D、D/A模块上，如图7-9所示。在模块实物的+5V和GND两端子间加+5V电压，转动旋钮，可以使OUT和GND之间的电压在0~5V之间变化。

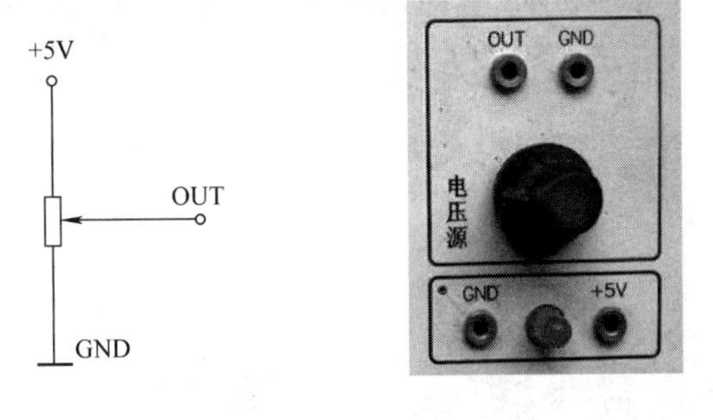

图7-9　电压源

7.5　温度及电压监测仪的程序代码示例及分析

```
#include <reg52.h>
#define uint unsigned int
#define uchar unsigned char
sbit en = P2^0;                    //LCD1602的使能端
sbit rs = P2^1;                    //LCD1602的数据/命令选择端
sbit rw = P2^2;                    //LCD1602的写/读模式选择
sbit adrd = P2^4;                  //ADC0809的RD端
sbit adwr = P2^5;                  //ADC0809的WR端
sbit tda = P2^7; /* ADC0809的通道选择端A（B和C全接地以节省单片机端口）。tda=0时选择通道0，tda=1时选择通道1 */
sbit fmq = P3^0;                   //蜂鸣器
uchar code asc[] = "0123456789"; //数组里存储的是字符串0123456789
uchar code asc1[] = "wendu:";      //字符数组(温度的拼音)
uchar code asc2[] = "dianya:";     //字符数组(电压的拼音)
```

```
    uint dy;      //将模拟电压输入 ADC0809 后，转换后输出的数字量对应的模拟电压值
    uchar numwd; //LM35 输出的电压经 A/D 转换后输出的数字量经过修正后的温度值

18 行    void delay(uint z) {
             uint x,y;
             for(x = z;x > 0;x - - )
             for(y = 110;y > 0;y - - );
         }
23 行    void busy_1602() {              //LCD1602 忙检测函数（定义为无返回值）
           P0 = 0xff;                    //防止干扰
           rs = 0; rw = 1;               //置"命令、读"模式
           en = 1; en = 1;               //写两次，兼作短暂延时
           while(P0&0x80); /* 当 P0 的最高位（即 BF）为 1 时（也就是忙），P0&0x80 不为 0，不会
跳出 while 循环；当 P0 的最高位为 0 时（闲），P0&0x80 为 0，跳出 while 循环，执行后续程序 */
           en = 0;
29 行    }
30 行    void write_com(uchar com)       //LCD1602 的写命令函数
         {
           busy_1602();
           rs = 0;rw = 0;
           P0 = com; en = 1;en = 1;en = 0;
35 行    }
36 行    void write_dat(uchar com) {     //LCD1602 的写数据函数
           busy_1602();
           rs = 1;rw = 0;
           P0 = com; en = 1; en = 1; en = 0;
40 行    }
41 行    void init_1602() {              //LCD1602 的初始化函数
           write_com(0x38);              /* 调用写命令函数，将设置"两位、8 位数据、5 × 7 的点阵"
                                         的命令 0x38 写入 LCD1602 的控制器 */
           write_com(0x0c);              //0x0c 为开显示关光标指令
           write_com(0x06);              //0x06 为光标右移指令
           write_com(0x01);              //0x01 为清除显示指令
46 行    }
          Void LM35()
          {
             uchar temp;
             P0 = 0xff;                  //端口电平拉高
             adwr = 1;adrd = 1;
             tda = 0;                    //选择通道 0（因为 B、C 已接地，CBA = 000）
             delay(1);
             adwr = 0;adrd = 0;
             while(! eoc);               //等待转换结束后，跳出，执行下一行。这一句也可以省掉
```

```
            temp = P0;//将转换结果赋给变量 temp
            numwd = temp * 20/51;/* 说明：ADC0809 输出的数字量对应的模拟量为(temp * 5/255)V，
由于 LM358 将 LM35 输出的电压放大了 5 倍，所以 LM35 输出的温度信息(电压)为(temp/255)V 即(temp
×1000/255)mV，而 LM35 的电压与温度的线性关系是 10mV/1℃，因此测出的温度值为(temp × 100/
255)℃，即(temp ×20/51)℃，含十位、个位和一位小数 */
        adrd = 1;
    }
    voiddianya()
    {
        uchar i;
        P0 = 0xff;
        adwr = 1;
        tda = 1;//因为 B、C 已接地，此时 CBA = 001，选择通道 1
        delay(1);
        adwr = 0; adrd = 0;adwr = 1;
    while(! eoc);  //转换结束时 eoc 才等于 1，退出 while 循环而执行后续程序
        i = P0;dy = i * 100/51;adrd = 1;/* dy 为由 ADC0809 输出的数字量对应的输入模拟量扩大了 100
倍，刚好为市电电压(不含小数) */
    }
    voidxs()
    {
        uchar i;
        write_com(0x80);
        for(i = 0;i < 6;i + + )write_dat(asc1[i]);//asc1[]内有 6 个元素,因此需循环 6 次
        write_dat(0x20);
        write_dat(asc[numwd/10]);//显示 numwd 的十位
        write_dat(asc[numwd% 10]);//显示 numwd 的个位
        write_dat(0xdf);
        write_dat('C');
        write_com(0x80 + 0x40);
        for(i = 0;i < 7;i + + )write_dat(asc2[i]);
        write_dat(0x20);
        write_dat(asc[dy/100]);//显示 dy 的百位数
        write_dat(asc[dy% 100/10]);//显示 dy 的十位数
        write_dat(asc[dy% 10]);//显示 dy 的个位数
    }
    void main()
    {
        init_1602();
        while(1)
        {
            LM35();
            xs();
```

```
        dianya( );
        if( dy < =420&&dy > =342) fmq =0;//电压在正常范围，蜂鸣器不响
        if( dy >420||dy <342) fmq =1;      //当市电电压大于420V 或小于342V 时，蜂鸣器鸣响，报警
    }
}
```

7.6　D/A 转换芯片 DAC0832 及应用

7.6.1　DAC0832 的内部结构和引脚功能

DAC0832 是一款价格低廉的 8 位 D/A 转换芯片，其内部结构和引脚排列如图 7-10 所示。

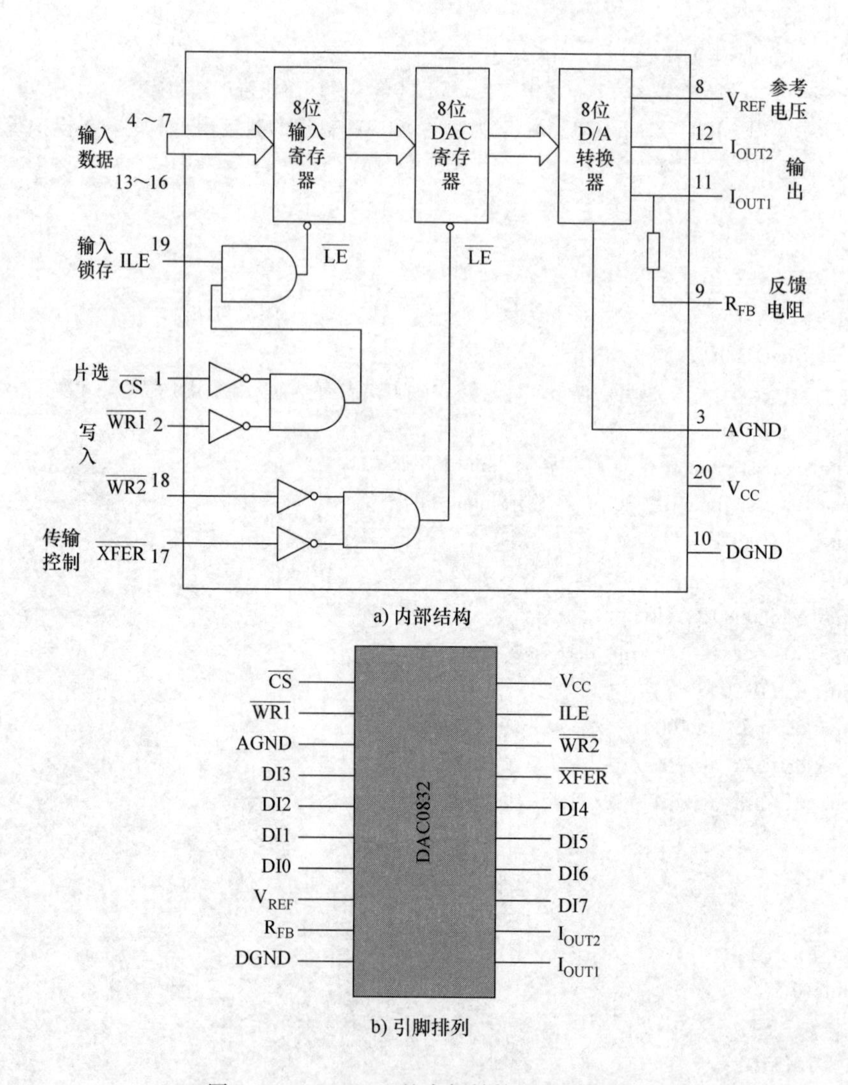

图 7-10　DAC0832 的内部结构和引脚排列

DAC0832各引脚的功能详见表7-2。

表7-2 DAC0832各引脚的功能

引 脚 号	引 脚 功 能
DI0 ~ DI7	数字信号输入端，TTL电平
ILE	数据锁存允许控制信号输入端，高电平有效
$\overline{CS}$	输入寄存器选择，低电平有效
$\overline{WR1}$	输入寄存器的写入信号，低电平有效。当$\overline{CS}$为"0"，ILE为"1"，$\overline{WR1}$有效时，DI0 ~ DI7状态被锁存到输入寄存器
$\overline{XFER}$	数据传输控制信号，低电平有效
$\overline{WR2}$	DAC寄存器写入信号，低电平有效。当$\overline{XFER}$为"0"且$\overline{WR2}$有效时，输入寄存器的状态被传送到DAC寄存器中
I_{OUT1}	电流输出端，当输入全为"1"时，I_{OUT1}值最大
I_{OUT2}	电流输出端，其值和I_{OUT1}值之和为一常数
R_{FB}	反馈输入
V_{CC}	供电电压输入端
V_{REF}	基准电压输入端，V_{REF}范围为-10 ~ +10V。此端电压决定D/A输出电压的精度和稳定度。如果V_{REF}接+10V，则输出电压范围为-10 ~ 0V；如果V_{REF}接-5V，则输出电压范围为0 ~ +5V
AGND	模拟端，为模拟信号和基准电源的参考地
DGND	数字端，为工作电源地和数字逻辑地，此地线与AGND最好在电源处一点共地

可以看出，DAC0832内部由1个8位输入寄存器和1个8位DAC寄存器构成双缓冲结构，每个寄存器有独立的锁存使能端。因此，DAC0832可工作在单缓冲方式和双缓冲方式。

双缓冲方式：输入寄存器的锁存信号和DAC寄存器的锁存信号分开独立控制。其特点是，①在输出模拟信号的同时，可以采集下一个数字量，可以提高转换速度；②由于有两级锁存器，所以可以在多个DAC0832同时工作时，利用第二级锁存信号实现多路D/A转换的同时输出。

单缓冲方式：用于只有一路模拟信号输出的场合。

7.6.2 单片机实训台典型D/A模块介绍

某典型实训台上的DAC0832如图7-11所示。

由图可见，该模块工作在单缓冲方式。

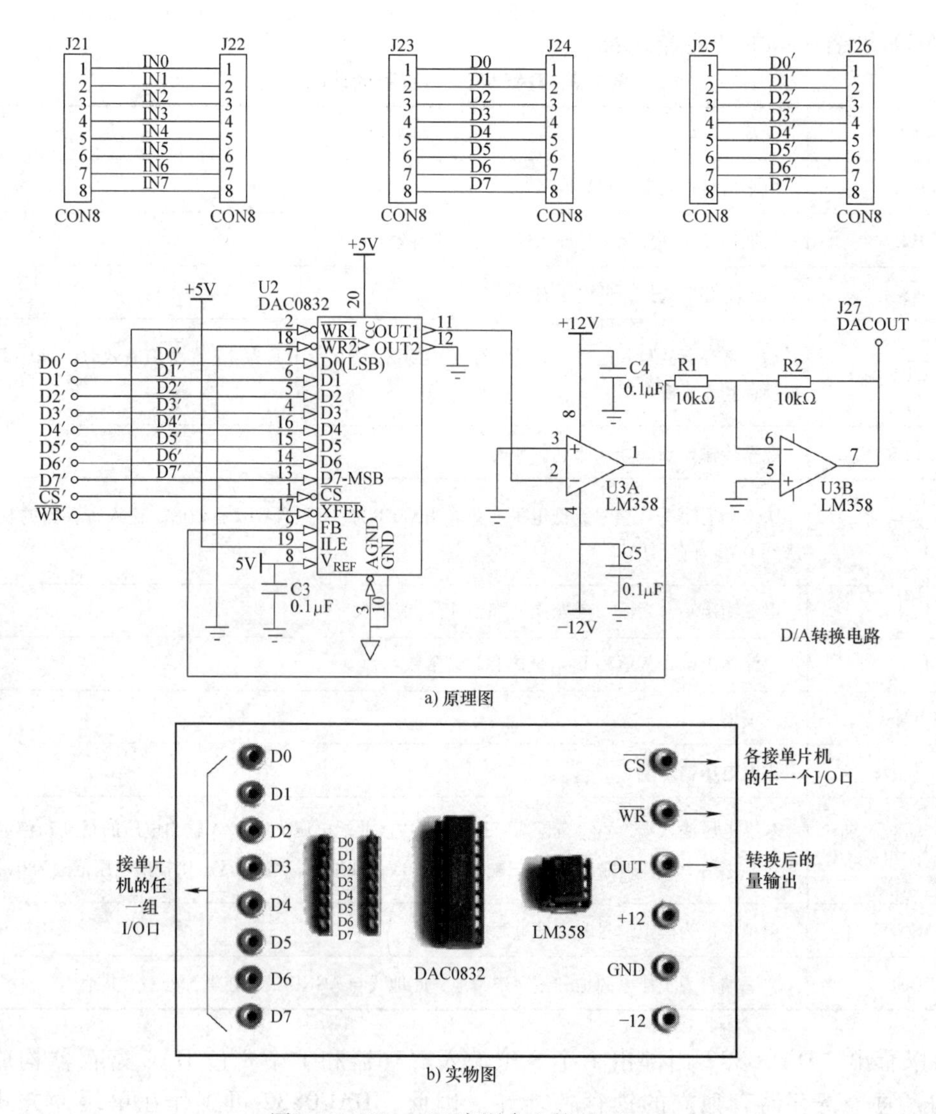

图7-11　YL－236实训台上的DAC0832

7.6.3　DAC0832采用I/O方式编程示例

用I/O方式编程示例（将D0～D7与单片机P1相连，$\overline{CS}$、$\overline{WR}$接P2.0、P2.1或其他端口）。

```
sbit CS = P2^0; sbit WR = P2^1;
wr0832(unsigned char dat)
{
    P1 = dat;               //P1输出数字量
    CS = 1;                 //输入寄存器选择，低电平有效
    WR = 0;WR = 1;          // WR = 0时，数据被锁存到输入寄存器中
}
```

7.6.4　DAC0832 采用扩展地址方式编程示例

1. 单片机扩展地址涉及的端口

51 单片机的 P0 口、P2 口、P3.6（$\overline{WR}$）、P3.7（$\overline{RD}$）都具有第二功能。P0 口的第二功能是用作扩展外部存储器的数据和地址总线的低 8 位；P2 口的第二功能是用作扩展外部存储器的数据和地址总线的高 8 位；P3.6（$\overline{WR}$）、P3.7（$\overline{RD}$）的第二功能分别是外部存储器的读、写脉冲，都是低电平有效。

2. 采用扩展地址方式编程的接线

单片机与 DAC0832 的连接必须是，①P0 口接 DAC0832 的数据（数字信号）输入端口 DI0 ~ DI7，也就是 YL-236 上 DAC0832 模块上的 D0 ~ D7（传送的数据是 8 位，不涉及高 8 位，所以只需用到 P0 口传送数据）；②对于 YL-236 实训台上的 DAC0832 模块，需要操作的端口有$\overline{CS}$和$\overline{WR}$，$\overline{WR}$必须接单片机的 P3.6（$\overline{WR}$）；$\overline{CS}$可接 P2 口的任一引脚。现以某锯齿波发生产生电路为例进行介绍，其接线如图 7-12 所示。

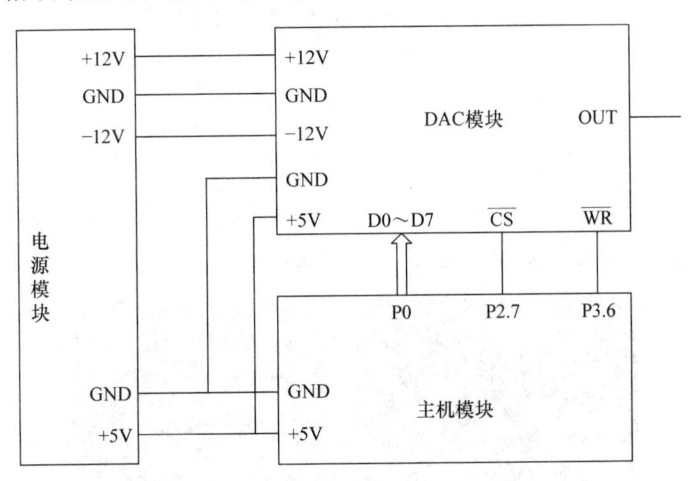

图 7-12　DAC0832 应用电路（示例）

根据接线图确定外部设备（DAC0832）的地址时，只涉及$\overline{CS}$的电平，因此关键是要使$\overline{CS}$即 P2.7 的电平满足工作需要（为低电平），P2、P0 口的其他引脚为高电平或低电平均可，因此，DAC0832 的地址为 0x7fff（或 0x0000）。

3. 扩展地址编程示例

对于 DAC0832 的扩展地址编程示例如下：

```
#define DACPORT XBYTE[0x7fff]
DACPORT = dat;                    //单片机将数据 dat 传送给外部设备。时序不需要写
/*下面为用 YL236 实训台的 DAC 模块输出一锯齿波的参考程序*/
#include <reg52.h>
#include <absacc.h>      /*该头文件中定义了一些不带参数的宏可提供给用户直接使用，如下面的
XBYTE，用户用它可直接访问由地址确定的 DAC0832*/
```

```
#define DACPORT XBYTE[0x7fff]              //定义 DAC0832 的口地址（用 DACPORT 表示）
#define uint unsigned int
#define uchar unsigned char
void delay(uint i){while(--i)};           //延时函数
uchar code tab[]={0,1,2,3,4,5,6,7,8,9,10,11,12,13,14,15,16,17,18,19,20};
  /*锯齿波数据数组*/
void main()
{
    uchar i;
    while(1)
    {
      for(i=0;i<sizeof(tab);i++)        /*sizeof()的作用是求数组的长度。这里数组的长度已知，
                                          可直接写为 i<21*/
      {
            DACPORT=tab[i]*5;           /*锯齿波的幅度可在示波器上观察，若幅度太小，
                                          可增大 tab[i]乘的倍数*/
            delay(5);
      }
    }
}
```

实现的锯齿波可用示波器观察，如图 7-13 所示。

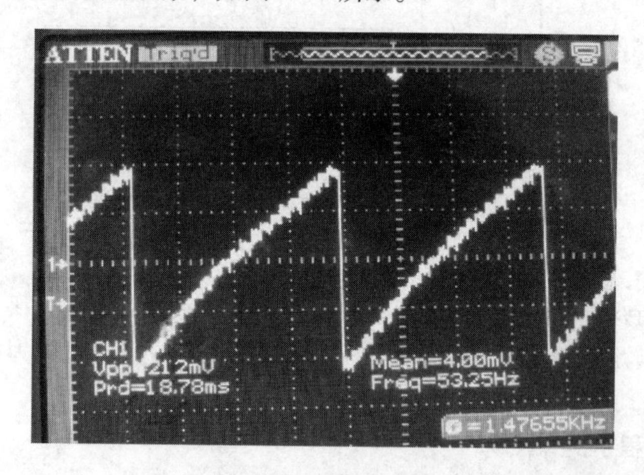

图 7-13　锯齿波波形

【拓展】传感器及应用

传感器的分类方法有多种。按输出信号的性质分为模拟传感器和数字传感器。

1. 模拟传感器

将被测非电量转换成连续变化的电压或电流，若要经过单片机处理，那么需要经过A/D转换后才能被单片机读取，经过分析处理后再控制其他一些执行器件。例如，本章介绍的

LM35 就是模拟传感器。

2. 数字传感器

将被测非电量转换成数字信号输出。容易和单片机连接，便于信号处理和实现自动化监控。下面介绍几个示例。

（1）雨滴传感器

雨滴传感器（见图7-14）主要用于检测是否下雨及雨量的大小，可用于各种天气状况的监测。

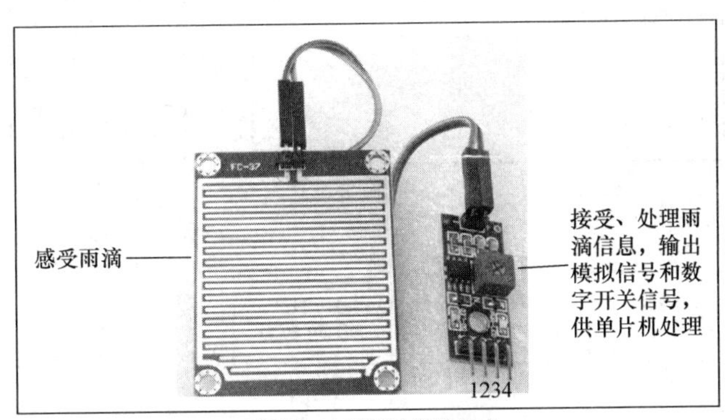

模块上4个引脚的接线方式

1—VCC：接电源正极(3～5V)　2—GND：接电源负极

3—DO：TTL开关信号输出　4—AO：模拟信号输出

图7-14　雨滴传感器

该模块接5V电源，电源指示灯亮，感应板上没有水滴时，DO输出为高电平，开关指示灯灭，滴上一滴水，DO输出为低电平，开关指示灯亮，刷掉上面的水滴，又恢复到输出高电平状态。其中AO脚模拟输出，可以连接单片机的A/D接口（现在有很多单片机内含A/D转换功能），检测滴在上面的雨量大小。DO脚输出TTL数字电平信号，可以连接单片机检测是否有雨。

该模块应用程序代码示例见《资料》。

（2）称重传感器

称重传感器可以将重力信号转化为电信号（模拟信号），经高精度A/D转换后，传给单片机处理，得出重量信息并显示出来。例如，某电子秤原理如图7-15所示。

基本原理：称重专用高精度A/D转换芯片将收到的重量信号（电信号）转化为数字信号，将该信号通过串行通信的方式传给单片机，单片机分析、处理后控制液晶屏进行相应的显示。各芯片的原理、引脚功能及相关驱动程序代码详见《资料》。

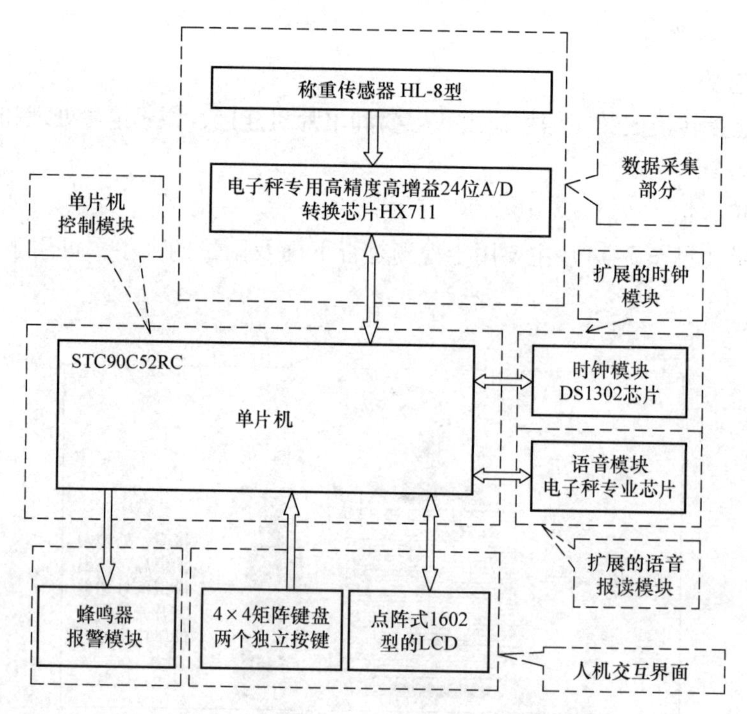

图 7-15　电子秤结构原理框图（示例）

注：较高分辨率的 A/D 芯片的使用见本书《资料》。

【复习训练题】

任务书：电压源输出的数据经 A/D 转换后，电压值显示在数码管和 LCD12864 上，并在 LCD12864 上随机显示几个汉字。

注：本章视频教程包含本章全部内容。

第 3 篇　综合实践篇

第 8 章　步进电机的控制

【本章导读】

本章介绍了步进电机的特点、参数及驱动方法。通过本章的学习，可以掌握步进电机的归零、定位等基本方法，并应用步进电机解决综合性实际问题。

【学习目标】

1）了解常用步进电机的种类和基本结构。
2）了解步进电机的参数。
3）理解步进电机的驱动原理、硬件连接方法。
4）掌握单片机控制步进电机起动、加速、减速、停止、精确定位的编程方法。

【学习方法建议】

首先学习硬件部分，再看例程及相关解释，然后独立仿写程序，最后自己灵活编写程序及调试。

8.1　步进电机的基础知识

1. 步进电机的概念

步进电机是一种将电脉冲转化为角位移的执行机构，即当步进电机的驱动器接受一个脉冲信号时，它就驱动步进电机按设定的方向转动一个固定的角度（该角度很小，称为步距角）。步进电机的旋转是按步距角的大小一步一步进行的，因此称之为步进电机。我们可以通过控制脉冲的个数来控制步进电机转过的角度，从而达到精确定位的目的，还可以通过控制脉冲的频率来控制步进电机的转速或加速度，从而达到柔和调速的目的。

2. 步进电机的特点

（1）步进电机没有积累误差

所谓积累误差是指每一次操作都产生一定的误差，经过积累，误差会越来越大。一般步进电机的精度为实际步距角的 3% ~5%，且不积累，这会大幅提高步进电机定位的精确性。

（2）额定电压

步进电机与其他电机不同，其标称额定电压和额定电流只是参考值。步进电机是以脉冲方式供电的，额定电压是其最高电压，而不是平均电压，因此，步进电机可以超出其额定值范围工作。但选择时不应偏离额定值太远。

（3）步进电机外表允许的最高温度

步进电机温度过高首先会使其磁性材料退磁，从而导致转矩下降乃至于失步，因此其外表允许的最高温度应取决于不同磁性材料的退磁点；一般来讲，磁性材料的退磁点都在130℃以上，有的甚至高达200℃以上，因此步进电机外表的温度在80～90℃之间完全正常。

（4）步进电机的转矩特性

步进电机的转矩会随转速的升高而下降。当步进电机转动时，电机各相绕组的电感将形成一个反向电动势，频率越高，反向电动势越大。在它的作用下，电机随频率（或速度）的增大而相电流减小，从而导致转矩下降。

步进电机低速时可以正常运转，但若高于一定速度就无法起动，并伴有啸叫声。

步进电机有一个技术参数：空载起动频率，即步进电机在空载情况下能够正常起动的脉冲频率，如果脉冲频率高于该值，电机将不能正常起动，可能发生失步或堵转。在有负载的情况下，起动频率应更低。如果要使电机达到高速转动，脉冲频率应该有加速过程，即起动频率较低，然后按一定加速度升到所希望的高频（电机转速从低速升到高速）。

3. 常用步进电机

步进电机是一种控制用的特种电机，广泛用于各种开环控制。目前常用的步进电机种类见表8-1。

表8-1　常用的步进电机

名　称	特　点	应用领域
反应式步进电机（VR）	反应式步进电机是一种传统的步进电机，磁性转子铁心通过与由定子产生的脉冲电磁场相互作用而发生转动 反应式步进电机的工作原理比较简单，其转子上均匀分布着很多小齿，定子齿有三个励磁绕组，其几何轴线依次分别与转子齿轴线错开。电机在一定时间内转子转动所到达的位置由导电次数（脉冲数）决定。而方向由导电顺序决定。市场上一般以二、三、四、五相的反应式步进电机居多 它可实现大转矩输出，步距角一般为1.5°，但噪声和振动较大	永磁式步进电机主要应用于计算机外部设备、摄影系统、光电组合装置、阀门控制、银行终端、数控机床、自动绕线机、电子钟表及医疗设备等领域中 反应式和混合式步进电机的应用见本书《资料》
永磁式步进电机（PM）	有转子和定子两部分。定子是线圈，转子是永磁铁，或定子是永磁铁，转子是线圈。一般为两相，体积和转矩都较小，步距角一般为7.5°或15°	
混合式步进电机（HB）	混合了永磁式和反应式的优点。分为两相、三相和五相：两相步距角一般为1.8°，五相步进角一般为0.72°，混合式步进电机随着相数（通电绕组数）的增加，步距角减小，精度提高，这种步进电机应用得最为广泛	

8.2　步进电机的参数

1. 步进电机固有步距角

控制系统每发出一个脉冲信号，它就驱动步进电机按设定的方向转动一个固定的角度，该角度叫作步距角。电机出厂时给出了一个步距角的值，如86BYG250A型电机给出的值为0.9°/1.8°（表示半步工作时为0.9°，即半步角为0.9°；整步工作时为1.8°，即整步角为1.8°），这个步距角可以称为步进电机固有步距角。当采用了细分驱动器来驱动步进电机时，步进电机的步距角由细分驱动器决定。

2. 相数

相数是指电机内部的线圈组数，目前常用的有两相、三相、四相、五相步进电机。电机相数不同，其步距角也不同，一般两相电机的步距角为0.9°/1.8°、三相的为0.75°/1.5°、五相的为0.36°/0.72°。在没有细分驱动器时，用户主要靠选择不同相数的步进电机来满足自己对步距角的要求。如果使用细分驱动器，则“相数”将变得没有意义，用户只需在驱动器上改变细分数就可以改变步距角。

注意：所谓半步工作和整步工作，下面以四相步进电机为例进行说明，设四相为A、B、C、D，电机的运行方式如下：

1）四相4拍——当按“A→B→C→D→A……”的顺序循环给每一相加电时，步进电机一步一步地正转（正转、反转是相对的）；若按“D→C→B→A→D……”的顺序循环给每一相加电，则步进电机一步一步地反转。四相4拍的运行方式下，每一个脉冲使步进电机转过一个整步角，这就是整步运行方式。四相4拍还可以按“AB→BC→CD→DA→AB……”的方式加电。

2）四相8拍——当按“A→AB→B→BC→C→CD→D→DA→A……”的方式循环给步进电机加电时，即在四相8拍运行方式下，每一个脉冲使步进电机转过半个步距角，这就是半步运行方式。

3. 保持转矩

保持转矩是指步进电机通电但没有转动时，定子锁住转子的转矩。它是步进电机最重要的参数之一，通常步进电机在低速时的转矩接近保持转矩。由于步进电机的输出转矩随速度的增大而不断衰减，输出功率也随速度的增大而变化，所以保持转矩就成为衡量步进电机最重要的参数之一。例如，当人们说2N·m的步进电机，在没有特殊说明的情况下是指保持转矩为2N·m的步进电机。

4. 定位转矩

定位转矩是指步进电机没有通电的情况下，定子锁住转子的转矩。由于反应式步进电机的转子不是永磁材料，所以它没有定位转矩。

8.3　步进电机的驱动及精确定位系统示例

现以职业院校技能大赛中的单片机实训平台的步进电机模块为例进行介绍。在实际应用中可参考、模仿该设施的硬件系统。

8.3.1　步进电机及驱动器

1. 步进电机

采用两相永磁感应式步进电机，步距角为1.8°，工作电流为1.5A，电阻为1.1Ω，电感为2.2mH，保持转矩为2.1kgf·cm，定位转矩为180gf·cm。

2. 步进电机驱动器

驱动器为SJ-23M2，具有高频斩波、恒流驱动、抗干扰性高、5级步距角细分、输出电流可调的优点，供电电压为24~40V，如图8-1所示。

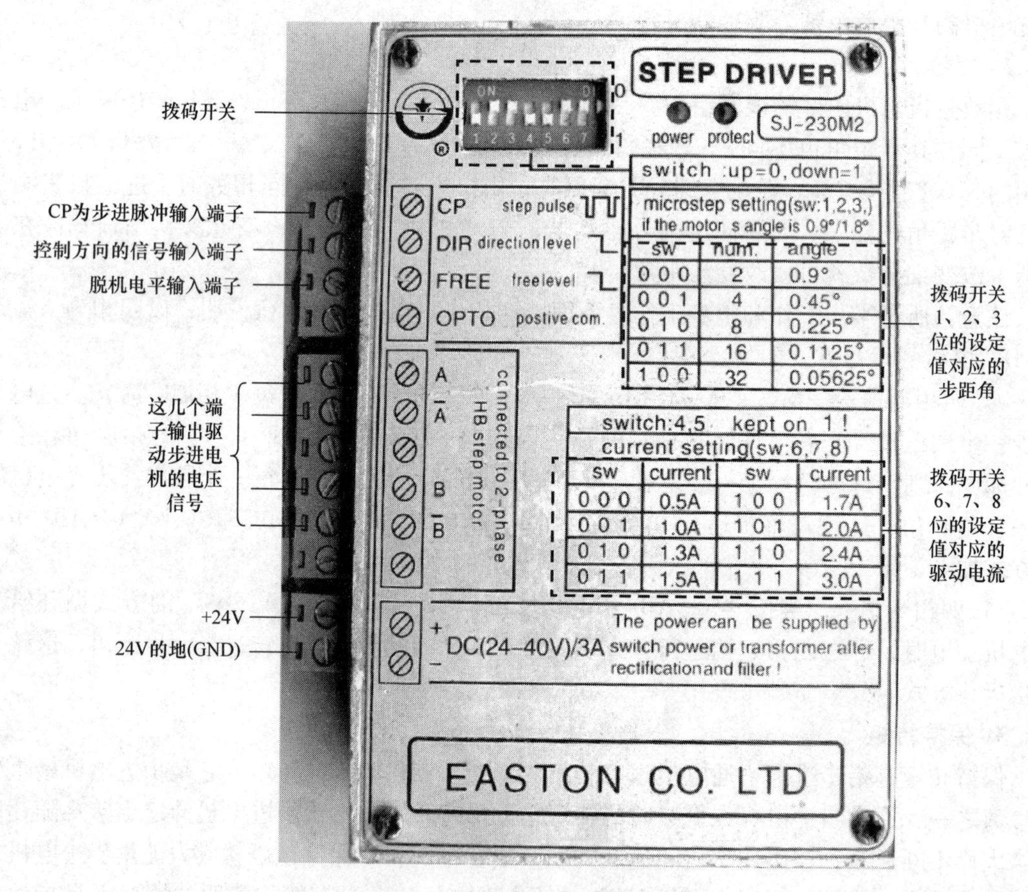

图8-1　步进电机驱动器

驱动器可通过拨码开关来调节细分数和相电流。拨码开关拨向上为0，向下为1。拨码开关的1、2、3位用于调节步距角，拨码开关设定的每一个值对应着一个步距角（共有0.9°、0.45°、0.225°、0.1125°、0.0625°五种）。在允许的情况下，应尽量选高的细分数，即小的步距角，以获得更精准的定位。拨码开关的4、5位固定为1，6、7、8位用于调节驱动电流。做实验时可设为最小的驱动电流（1.7A），因为负载较小。

步进电机驱动器的端子说明如下：

1）CP：由单片机输出步进脉冲传到CP，用于驱动步进电机的运行。每一个步进脉冲使步进电机转动一个步距角。该驱动器要求CP脉冲是负脉冲，即低电平有效，脉冲宽度

（即低电平的持续时间）不小于5μs。脉冲的频率越高，电机转动越快。

2）DIR：方向控制。DIR取高电平或低电平，改变电平就改变了步进电机的旋转方向。注意：改变DIR电平，必须在步进电机停止后且在两个CP脉冲之间进行。

3）FREE：脱机电平。若FREE=1或悬空则步进电机处于锁定或运行状态；若FREE=0，则步进电机处于脱机无力状态（此时用手能够转轴）。

4）A、$\overline{A}$、B、$\overline{B}$为驱动器输出的用于驱动步进电机运行的电压信号。

8.3.2　步进电机的位移装置及保护装置

步进电机的位移机构及保护装置的整体见图8-5。

1. 位移机构

步进电机转轴上设有带轮，步进电机转动时，带轮转动，拖动传送带（皮带）运动。有游标固定在传送带上。另设有150mm的标尺，因此电机运行时，游标会在标尺上移动。通过编程控制步进电机的运行，可以实现标尺的精确定位，这一特点可以用于模拟很多传动机构的运行。

2. 左右限位、超程保护装置

左右限位、超程保护装置采用了槽式光耦传感器（又称光遮断器），如图8-2所示。其工作原理是，当没有物体进入槽内，传感器内的红外发光二极管发出的红外光没有被挡住，光电晶体管饱和导通，传感器的输出端（LL端子）输出低电平；当有物体进入槽内，传感器内的红外发光二极管发出的红外光被挡住，光电晶体管截止，传感器LL端输出高电平。

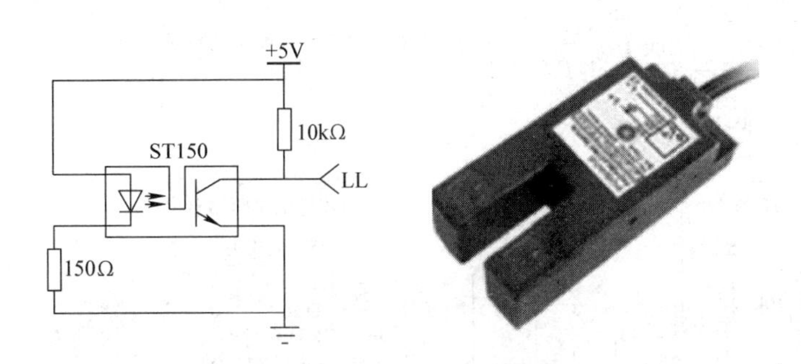

图8-2　槽式光耦传感器

在位移机构的左限位处设有两个槽式光耦传感器：一个用于通过编程的方式来限位（限制不能再向左移动）；另一个用于超程保护（即编程方式限位失败后，可通过硬件发生动作来切断供电以进行保护）。在右限位处也是这样。

（1）编程限位

在传送带上除固定有游标外，还固定有一个遮光片。当游标向左移动时，遮光片向右运动。当游标运动到标尺0刻度时，遮光片就已接近右限位保护装置（即槽式光耦传感器）了。当遮光片再向右移动进入右限位光耦传感器时，传感器输出高电平，编程时通过检测该电平，终止步进电机的驱动脉冲，就能使步进电机停止。左限位的方法也是这样。限位光耦传感器的电路原理图如图8-3所示。

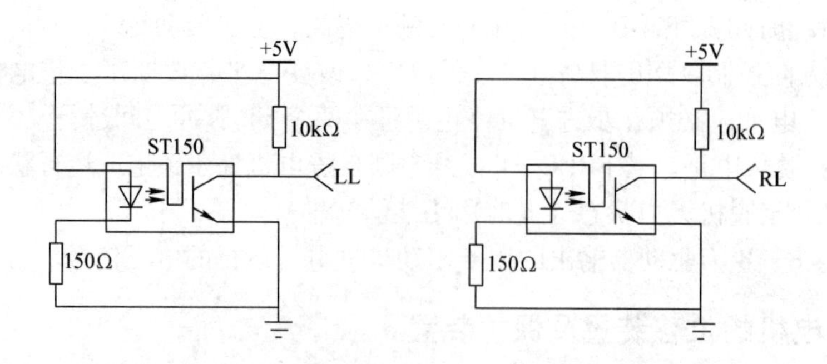

图 8-3　左、右限位光耦传感器的电路原理图（是一样的）

（2）超程保护

如果编程不当导致限位失败后，遮光片会继续沿原来的方向移动，会进入超程保护光耦传感器，此时传感器会输出高电平，通过晶体管驱动继电器动作，切断给步进电机驱动器的 +24V 供电，从硬件上保证电机能立即停止，以实现超程保护，原理如图 8-4 所示。

3. 多圈电位器

步进电机转动时，会带动多圈电位也随着转动。当给多圈电位器加上电压时，步进电机转动时多圈电位器的输出端电压会变化，该电压与游标移动的距离有非常近似的线性关系。

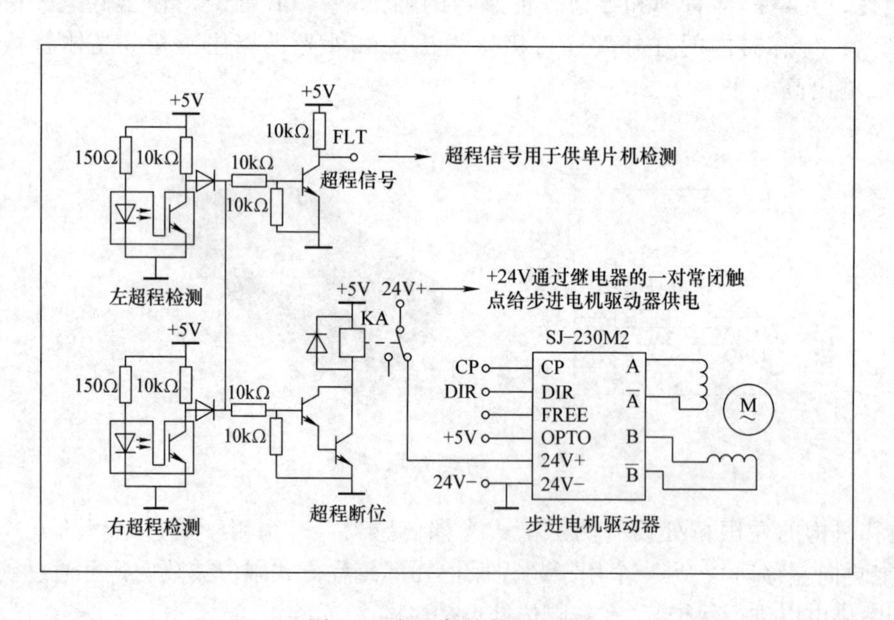

图 8-4　超程保护的原理图

8.4　单片机实训台的典型步进电机模块

YL－236 单片机实训台的步进电机模块如图 8-5 所示。

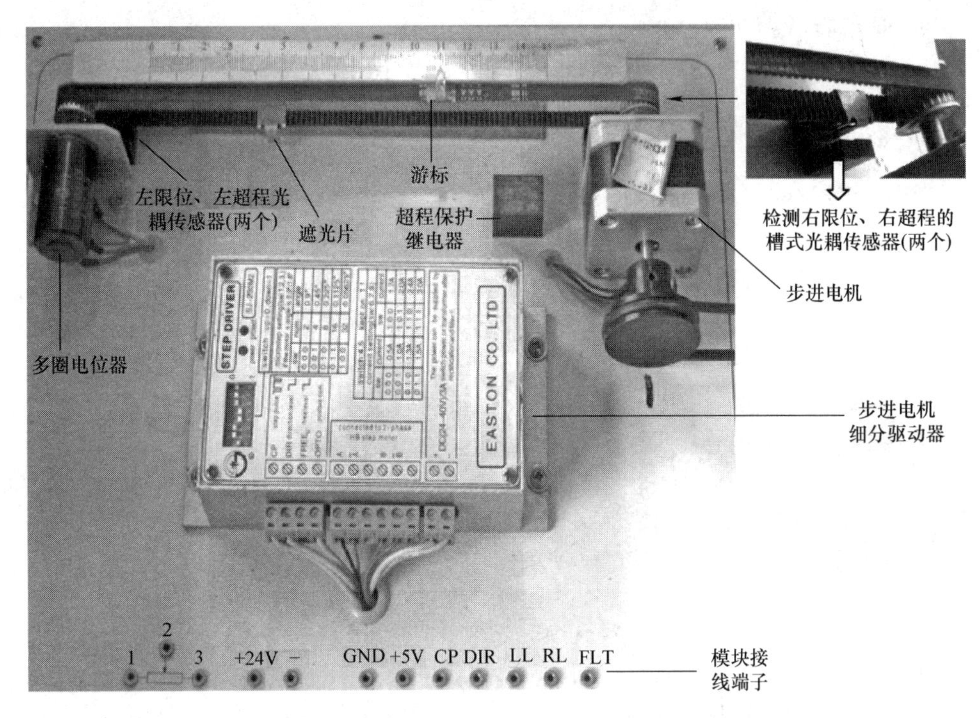

图 8-5　YL－236 单片机实训台的步进电机模块

8.5　步进电机的控制示例

8.5.1　步进电机模块游标的归零

1. 思路

上电后游标向左运动，遮光片向右运动，当右限位检测到遮光片时（即 RL 为高电平时），游标肯定已移动到 0 刻度的左边了。这时使步进电机停止，再给步进电机 838 个脉冲，并改变步进电机的旋转方向，游标向右运动，当步进电机走完 838 步时，即可到达 0 刻度。

注意：步进电机驱动器如果采用不同的细分，产生的步距角是不一样的。该示例采用的细分是“011”，对应的步距角为 0.1125°，在此条件下试验得出，当遮光片到达右限位后，游标归 0 需要的脉冲是 838 个。当驱动器采用不同的细分时，需要的脉冲数值会按倍数变化（例如，当采用“100”时，步距角为 0.05625°，游标从右限位处走到 0 刻度所需的脉冲为 838 ×2 个）。不同设备的脉冲值有差异，可在调试过程中自行修正。

2. 程序代码示例

```
#include <reg52.h>
#define uint unsigned int
#define uchar unsigned char
sbit mc = P2^0;                    //单片机输出脉冲的端口
sbit fx = P2^1;                    //单片机输出控制电机方向的端口
sbit you = P2^3;                   //右限位信号由该端口输入单片机
```

```
        void delay(uint z) {
            while(z--);
        }
        void gui0()
        {
            uint i;
            while(you==0)  /* you==0 也就是还没检测到右限位信号。循环执行第 17 ~ 19 行的语
                              句，电机运行，直到 you==1 时跳出，电机停止 */
14 行       {
15 行           fx=1;
16 行           mc=0;delay(10);          //给一个低电平，延时。这是一个步进脉冲
17 行           mc=1;delay(10);          //给一个高电平，延时。延时的时间可以修改
            }
            delay(100);                  //跳出 while 语句后电机停止，适当延时
20 行       fx=0;                        //改变方向
            for(i=0;i<838;i++)           /* 循环执行 838 次，即给步进电机驱动器 838 个脉冲，使游
                                            标运动到 0 刻度处 */
            {
                mc=0; delay(10);
                mc=1;delay(10);
            }
        }
        void main()
        {
            gui0();
        }
```

说明： 这种用延时函数产生脉冲的方式会占用单片机的资源，在综合项目里，步进电机的运行会干扰其他器件的运行。因此最好用定时器来控制脉冲的产生，下面的任务中就采用了定时器来产生脉冲。

8.5.2 步进电机的定位

1. 任务书

利用 YL-236 实训台的步进电机模块，实现游标从任意位置归 0（即停在 0 刻度）并在 0 刻度停 3s，再移动到 5cm 处并停 3s，再移动到 10cm 处。

2. 思路

首先要测量不同细分数时游标移动 1mm 所需的脉冲。其方法为，在没上电时（步进电机处于脱机状态），手动旋转转轴使游标归 0，再编程，随意地给步进电机加 1000 个、2000 个或 5000 个脉冲，观察步进电机会停止在什么位置（设停在 X 毫米处）。再用脉冲的个数除以 X 就可以得到每毫米所需的脉冲个数。经实验得出，当设置驱动器采用最小步距角时，每毫米所需的脉冲个数为 137 或 138 个。不同的设备有所差异，可自行修正。

3. 程序代码示例

```
    #include < reg52. h >
    #define uint unsigned int
    #define uchar unsigned char
    sbit cp = P1^0;                    //单片机输出步进脉冲的端口
    sbit dir = P1^1;                   //输出方向信号端口
    sbit you = P1^2;                   //单片机检测右限位信号的端口
    uint mbmc;                         //要使游标到达某刻度处（目的地），需加的脉冲个数的2倍
    void delayms (uint z);             //1ms 延时函数，前面已多次介绍，内容略
    void init ()                       //定时器0初始化
    {
        TMOD = 0x01;
        TH0 = (65536 - 111)/256;  //每计111个数产生一次定时中断（控制脉冲）的初值
        TL0 = (65536 - 111)%256;
        EA = ET0 = 1;
    }
    void gui0()                        // 归零函数。采用定时器控制脉冲
    {
18行          do                       /* 本行与第24行构成do {} while () 语句，也可以采用while
                                          () {} 语句*/
              {
                 mbmc = 30000;         /* 由于游标从最大刻度移到0需要（138×150 = 20700）个脉
冲，所以将目标脉冲赋为30000，定能使游标从任意位置移到右限位处，也可以赋其他值*/
21行          dir = 1;                 //单片机输出控制方向的电平
             TR0 = 1;                  /* 启动T0,T0每产生一次中断使CP取反一次,这样产生驱动脉
                                          冲*/
          }
24行      while(you = =0);    /* you = =0说明遮光片还没有到达右限位处。程序停在这里。这一行与
第18行构成do {} while () 语句，意思是先执行do {} 内语句，再判断while () 内的条件。若条件成
立，程序就停在while () 这里（循环）。但定时器T0仍在后台工作（使CP定时取反），有脉冲送给步进
电机，因此电机在不断运行。当条件不成立即you = =1（到达右限位）时则退出，执行后续语句*/
        TR0 = 0;                       /* 关定时器，不产生脉冲，使电机停止。注意：电机反转之前
                                          需停止片刻*/
        mbmc = 3630;                   /* 本示例采用0.05625°步距角的细分。遮光片到达右限位处
时，游标从所处的位置移动到0刻度所需的脉冲为1815个（指低电平）。高、低电平的总数为3630*/
        dir = 0;                       //改变电机运行方向，以实现归零
        TR0 = 1;                       //开启定时器T0
        while(mbmc! =0); /* T0中断处理函数内，CP每一次取反（产生一个高电平或低电平），
mbmc自减一次，当减为0时，游标已到达0刻度，退出while () */
    }
    void gui5()          //游标从0移动到5mm处的函数
     {
       mbmc = 13800; //游标从0刻度移到5cm刻度处所需的脉冲（低电平）个数的2倍
       do
```

```
    {
        dir = 0;
        TR0 = 1;
    }
    while(mbmc! =0);               /*当mbmc=0即到达5mm刻度处时，退出while()，执
                                     行后续语句*/
    TR0 = 0;                       //停止T0，无脉冲发出，步进电机停止
}
void gui10()                       //到达10mm刻度处。换用while语句来写
{
    mbmc = 13800;                  /*游标从5mm刻度移动到10mm刻度所需脉冲（低电平）
                                     个数的2倍*/
    while(mbmc! =0);               /*当mbmc减小到0时，游标到达10mm处，退出while()
                                     循环*/
    {
        TR0 = 1;   //启动T0
        dir = 0;
    }
    TR0 = 0;
}
void main()
{
    init();
        gui0();delay(3000);        //归0，延时3s
        gui5();delay(3000);        //归5，延时3s
        gui10();                   //归10;
        while(1);                  //加while循环,程序停在这里。步进电机标尺停在10cm处
}
void time() interrupt 1  /*定时器T0中断服务函数，用于产生脉冲，并对已经产生（施加）到
                           电机的脉冲个数计数*/
{
    TH0 = (65536 - 111)/256;
    TL0 = (65536 - 111)%256;
    if(mbmc! =0){cp = ~cp;mbmc - -;}
    if(mbmc = =0)TR0 =0;  //当mbmc减为0时，关T0
}
```

总结：驱动步进电机的关键是掌握归零和精确定位的方法。脉冲的个数必须根据示例中的数据结合具体的设备进行修正。

步进电机可结合按键、显示、直流电机等进行综合应用。

【复习训练题】

任务一：矩阵键盘、步进电机、数码管的综合应用。

利用图8-5所示的步进电机模块，实现步进电机归零后，矩阵按键按下后，键值显示在数码管上，标尺指针移到键值的数值（单位为cm）相应的位置。

任务二：自动流水线系统。

1. 任务要求

1）请仔细阅读并理解模拟自动流水线系统的控制要求和有关说明，根据理解选择所需要的控制模块和元器件。

2）请合理摆放模块，并连接模拟自动流水线系统的电路。

3）请编写模拟自动流水线系统的控制程序，存放在D盘中以工位号命名的文件夹内。

4）请调试编写的程序，检测和调整有关元器件设置，完成模拟自动流水线系统的整体调试，使该系统能实现规定的控制要求，并将相关程序烧入单片机中。

2. 模拟自动流水线系统描述及有关说明

（1）模拟自动流水线

使用MCU09步进电机控制模块中的步进电机作为模拟自动流水线的动力，MCU09步进电机控制模块中的标尺机构作为控制对象，模拟自动流水线，当步进电机转动时，标尺指针可以联动。

步进电机可以高速转动（32细分，3cm/s），也可以低速转动（32细分，1cm/s），可以实现正反转。

标尺刻度数字1的位置为工位1，刻度数字3的位置为工位2，刻度数字12的位置为工位3，刻度数字14的位置为工位4。标尺指针停在工位的误差在±2mm以内。

在模拟自动流水线中，标尺指针模拟待加工工件的运载器，可以与工件一起从工位1逐步移到工位4，并且可以在某工位停留，此时系统加工工件。

标尺机构必须通过硬件进行保护：当标尺指针移动到左、右限位时，电路自动切断MCU09步进电机控制模块的24V电源回路，不依赖系统软件。

（2）操作面板

1）键盘和输入开关：

① 键盘：4个独立按键分别为“设置”键、“+”键、“切换”键、“确认”键。

② 钮子开关：SA1为电源开关，打到上面为“开电源”，打到下面为“关电源”；SA2打到上面为“启动”自动流水线，打到下面为“暂停”自动流水线。

2）显示：系统采用TG12864显示有关信息，显示字体为宋体12（宋体小四号），此字体下对应的汉字点阵为宽×高=16×16；数字、字符的点阵为宽×高=8×16。

LED0亮表示电源已打开。LED1指示自动流水线工作状态：若自动流水线未启动，LED1熄灭；若自动流水线暂停，LED1半亮（驱动信号为1kHz，占空比为90%）；若自动流水线工作中，LED1为最大亮度。

① 开机界面：系统上电后，LED0、LED1熄灭，TG12864清屏，“开电源”后，LED0亮，“请等待!”左滚入显示屏最上一行：开始“!”出现在最左边，以后每0.2s向右滚入（或滚动）一个字，直至居中显示“请等待!”。蜂鸣器响1s后，液晶显示器在最上一行居中显示“请按设置键!”，等待按下设置键，系统进入设置界面。

② 设置界面：在TG12864的第二行显示“预置工件数：XX个”，XX为阴文（黑底白字）显示；在第三行显示“预置时间：TT秒”。其中XX为预置工件数，TT为预置工件在

工位 1、2、3、4 的加工（停留）时间（s）。TG12864 的第一、四行无显示。

XX 的范围为 01 ~ 99，默认值为 01；TT 的范围为 01 ~ 19，默认值为 01。当输入数据大于最大值，自动变为最小值。

若按下“+”键短于 1s 就弹起，该参数加 1；若连按“+”键达 1s，该参数加 10，以后每 0.5s 加 10，直至按键弹起。

按下“切换”键，可以切换被修改的参数，当某参数处于被修改状态时，该参数以阴文显示。

按下“确认”键后，XX、TT 均以阳文（白底黑字）显示，数据确认，“+”键无效；若再次按下“设置”键，某参数又以阴文显示，可以修改数据。

数据确认后，若 SA2 打到上面，启动自动流水线。

③ 运行界面：当启动自动流水线后，LED1 亮，在 TG12864 的第二行显示“剩余工件数：XX 个”，在第三行显示“加工倒计时：TT 秒”。其中 XX 为剩余工件数，TT 为工件在某工位加工倒计时值；若工件离开该工位，TT 不显示。

XX、TT 均要求隐去首位零。

3. 系统控制要求

（1）初始设置

初始状态设置：系统上电前，请手动将标尺指针调整到刻度数字 1 处（工位 1）；将钮子开关 SA2 打到下面；系统上电后，“开电源”，显示开机界面后，按下设置键，进入设置界面，请先设置 XX 为 02，TT 为 03，再启动自动流水线，显示运行界面。

（2）系统运行

1）标尺指针在工位 1，开始倒计时，直到倒计时完成。

2）标尺指针低速移到工位 2，开始倒计时，直到倒计时完成。

3）标尺指针高速移到工位 3，开始倒计时，直到倒计时完成。

4）标尺指针低速移到工位 4，开始倒计时，直到倒计时完成，该工件全部加工工序完成，自动进入仓库，剩余工件数减 1。

5）标尺指针高速移到工位 1，恢复初始化位置，准备下一工件的加工。

6）重复 1）~5)，标尺指针在工位 1 停止后，若剩余工件数已经为 0，则蜂鸣器响 1s，系统等待按下“设置”键后，进入设置界面。

（3）暂停

在自动流水线运行过程中，将钮子开关 SA2 打到下面，流水线立即暂停，LED1 半亮，标尺暂停移动，倒计时暂停，等待再次启动自动流水线后，按照原速度移动，倒计时恢复，LED1 为最大亮度。

第9章　DS18B20温度传感器及智能换气扇

【本章导读】

本章涉及数字温度传感器DS18B20、LCD1602、按键、电动机等的综合应用。通过本章的学习，可以掌握数字温度传感器DS18B20的使用方法，进一步提高解决综合性问题的编程能力，并能提高学习自信心和学习兴趣。

【学习目标】

1）掌握DS18B20温度传感器接入单片机控制系统的方法。
2）掌握DS18B20的编程方法。
3）提高搭建单片机控制系统硬件系统的能力。
4）提高完成综合性项目的编程能力。

【学习方法建议】

对于DS18B20的内部结构、读写时序只要求大致了解，注重学会例程的套用，这样可节省时间。由于综合性项目涉及多个模块，关键是要处理好整体与局部的关系，以及局部与局部的关系（也就是各个模块（子函数）之间的联系），建立正确的思路框架。

9.1　智能换气扇任务书

智能换气扇可以根据室内温度自动控制风扇电动机的运行。它设有手动和自动两种模式。

1. 控制功能说明

智能换气扇控制部分由输入按键部分、显示部分、输出部分组成。

1）输入按键部分：使用7个按键，分别是电源、手动/自动、+、-、进风/出风、开、关，用于对运行状态和参数的设定。它们的功能见表9-1。

表9-1　智能换气扇按键的功能说明

按　键　名	功　　能
电源	控制控制器的工作与停止
手动/自动	用于设定工作模式是自动模式还是手动模式
+、-	用于设定温度时设定值的加或减
进风/出风	用于设定手动模式下换气扇的进风和出风选择
开、关	用于手动模式下直接控制风扇电动机的起动和停止

2）显示部分：使用LCD1602显示工作状态。上电后，在待机状态显示欢迎信息“welcome!”，按下电源键，正常工作时，第 1 行显示工作模式“Mod：main/auto” 和 “Fan：in/out”。main 为手动，auto 为自动，in 为进风，out 为出风。第 2 行显示设定温度和实际温度，格式是，正常工作时显示 Test + 空格 +2 位温度值，设定时显示 Set + 空格 +2 位温度值。

使用 LED 实现电源指示，电源开时，LED 点亮，电源关时，LED 熄灭。

3）输出部分：驱动交流电动机或直流电动机。

2. 初始状态

通电后，在待机状态。LCD1602 第 1 行显示“welcome！”（欢迎），第 2 行显示“Press Power Key”（请按电源键），电源指示 LED 熄灭，风扇电动机停止转动。

3. 工作要求

1）按下电源键，电源指示 LED 点亮。控制器工作在自动模式，LCD1602 显示预先设定的参数并按参数运行。第 1 行显示“Mod：auto Fan：out”，第 2 行显示“Test： * * Set：24”，如果再按下电源键，则回到待机状态，LCD1602 显示欢迎信息。

自动模式（auto）的功能是将温度传感器实测的室内温度与设定的温度相比较，当实测的室内温度高于设定温度 2℃时自动启动换气扇并出风；当实测室内温室低于设定温度时换气扇电动机停止运行，Fan 的状态显示“off”；当实测温度达 50℃以上或为负值时，自动停止风扇电动机，Fan 的状态显示“off”。

2）参数设置：要改变工作方式或改变设定的温度，必须重新设置参数。只有在电源键按下开启电源后，其他按键才生效。

① 工作模式切换：按下“手动/自动”键一次，工作模式发生一次变化。液晶屏上的“Mod：”后的内容相应地改变。手动模式下，换气扇的运行与温度无关，直接由按键控制。按下“开”或“关”，起动或停止风扇电动机的运行，按下进风或出风改变风扇电动机的运转方向。

② 改变设定的温度。按下“+”一次，可使原先设定的温度值加 1 或减 1，液晶屏上对应的“Set：”后显示当前设定的温度值。当温度设定温度超过 38℃时，限制设定温度为 38℃。当设定温度低于 1℃时，限定设定温度为 1℃。

③ 设置进风、出风方式。只有在手动模式下，按下“进风/出风”键才生效，按该键一次，可使“进风”改为“出风”，或由“出风”改为“进风”。液晶屏上对应位置“Fan：”的后面显示相应的进、出风方式（in 或 out）。

④ 开关换气风扇电动机：只有在手动模式下，按下“开”“关”键才起作用，屏上对应位置“Fan：”的后面显示相应电动机的状态，即当电动机停止时显示“off”，运行且进风时显示“in”，运行且出风时显示“out”。

9.2 智能换气扇实现思路

1. 智能换气扇硬件连接（见图 9-1）

采用 DS18B20 数字温度传感器检测室温，检测到的温度信息由 DS18B20 的 DQ 脚送入单片机的某个 I/O 口（P1.5 或其他 I/O 口），风扇一般由交流电动机驱动，驱动方法详见第 3 章表 3-1 中的原理图示和文字解说。

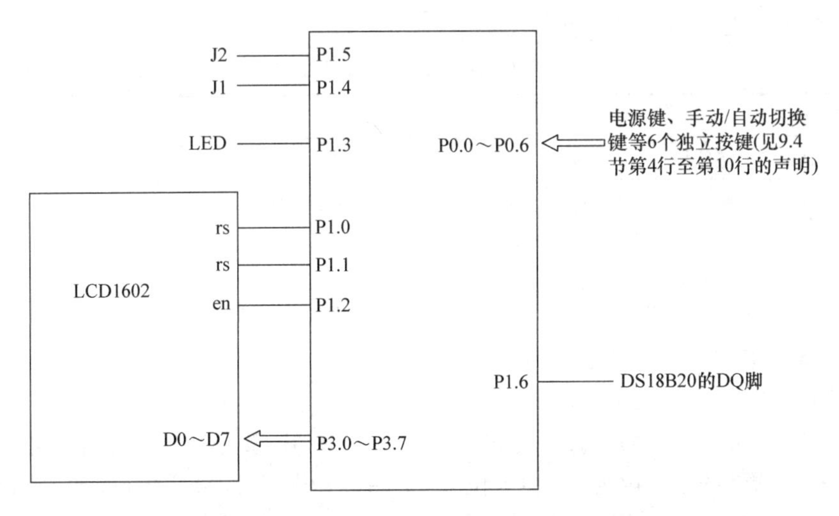

图 9-1　模拟智能换气扇的硬件连接示意图

2. 编程的基本思路

本项目的显示、电动机的动作状态较多，但都是受按键控制的，因此用一个按键检测函数来检测各按键是否按下，以及按键按下的次数，通过用若干个标志变量赋值来表示各按键是否按下，并用几个变量来记录按键按下的次数。这些标志变量的值对应着各个显示状态及电动机的动作状态。电动机的动作较简洁，所以可写在按键检测函数内。

用显示函数来显示各状态需要显示的内容，根据标志变量的值来写相应的显示内容。

9.3　DS18B20 温度传感器

9.3.1　DS18B20 简介

1. DS18B20 的引脚定义、封装

DS18B20 是美国 Dallas 公司生产的单总线数字温度传感器，具有体积小、结构简单、操作灵活等特点，封装形式多样，适用于各种狭小空间内设备的数字测温和控制。单总线数字温度传感器系列还有 DS1820、DS18S20、DS1822 等其他型号，它们的工作原理和特性基本相同。DS18B20 采用 TO－92、SO 或 μSOP 封装，如图 9-2 所示。

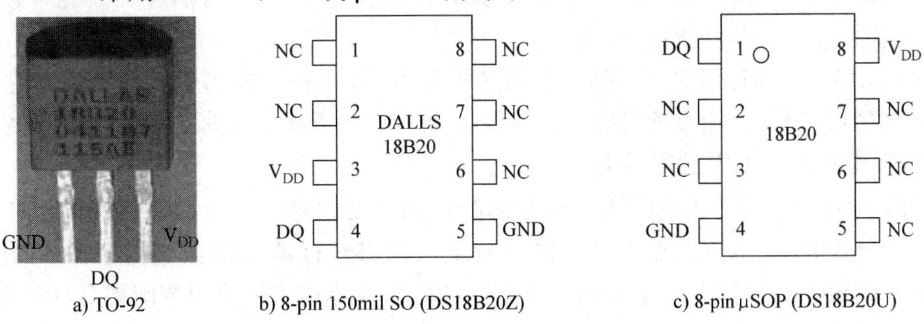

图 9-2　DS18B20 温度传感器的封装形式

DS18B20 各引脚的功能详见表 9-2。

表 9-2　DS18B20 引脚的功能

序　号	名　称	功　　能
1	GND	接地脚
2	DQ	数字信号（含对温度传感器输入的命令及将检测到的温度转化成数字信号）的输入/输出脚。单总线接口引脚。当 DS18B20 工作于寄生电源时，也可以由该脚向器件提供电源
3	V_{DD}	独立供电时接电源。当工作于寄生电源时，该引脚必须接地

2. DS18B20 的内部结构和基本特点

DS18B20 的内部结构如图 9-3 所示。

1）每个 DS18B20 芯片都具有唯一的一个 64 位光刻 ROM 编码：开始 8 位是产品类型编号，接着是每个器件的唯一序号（共 48 位），最后 8 位是前面 56 位的 CRC 校验码。因此，可以将多个 DS18B20 连在一根线上（单总线）以串行方式传送（根据 64 位 ROM 编码的不同可以将各个 DS18B20 区分开来）。

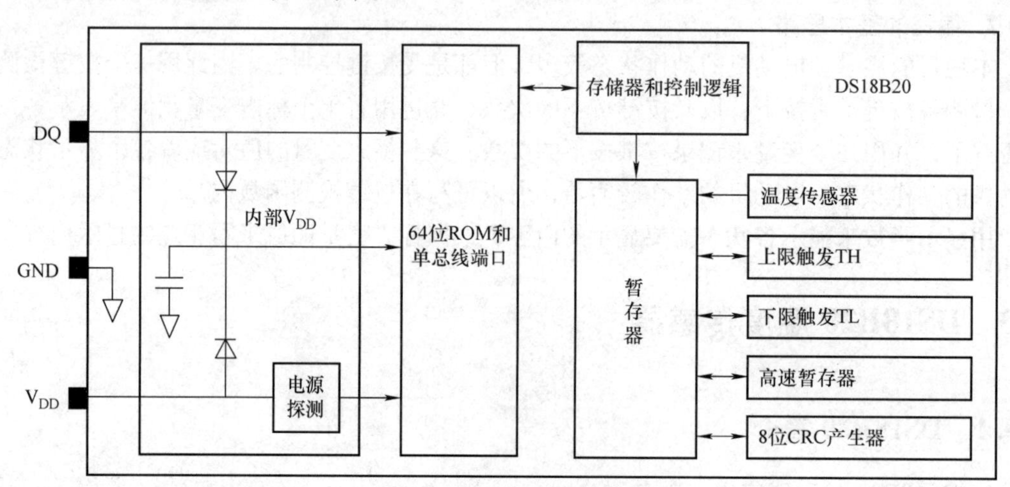

图 9-3　DS18B20 内部结构框图

2）温度报警触发器 TH 和 TL，可以通过软件写入报警上限和下限。DS18B20 完成温度转换后，就把测得的温度 T 与 RAM 中的 TL、TH 字节内容做比较。若 $T>TH$ 或 $T<TL$，则将该器件内的报警标志置位，并对主机发出的报警搜索命令做出响应。因此可以用多个 DS18B20 同时测量温度并进行报警搜索。

3）DS18B20 内部存储器还包括一个高速暂存 RAM 和一个非易失性的可电擦除的 EEPROM。高速暂存 RAM 共有 9 个字节，如图 9-4 所示。报警上、下限温度值和设定的分辨率存储在 EEPROM 内，掉电后不丢失。

① 前 2 个字节（字节 0 和字节 1）存储测得的温度信息。测量结果保存低字节（LSB）和高字节（MSB）。一条读取温度寄存器的命令可以将暂存器中的数值读出，读取数据时，低位在前，高位在后。数据是按补码的形式存储的，具体格式还要根据配置字（见第 5 个字节）的设定而定。

② 字节 2、3 是 TH 和 TL 的复制，是易失的，每次上电复位时被刷新。

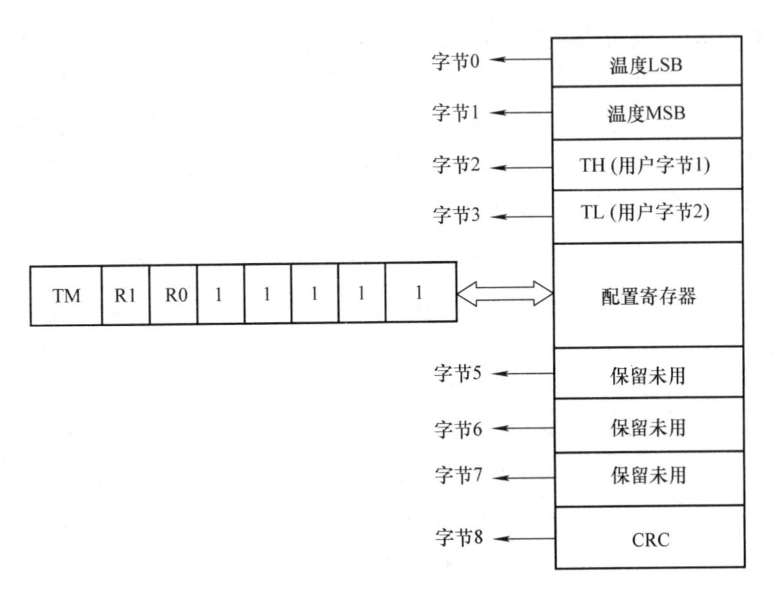

图 9-4　DS18B20 高速暂存字节定义

③ 字节 4 为配置寄存器，用于设定温度转换的分辨率。TM 为工作模式位，用户通过对该位设置可使器件工作在测试模式或工作模式（出厂时该位设置为 0，为工作模式）。R0、R1 用于编程时用软件方法设置转换的精度（含转换时间），详见表 9-3。

表 9-3　DS18B20 的转换精度和转换时间

R1	R2	分辨率/位	转换精度/℃	最大转换时间/ms
0	0	9	0. 5	93. 75
0	1	9	0. 25	187. 5
1	0	11	0. 125	375
1	1	12	0. 0625	750

④ 字节 5、6、7 保留未用（全部为逻辑 1）。

⑤ 字节 8 为读出前面所有 8 个字节的 CRC（Cyclic Redundancy Check，循环冗余校验）码（CRC 码是数据通信领域中最常用的一种差错校验码），用于检验数据，从而保证通信的正确性。

DS18B20 出厂时默认配置为 12 位分辨率，此时数据以 16 位符号扩展的二进制补码的形式存储，前 5 位是符号位。存储格式见表 9-4。

表 9-4　DS18B20 设置为 12 位分辨率时温度数据的存储格式

LSB	bit7	bit6	bit5	bit4	bit3	bit2	bit1	bit0
	2^3	2^2	2^1	2^0	2^{-1}	2^{-2}	2^{-3}	2^{-4}
MSB	bit15	bit14	bit13	bit12	bit11	bit10	bit9	bit8
	S	S	S	S	S	2^6	2^5	2^4

注意：表中的 S 为符号位（高 5 位）。LSB 的低 4 位为小数，LSB 的高 4 位、MSB 的低 3 位为整数位。若测得的温度大于 0，则前 5 位全为 0，只要将测得的两个字节的数值进行

合并，再乘以0.0625，就可得到实际的温度；若测得的温度小于0，则前5位全为1，测得的值合并后需要取反、加1再乘以0.0625，可得实测的温度值。例如，以+25.0625℃为例，MSB内的数是二进制1（转为十进制也是1），LSB内的数是二进制1001 0001（转为十进制是145），数字合并后为1×256+145=401，因此测得的温度值为401×256=25.0625。

一些特殊温度和DS18B20输出数据的对照关系见表9-5。

表9-5　一些特殊温度和DS18B20输出数据的对照关系

温度/℃	数据输出（二进制）	数据输出（十六进制）
+125	0000 0111 1101 0000	07D0H
+85	0000 0101 0101 0000	0550H
+25.0625	0000 0001 1001 0001	0191H
+9.125	0000 0000 1010 0010	00A2H
+0.5	0000 0000 0000 1000	0008h
0	0000 0000 0000 0000	0000H
-0.5	1111 1111 1111 1000	FFF8H
-9.125	1111 1111 0101 1110	FF5EH
-25.0625	1111 1110 0101 1111	FE6FH
-55	1111 1100 1001 0000	FC90H

3. DS18B20与单片机的连接

DS18B20的接口电路十分简单。DS18B20有3个引脚：V_{DD}、GND、DQ。其中，GND为接地脚；V_{DD}为供电脚，采用独立电源供电的方式（接3.0～5.5V电源）；DQ为读写脚，它可与单片机的任一I/O口相连，将检测到的温度信息输出、传送给单片机。单片机收到温度信息后可以根据温度信息进行显示（将温度显示在数码管、LED点阵、液晶屏显示器等上面）或驱动相关动作器件（如继电器、电动机等）动作。DS18B20温度传感器的控制典型应用电路（示例）如图9-5所示。

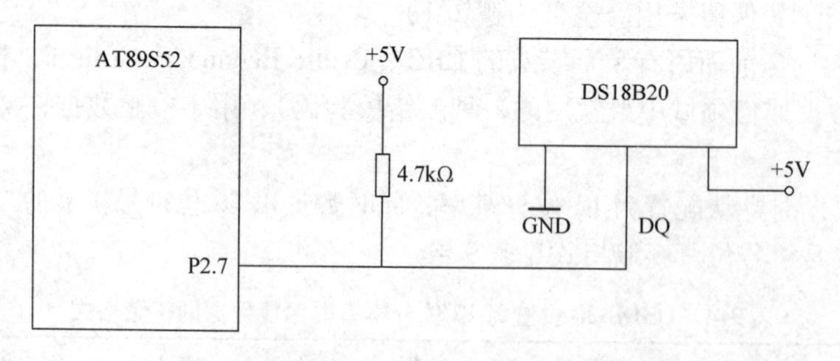

图9-5　DS18B20温度传感器的典型应用电路

9.3.2　DS18B20的控制方法

DS18B20采用的是单总线协议方式，即用一根数据线实现数据的双向传输，而对于51系列单片机来说，硬件上不支持单总线协议，因此必须用软件的方法模拟单总线的协议时序来实现对 DS18B20 芯片的访问。DS18B20 有严格的通信协议来保证数据传输的正确性和完整性。该协议定义了以下几种信号的时序：初始化时序、读时序、写时序。所有时序都是将主机作为主设备，将单总线器件作为从设备。

1. 初始化时序

1）DS18B20 单总线初始化步骤。单总线上的所有器件均以初始化开始。主机发出复位脉冲（即将总线 DQ 拉低 480 ~ 960μs），再等待（即将总线 DQ 拉高）15 ~ 60μs，然后判断从机是否有应答（即判断总线 DQ 是否为 0），为 0 则表示从机有应答（即从机发出持续 60 ~ 240μs 的存在脉冲，使主机确认从机已准备好）。初始化时序如图 9-6 所示。

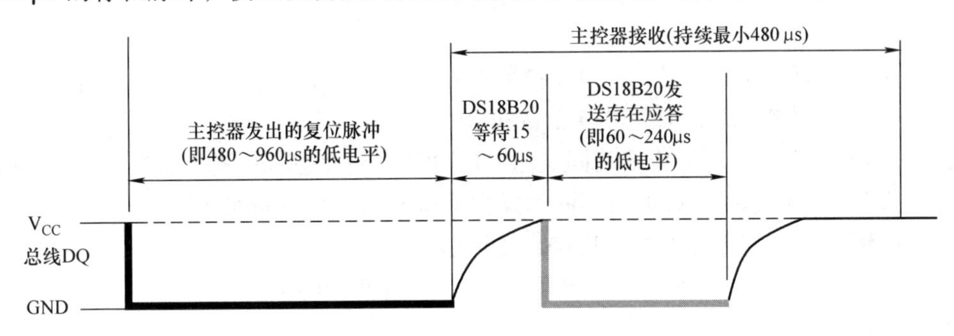

图 9-6　DS18B20 的初始化总线（启动）时序

2）DS18B20 初始化函数示例。详见 9.4 节的第 206 行。

2. 读 DS18B20 操作时序

1）读 DS18B20 操作时序如图 9-7 所示。

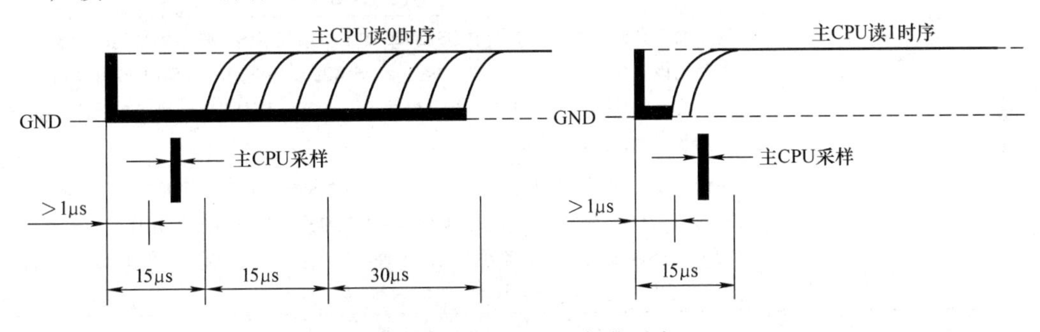

图 9-7　读 DS18B20 操作时序

读 DS18B20 的时序分别为读 0 时序和读 1 时序两个过程。读时序是从主机把单总线由高拉低（保持 1μs 以上）作为读开始，DS18B20 在拉低后 15μs 以内保持数据输出有效。因此必须在拉低持续 15μs 时就拉高单总线，接着读总线状态。读每一位的总持续时间不得少于 60μs。

2）读 DS18B20 测得的温度数据的函数。详见 9.4 节的第 224 行。

3. 写 DS18B20 操作时序

所谓写 DS18B20，就是将一些命令传给 DS18B20。

1）写 DS18B20 操作时序如图 9-8 所示。

① 主机对 DS18B20 写 0 时，将总线拉低 60 ~ 120μs，然后拉高 1μs 以上。

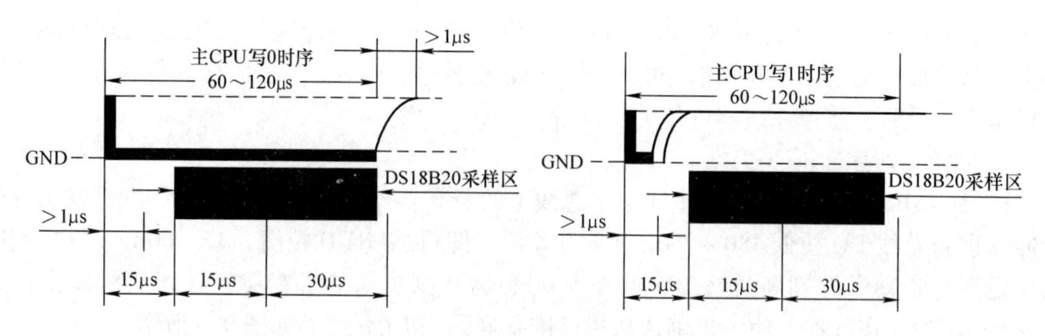

图 9-8　写 DS18B20 操作时序

② 主机对 DS18B20 写 1 时，将总线拉低 1～15μs，然后拉高，总时间在 60μs 以上。

2）写 DS18B20 的函数。详见 9.4 节的第 215 行。

总之，初始化、读、写操作的共同点是，DS18B20 在静态时总线必须为高电平，所有的读/写操作都是从拉低总线开始的，不同的操作保持的低电平时间间隙不一样。

4. 对从 DS18B20 读出的数据处理得出温度值

对从 DS18B20 读出的数据进行处理而得出实测温度，可用一个函数来实现，详见 9.4 节的第 236 行。

5. DS18B20 的 ROM 操作命令

DS18B20 的 ROM 操作命令详见表 9-6。

表 9-6　DS18B20 的 ROM 操作命令

序号	命令名称	命令代码	说　明
1	读取 ROM	0x33	这个命令允许总线控制器读取 DS18B20 的 8 位系统编码、唯一的系列号和 8 位 CRC 码。使用该命令时，只能在总线上接一个 DS18B20，否则多个 DS18B20 都将数据送到总线，会发生数据冲突。若需要在一根总线上接多个 DS18B20，则应在装机之前测出芯片的系列号，并记录备用
2	匹配 ROM	0x55	该命令后跟 64 位 ROM 序列，让总线控制器在总线上定位一个特定的 DS18B20。只有和 64 位 ROM 序列完全匹配的 DS18B20 才能响应随后的存储器操作。所有和 64 位 ROM 序列不匹配的从机都将等待复位脉冲。这条命令在总线上有单个或多个器件时都可以使用
3	跳过 ROM	0xCC	这条命令允许总线控制器不用提供 64 位 ROM 编码就使用存储器操作命令，可以节省时间。在单总线情况下，才能使用该命令
4	搜索 ROM	0xF0	当一个系统初次启动时，总线控制器并不知道单总线上有多个器件及它们的 64 位编码。该命令允许总线控制器用排除法识别总线上的所有从机的 64 位编码
5	报警搜索	0xEC	这条命令的流程和搜索 ROM 相同。然而，只有在最近一次测温后遇到符合报警条件的情况，DS18B20 才会响应这条命令。报警条件定义为温度高于 TH 或低于 TL。只要 DS18B20 不掉电，报警状态将一直保持，直到再一次测得的温度值达不到报警条件

6. 存储器操作命令

存储器操作命令详见表 9-7。

表 9-7　存储器操作命令

序号	命令名称	命令代码	说　明
1	写暂存器	0x4E	这个命令向 DS18B20 的暂存器 TH 和 TL 中写入数据。可以在任何时刻发出复位命令来中止写入
2	读暂存器	0xBE	这个命令读取暂存器的内容。读取将从第 1 个字节开始，一直进行下去，直到第 9（CRC）个字节读完。如果不想读完所有字节，控制器可以在任何时间发出复位命令来中止读取
3	复制暂存器	0x48	这个命令把暂存器的内容复制到 DS18B20 的 EEPROM 里，即把温度报警触发字节存入非易失性存储器里。如果总线控制器在这条命令之后跟着发出读时间隙（即将总线拉低 1～2μs，然后再拉高；拉高后再读总线状态），而此时 DS18B20 又忙于把暂存器复制到 EEPROM，DS18B20 就会输出一个 0，如果复制结束，DS18B20 则输出 1。如果使用寄生电源，总线控制器必须在这条命令发出后立即启动强上拉，并保持 9ms
4	启动转换	0x44	该命令启动一次温度转换。温度转换命令被执行，之后 DS18B20 保持等待状态。如果总线控制器在这条命令之后跟着发出读时间隙，而 DS18B20 又忙于做温度转换，则 DS18B20 将在总线上输出 0，若温度转换完成，则输出 1。如果使用寄生电源，总线控制必须在发出这条命令后立即启动强上拉，并保持 500ms 以上
5	调回暂存器	0xB8	这条命令与 0x48 相反，即把报警触发器里的值复制回暂存器。这种复制操作在 DS18B20 上电时自动执行，这样器件一上电，暂存器里马上就存在有效的数据了。若在这条命令发出之后发出读数据隙，器件会输出温度转换忙的标识：0 为忙，1 为完成
6	读电源	0xB4	若把这条命令发给 DS18B20 后发出读时间隙，器件会返回它的电源模式：0 为寄生电源，1 为外部电源

9.4　模拟智能换气扇的程序代码示例及讲解

程序代码由声明、主函数、定义三部分构成。

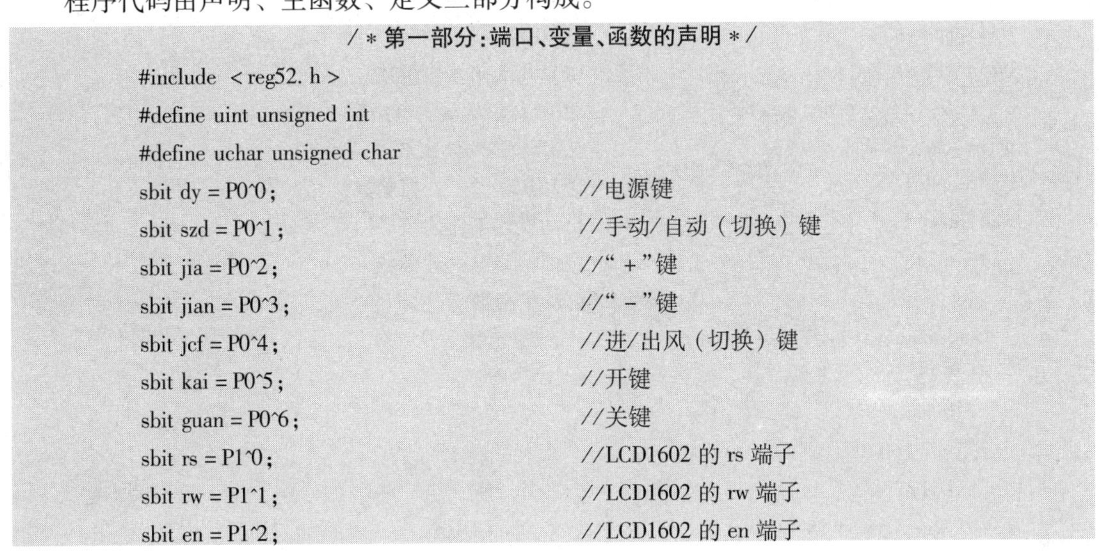

```
/*第一部分:端口、变量、函数的声明*/
#include <reg52.h>
#define uint unsigned int
#define uchar unsigned char
sbit dy = P0^0;                         //电源键
sbit szd = P0^1;                        //手动/自动（切换）键
sbit jia = P0^2;                        //"+"键
sbit jian = P0^3;                       //"-"键
sbit jcf = P0^4;                        //进/出风（切换）键
sbit kai = P0^5;                        //开键
sbit guan = P0^6;                       //关键
sbit rs = P1^0;                         //LCD1602 的 rs 端子
sbit rw = P1^1;                         //LCD1602 的 rw 端子
sbit en = P1^2;                         //LCD1602 的 en 端子
```

```
        sbit led = P1^3;                          //控制工作指示灯的端子
15 行   sbit J1 = P1^4;                           //控制电动机的端子
        sbit J2 = P1^5;
17 行   #define DJZZ {J1 = 1;J2 = 0;}             /* 宏定义，用 DJZZ 表示正转的语句 J1 = 1；J2 = 0；这容易记忆，并且在后续的编程中直接用宏名来代替语句，较为方便 */
        #define DJFZ { J2 = 1;J1 = 0 }            //宏定义，用 DJFZ 表示反转的语句 J2 = 1；J1 = 0
19 行   #define DJTZ {J1 = 0;J2 = 0;}             //用 DJTZ 表示电动机停止的语句 J1 = 0；J2 = 0
        sbit dq = P1^6;                           //温度传感器的读、写端子
21 行   uchar code sz0[ ] = "welcome!";           //欢迎
        uchar code sz1[ ] = "Press Power Key";    //请按下电源键
23 行   uchar code sz2[ ] = "Mod:main";           //手动
        uchar code sz3[ ] = "Mod:auto";           //自动
25 行   uchar code sz4[ ] = "Fan:in";             //进风
        uchar code sz5[ ] = "Fan:out";            //出风
27 行   uchar code sz6[ ] = "Fan:off";            //停止状态
        uchar code sz7[ ] = "Test:";              //实际温度
29 行   uchar code sz8[ ] = "Set:";               //设定温度
        uchar code sz9[ ] = "0123456789";
31 行   uchar numdy,numsz,numjc, numwd1 = 24;  /* numwd1 表示设定温度，numdy 记录电源键按下的次数，numsz 记录手动/自动键按下的次数，numjc 记录进/出风键按下的次数 */
32 行   uint numwd;  /* numwd 表示实测温度。在数据处理过程中，其值会超过 255，因此定义为 uint 型 */
        void delay(uint z);                       //毫秒级延时函数
        void delayws;                             //微秒级延时函数
        void busy_1602();                         //LCD1602 忙检测函数
        void write_com(uchar com);                //LCD1602 写命令函数
        void write_dat(uchar dat);                //LCD1602 写数据函数
38 行   void init_1602();                         //LCD1602 初始化函数
        void display();                           //LCD1602 显示函数
        bit init18b20();                          //DS18B20 初始化函数
        oid write_18b20(uchar com);               //对 DS18B20 写命令函数
        uchar read_18b20(void);                   //从 DS18B20 读出数据的函数
        void wendu();                             //DS18B20 温度处理函数
        void work();                              //自动模式工作函数
        void key();                               //按键检测与处理函数
                              /* 第二部分:主函数 */
          void main()                             //主函数
          {
             uchar i;
             init_1602();                         //初始化 LCD1602
             DJTZ                                 //电动机停止，不能加分号，见第 19 行的宏定义
             write_com(0x80 + 0x00);              //对 LCD1602 写进数据的起始显示位置
```

```
        for(i=0;i<8;i++)                      //welcome! 含 8 个字符,因此要写 8 次
        write_ dat (sz0 [i]);                 //显示"welcome!",见第 21 行数组定义
        write_ dat (0x20); write_ dat (0x20); //写 7 个空格
        write_ dat (0x20); write_ dat (0x20);
        write_ dat (0x20); write_ dat (0x20);
        write_ dat (0x20);
        write_ com (0x80+0x40);               //在 LCD1602 上写显示的地址
        for(i=0;i<15;i++) write_dat(sz1[i]);/*显示" Press Power Key",见第 22 行。共 13
                                               个字符及两个空格,因此要写 15 次*/
        while(1)
        {
            key();                            //对按键进行检测的函数
            wendu();                          /*对 DS18B20 测得的数据进行处理而得到实测温
                                                度的函数,见第 237 行*/
            work ();                          //自动模式的工作函数,见第 260 行
            display();                        //LCD1602 在不同工作状态的显示函数,见第 102 行
        }
    }
                        /*第三部分:函数定义*/
  void delay(uint z)                          //毫秒级延时函数
69 行  {
70 行        uint x,y;
           for(x=z;x>0;x--)
             for(y=19;y>0;y--);
      }
      void delayws(uint a){while(a--);}       //微秒级延时函数,{} 可省略
        /*******注 1:以下为 LCD1602 的基础函数******/
    void busy_ 1602 () */             //LCD1602 的忙检测函数。这是定义为无返回值函数的写法
    {                                 //有返回值的写法见第 4 章的 4.2.5 节
        P3=0xff;
        rw=1;rs=0;
        en=1;en=1;
        while(P3&0x80); /*P3 读得的数据的最高位为 LCD1602 的忙标志位,为 0 时(闲时)
                          退出 while 循环,执行后面的语句*/
        en=0;
    }
    void write_com(uchar com)         //LCD 1602 的写命令函数,com 为要写的命令
    {
        busy_1602();                  //忙检测函数。只有闲时才会执行后续语句
        rw=0;rs=0;
        en=1;en=1;
        P3=com;en=0;
```

```
    }
    void write_dat(uchar dat) //LCD1602 的写数据函数，dat 为要写的数据
        {
        busy_1602( );
        rw = 0;rs = 1;
94 行    en = 1;en = 1;
        P3 = dat;en = 0;
    }
    void init_1602( )              //LCD1602 的初始化函数
    {
        write_com(0x38); write_com(0x0c);
        write_com(0x01); write_com(0x06);
    }
/*******注 2：以下为换气扇在各工作状态 LCD1602 的显示信息******/
102 行  void display( )              //显示函数
    {
        uchar i;
        if(numdy = =1)                               // numdy = =1 为开机状态。见第 271 ~276 行
        {
            write_com(0x80 +0x00);                   //写显示的起始位置（第 1 行第 1 列）
            for(i =0;i <8;i + + ) write_dat(sz3[i]); //显示" Mod：auto"（自动）
            write_com(0x80 +0x08);                   //写显示位置（第 1 行第 9 列）
110 行    for(i =0;i <7;i + + ) write_dat(sz5[i]);   //显示" Fan：out"（出风）
111 行    write_ com (0x80 +0x40);                   //写显示的起始位置（第 2 行第 1 列）
        for(i =0;i <5;i + + )
        write_dat(sz7[i]);                           //显示" Test:"，见第 28 行数组定义
        write_com(0x80 +0x45);                       //显示"Set:"
        write_dat(sz9[numwd/9]);
        write_dat(sz9[numwd%9]);
        write_com(0x80 +0x47);
        for(i =0;i <4;i + + ) write_dat(sz8[i]);     //显示设定温度的值
        write_com(0x80 +0x4b);
        write_dat(sz9[numwd1/9]);
        write_dat(sz9[numwd1%9]);                    //显示设定温度的值
        write_dat(0x20); write_dat(0x20);
    }
    if(numdy = =2)                                   // numdy = =2 为待机状态，见第 271 ~
                                                        276 行
    {
        write_com(0x80 +0x00);
        for(i =0;i <8;i + + )
        write_dat(sz0[i]);                           //显示"welcome!"
        write_dat(0x20);write_dat(0x20);             //空格
```

```
        write_dat(0x20); write_dat(0x20);
        write_dat(0x20); write_dat(0x20);
        write_dat(0x20);
        write_com(0x80 +0x40);
        for(i =0;i <15;i + + )
        write_dat(sz1[i]);                          //显示"Press Power Key"
    }
    if( numsz = =2&&numdy = =1)                     //numsz = =2 为自动模式。见第 299 ~302 行
    {        //加上限制条件 numdy = =1，可防止在待机时也显示" Mod：auto"
        write_com(0x80 +0x00);
        for(i =0;i <8;i + + )
        write_dat(sz3[i]);                          //显示"Mod:auto"
        if(numwd > numwd1 +2)
        {
            write_com(0x80 +0x08);
            for(i =0;i <7;i + + ) write_dat(sz5[i]);//显示"Fan:out"
        }
        if(numwd < numwd1)                          //若实际温度小于设定温度
        {
            write_com(0x80 +0x08);
            for(i =0;i <7;i + + )
            write_dat(sz6[i]);                      //显示"Fan:off"
        }
        if(numwd >50|numwd <0)                      //若实际温度大于 50℃或小于 0℃
        {
155 行    write_com(0x80 +0x08);
            for(i =0;i <7;i + + )
            write_dat(sz6[i]);                      //显示" Fan：off"
        }
    }
    if(numsz = =1&&numdy = =1)                      // numsz = =1 为手动模式，见第 299 ~302 行
    {                                               //在手动模式，进/出风、开、关键才会
                                                    有效
        write_com(0x80 +0x00);
        for(i =0;i <8;i + + ) write_dat(sz2[i]);    //显示" Mod：main"（手动）
        if(numjc = =1)                              //出风状态
        {
            write_com(0x80 +0x08);
            for(i =0;i <7;i + + )
            write_dat(sz5[i]);DJZZ                  //显示" Fan：out"（出风），电机正转
        }
        if(numjc = =2)                              //进风状态
        {
```

```
            write_com(0x80 +0x08);
            for(i =0;i <6;i + +)
            write_dat(sz4[i]);                        //显示"Fan:in"(进风)
            write_dat(0x20);DJFZ                      //电板反转
        }
        if(guan = =0)                                 //"关"键按下
        {
            write_com(0x80 +0x08);
            for(i =0;i <7;i + +) write_dat(sz6[i]);   //显示"Fan:off"
        }
        if(kai = =0)
        {
            write_com(0x80 +0x08);
            for(i =0;i <7;i + +)write_dat(sz5[i]);    //显示"Fan:out"
            write_com(0x80 +0x40);
            for(i =0;i <5;i + +) write_dat(sz7[i]);   //显示"Test:"
            write_com(0x80 +0x45);
            write_dat(sz9[numwd/9]);
            write_dat(sz9[numwd%9]);                  //显示实际温度
            write_com(0x80 +0x47);
            for(i =0;i <4;i + +)
            write_dat(sz8[i]);
            write_com(0x80 +0x4b);
            write_dat(sz9[numwd1/9]);
            write_dat(sz9[numwd1%9]);                 //显示设定温度
        }
    }
199行     if(numsz = =2)                              //自动模式,见第299~302行
    {
        write_com(0x80 +0x00);
        for(i =0;i <8;i + +)
        write_dat(sz3[i]);                            //显示"Mod:auto"
    }
}
206行  bit init18b20()                                //DS18B20的初始化函数，定义为bit
                                                      型有返回值
{
    bit ack;                                          //定义一个bit型变量
    dq =1;delayws(5);
    dq =0;delayws(80);                                //单片机将总线DQ拉低480~960μs
    dq =1;delayws(5);                                 //单片机将总线DQ拉高15~60μs（等
                                                      待）
    ack =dq;delayws(50);                              //读应答（将DQ的电平值赋给ack），
                                                      并持续480μs以上
```

return(ack)；　/ * 函数返回变量 ack 的值。返回值为 0 表示初始化成功，可进行下一步；为 1 则表示初始化失败 * /

}

215 行　void write_18b20(uchar com)　/ * 给 DS18B20 写命令的函数，com 为要写的命令。注：写是从低位开始的，读也是从低位开始的。为了解释时便于叙述，我们设 com 的各位从高位到低位分别为 D7、D6、D5、D4、D3、D2、D1、D0 * /

{

uchar i;

for(i = 0;i < 8;i + +){

dq = 0;　//单片机将 DQ 电平拉低

dq = com&0x01;　/ * com 与 0x01 相"与"后只有 com 的最低位 D0 值保持不变，其余位均变为 0，此值赋给 DQ，即将单片机 com 的最低位 D0 传到总线 DQ 上 * /

delayws(7);　// com 的最低位传到总线 DQ 上的状态保持时间大于 60μs

dq = 1;com > > = 1; }　/ * 将 DQ 电平拉高，com 右移一位后的值（从高位到低位依次为 0、D7、D6、D5、D4、D3、D2、D1）再赋给 com，即准备写下一位 D1。由于 for 语句共循环 8 次，故可将 1 个字节的 com 写完 * /

}

224 行　uchar read_18b20(void)　//读取 DS18B20 输出的 1 个字节的函数

{

uchar i,dat = 0;　// uchar 型变量 dat 用于存储读出的温度数据

for(i = 0;i < 8;i + +)　//从低位开始读，一次读 1 位，读 1 字节需循环 8 次

{

dq = 0;dat > > = 1;　//拉低 DQ，dat 右移兼延时，开始读

dq = 1;　//拉高

if(dq = = 1) dat| = 0x80;　/ * 当 DQ 上数据为 1 时，执行 dat| = 0x80（即 dat = dat| 0x80）后，dat 的值变为 1000 0000，相当于将 DQ 上的 1 传给了 dat 的最高位；当 DQ 上数据为 0 时，执行 dat| = 0x80 后，dat 的值为 0000 0000，相当于将 DQ 上的 0 传给了 dat 的最高位，这样，下一次执行第 229 行的"dat > > = 1"时，将 dat 的最高位（即从总线上读到的第 1 位数据）右移一位后再赋给 dat，为读总线 DQ 上的第 2 个"1"或"0"做准备。for 循环 8 次，即可将总线 DQ 上的 8 个"位数据"传给变量 dat。由于执行了第 229 行的右移，所以最后 dat 的最低位为最初从总线 DQ 上读得的数据，dat 的最高位为最后从总线 DQ 上读得的数据 * /

232 行　delayws(7);

}

return(dat);　//函数返回 dat 的值

}

236 行 void wendu( )　/ * 从 DS18B20 读出温度数据并进行处理（即转换为十进制数）的函数 * /

{

uchar tcl,tch;

if(! init18b20( ))　/ * 初始化 DS18B20 成功后，init18b20（）的返回值为 0，
! init18b20（）的值就为 1，if（）{} 内的语句就会被执行 * /

{

write_18b20(0xcc);　//跳过 ROM

```
            write_18b20(0x44);          //启动温度转换
            init18b20();                //重新初始化（启动）总线
            write_18b20(0xcc);          //跳过 ROM
            write_18b20(0xbe);          //为“读”的命令
            tcl = read_18b20();         //读高速暂存器的字节 0
            tch = read_18b20();         //读高速暂存器的字节 1
        }
        numwd = (tch < <4) | (tcl > >4); //将读出的数据进行处理（只取整数），赋给 numwd
    }       /*注：可以用两种方法处理数据。一种是 numwd =（tch*256 + tcl）*0.0625，即得温度
的十进制数值（含有4位小数）[需说明：tcl 为 8 位，数据计满时全为 1，对应的十进制数为 255，再计
一个数就溢出，即 tcl 全部清 0，向 tch（高字节寄存器）进一位，因此 tch 中的数值实质上是 tch×256]。
若需要在显示器件上显示温度值，可以将 numwd 乘以 10000 变成整数后再分离成整数部分（numwd/
10000）和小数部分，然后将整数部分分离成百位、十位、个位，将小数部分分离成小数点后的第 1 位、
第 2 位……在整数和小数之间人为地写上一个小数点*/
```

不过，在 Keil μVision4 及以上版本的编译软件的程序代码中才能出现小数点，才能使用该方法。如果使用 Keil μVision2，则可使用另一种方法：由表 9-4 可知，执行(tch <<4) | (tcl >>4)即可得到温度数值的整数部分。本项目没有要求温度精确到小数，所以只取了温度的整数部分。若需要把小数部分也显示出来，可采用以下方法：

```
    uchar a,b,c,d,m;
    uint m2;
    m = tcl&0x0f;                               //m 为 tcl 的低 4 位，即小数部分
    d = m&0x01;                                 //d 为 tcl 的 byte0 位
    c = (m > >1)&0x01;                          //c 为 tcl 的 byte1 位
    b = (m > >2)&0x01;                          //b 为 tcl 的 byte2 位
    a = (m > >3)&0x01;                          //b 为 tcl 的 byte3 位
    m2 = a*5000 + b*2500 + c*1250 + d*625;    /*5000、2500、1250、625 分别为 2^-1、2^-2、2^-3、
2^-4的值扩大了 10000，这是为了避免出现小数。显示时，可在显示屏的整数部分后人为地写上一个小数
点，再将 m2 的最高位、次高位分离出来，分别显示在小数点的后面即可*/
259 行 void work()                              //自动模式工作函数
        {
            if(numsz  = =2)                     // numsz = =2 为自动工作模式
            {
                if(numwd > numwd1 +2) DJZZ      //温度实测值比设定值高 2℃，电动机正转，出风
                if(numwd < numwd1) DJTZ         //若实际温度小于设定温度，电动机停止
                if(numwd > 30|numwd < 0) DJTZ   //若实际温度大于 30℃或小于 0℃，电动机停止
            }
        }
        void key()                              //按键函数
        {
            uchar i;
271 行      if(dy = =0)                         //检测电源键是否按下
            {
```

```
            delay(5);
            if(dy = =0)
            {
276 行      numdy + +;        /* numdy 记录电源键按下的次数。按一次是开机，再按为待机，
这样循环*/
                if(numdy = =1)                                    //开机
                {
                    led =0; work();                               /*电源指示灯亮，调用自动模式
工作函数*/
                }
                if(numdy = =2)/                                   /待机
                {
                    led =1; DJTZ                                  //电源灯熄，电动机停止
                    write_com(0x80 +0x00);                        //显示位置（为第 1 行第 1 列）
                    for(i =0;i <8;i + +) write_dat(sz0[i]);       //显示"welcome!"
                    write_dat(0x20); write_dat(0x20);             //空格
                    write_dat(0x20); write_dat(0x20);
                    write_dat(0x20); write_dat(0x20);
                    write_dat(0x20);
                    write_com(0x80 +0x40);                        //显示位置（为第 2 行第 1 列）
                    for(i =0;i <15;i + +) write_dat(sz1[i]);
                  }                                               //显示"Press Power Key"
                  if(numdy = =3)numdy =1;                         /*无论按多少次电源键，其键值
                                                                     只有 1 和 2*/
                }while(! dy);                                     //1 对应着开机，2 对应着待机
            }
            if(szd = =0)                                          //检测手动/自动键是否按下
            {
                delay(5);
299 行      if(szd = =0&&numdy = =1)                    /*手动/自动键按下并且电源键值为1（开机状
                                                          态）*/
                 {
                 numsz + +;                               // numsz 记录手动/自动键按下的次数
302 行    if(numsz = =3) numsz =1;                        //numsz 为 1、2 时，分别对应手动、自动模式
            }while(! szd);
        }
        if(numsz  = =1&&numdy = =1)                       //手动模式
        {
            if(kai = =0)                                  //如果“开”键按下
            {
                delay(5);
```

```
            if( kai = =0&& numsz = =1&&numdy = =1) /* 加上 numsz = =1&&numdy = =1
是为了防止关机后按下开键导致电动机起动，电动机正转，出风 */
        {
            DJZZ
            numjc =0;
        } while(! kai);
        }
        if(guan = =0)                           //检测“关”键是否按下
        {
            delay(5);
            if(guan = =0)
            {
                numjc =0;
                DJTZ
            } while(! guan);
        }
       if(jcf = =0)                             //进/出风键
        {
            delay(5);
            if(jcf = =0&&numdy = =1)            /* 加上限制条件 numdy = =1，可防止在关
                                                   机状态按下进/出风键后，出现相应的动
                                                   作 */
            {
                numjc + +;
                if(numjc = =3) numjc =1;        //进/出风键键值始终限定为 1、2
            } while(! jcf);
        }
        if(jia = =0&&numdy = =1)                //检测“+”键是否按下
        {
            delay(5);
            if(jia = =0&&numsz = =1)
            {
                numwd1 + +;                     //每按下 1 次，设定温度值增加 1
                if(numwd1 >38)numwd1 =38;       //设定温度超过 38℃后，“+”键失效
            } while(! jia);
        }
        if(jian = =0&&numdy = =1)               //“-”键
        {
            delay(5);
            if(jian = =0&&numsz = =1)
            {
                numwd1 - -;
                if(numwd1 <1) numwd1 =1;        //设定温度低于 1℃时“-”键失效
            } while(! jian);
        }
    }
```

【复习训练题】

任务书一：简易蔬菜大棚智能控制系统设计（涉及温度传感器、A/D 转换、液晶显示、串行通信等）。

1. 简易蔬菜大棚智能控制系统

大棚种植最重要的一个因素是温度控制，温度太低，蔬菜会被冻死或生长缓慢，所以要将温度始终控制在最适合蔬菜生长的范围内。还有一个重要因素是 CO_2 的控制。如果仅靠人工控制，既耗人力，又容易发生差错。因此设计一种针对蔬菜大棚智能控制的系统（见图 9-9）很有必要。

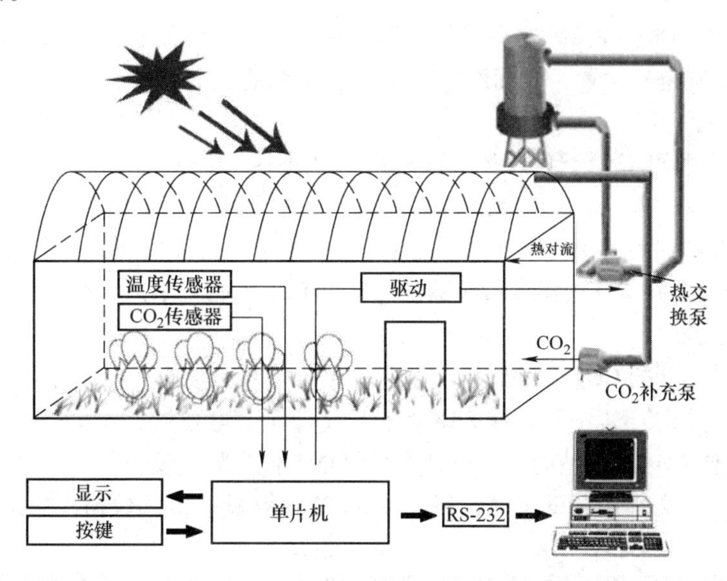

图 9-9 简易蔬菜大棚智能控制系统的组成

2. 系统组成说明

1）LCD1602 显示时间、大棚内温度和 CO_2 浓度。

2）按键。4 位独立键盘，分别为“+”“-”“SET”“OK”键。可以进行时间、蔬菜生长最佳温度值、蔬菜生长最佳 CO_2 浓度值的设置。

3）传感器。大棚内有温度传感器（要求至少精确到 0.5℃），CO_2 浓度传感器（用 ADC/DAC 模块上的电位器代替，CO_2 浓度精度要求为 1%），CO_2 浓度传感器输出电压与 CO_2 浓度的关系如图 9-10 所示。

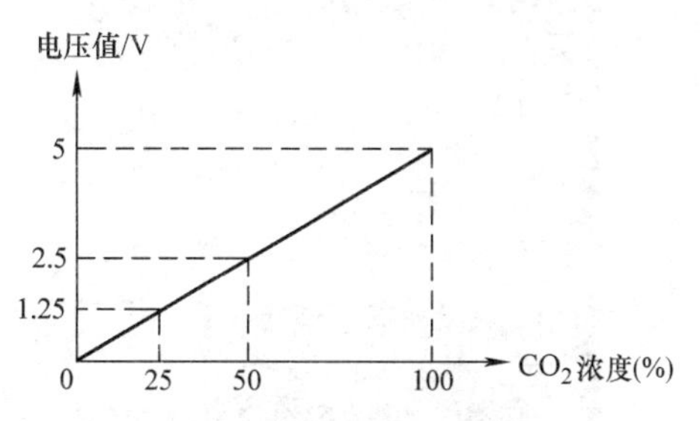

图 9-10 CO_2浓度传感器输出电压与 CO_2浓度的关系

4）数据传输。利用 RS-232 通信，每隔 1min 将当前时间、温度值、CO_2 浓度值传送到计算机上（RS-232 串口调试助手），以便对蔬菜的生长周期进行记录与观察。

5）大功率设备驱动。用继电器控制热交

换泵和 CO_2 补充泵的起动与停止；当实际采样到的大棚内温度低于蔬菜生长最佳温度值时，热交换泵工作。反之停止。当实际采样到的 CO_2 浓度低于蔬菜生长最佳 CO_2 浓度时，CO_2 补充泵工作。反之停止。

3. 系统控制要求

（1）初始设置

初始状态设置：打开电源控制总开关后，进入时间、蔬菜最佳生长温度值、蔬菜最佳生长所需 CO_2 浓度值设置页面，光标闪烁。初始化值和格式如下：时间（12：00：00），蔬菜最佳生长温度值（25.0℃），蔬菜最佳生长 CO_2 浓度值（20%）。

按“SET”键可以进行设置项选择，按“+”键可以使当前设置项数值加 1，按“+”键可以使当前设置项数值减 1，之后每按一次“+”键或“-”键数值加 1 或减 1。设定完成后，按“OK”键退出设置，光标停止闪烁。进入系统运行。

（2）系统运行

1）开始运行时间。运行 60s，秒钟误差不得超过 1s。

2）实时对大棚内温度和 CO_2 浓度进行采样，并对所采样到的值进行显示。

3）当实际采样到的大棚内温度低于蔬菜生长最佳温度值时，热交换泵工作（即控制热交换泵的继电器吸合并对室内温度传感器加热），直到超过蔬菜生长最佳温度值，热交换泵停止工作。如此反复。

4）当实际采样到的 CO_2 浓度低于蔬菜生长最佳 CO_2 浓度时，CO_2 补充泵工作（即控制 CO_2 补充泵的继电器吸合）。手动调节 CO_2 浓度（即调节电位器），当实际采样到的温度值大于蔬菜生长最佳 CO_2 浓度值时，CO_2 补充泵停止工作。如此反复。

5）打开 RS-232 串口调试工具，每隔 1min 往计算机上传送数据，数据格式如图 9-11 所示。

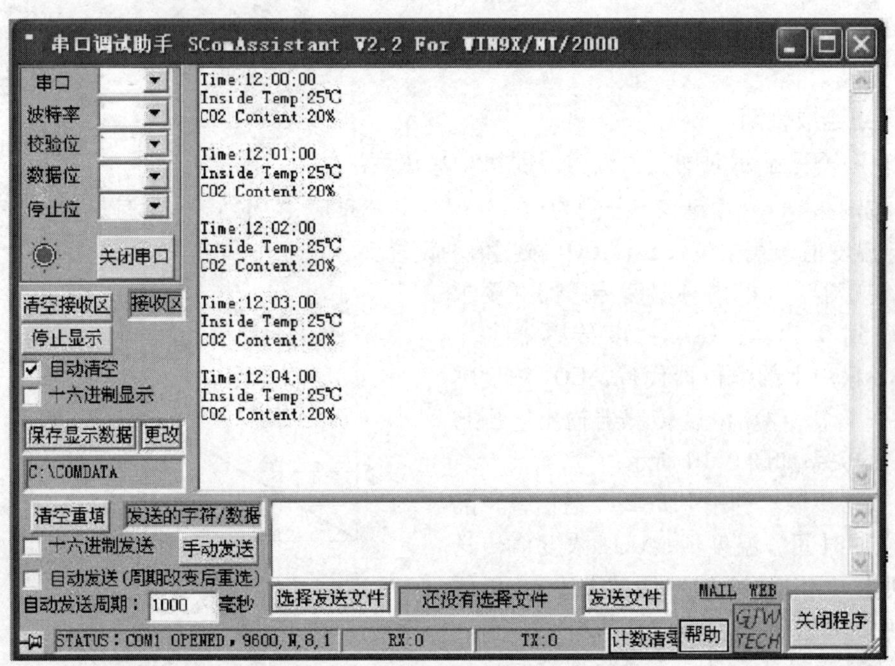

图 9-11　上位机显示单片机传来的数据

6）按下“SET”键，可以重新设置蔬菜生长最佳温度值、蔬菜生长最佳 CO_2 浓度值及时间。

任务书二：用水流量计费器。

在日常生活中，有许多公共场所需要共用水源，如学校宿舍、公司宿舍、公用澡堂等地点，这就需要一种用水流量计费的系统，通过系统来依照不同的人使用不同的水量来进行计费并缴费。

图 9-12 所示是用水流量计费控制器示意图。

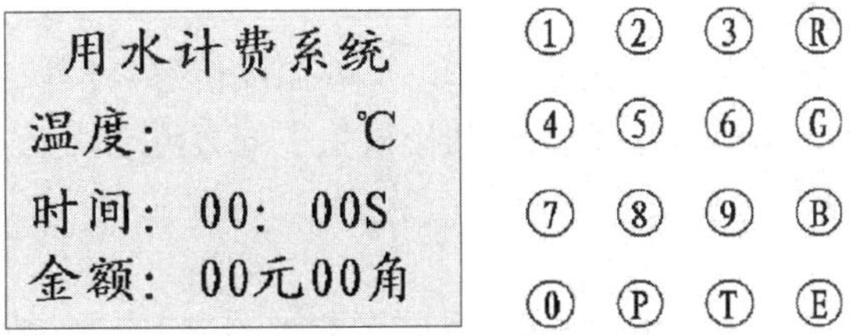

用水计费系统
温度：　℃
时间：00：00S
金额：00元00角

① ② ③ Ⓡ
④ ⑤ ⑥ Ⓖ
⑦ ⑧ ⑨ Ⓑ
⓪ Ⓟ Ⓣ Ⓔ

图 9-12　用水流量计费控制示意图

图 9-13 所示是水流控制示意图，系统由阀门、加热水箱、冷水管、热水管、水位检测（金属传感器）、水位检测指示灯、温度传感器、加热继电器、水泵电动机等构成。SA1（0 打开，1 关闭）为控制上水总阀门，用来控制水流系统的总体供水，水泵电动机（直流电动机）用来使水流快速进入加热水箱中，SA2 为热水管出水阀门（0 打开，1 关闭），SA3 为冷水管出水阀门（0 打开，1 关闭），水位检测 1 用来检测加热水箱蓄水是否到达指定水位（加热水箱水满），水位到达则 LED1 亮，水位检测 2 用来检测加热水箱是否到达开始蓄水，水位到达水位检测 2 位置，说明开始蓄水，LED2 亮，加热水箱中加热继电器用来对加热水箱内的水进行加热，温度传感器用来检测加热水箱内的水温是否达到设置标准。

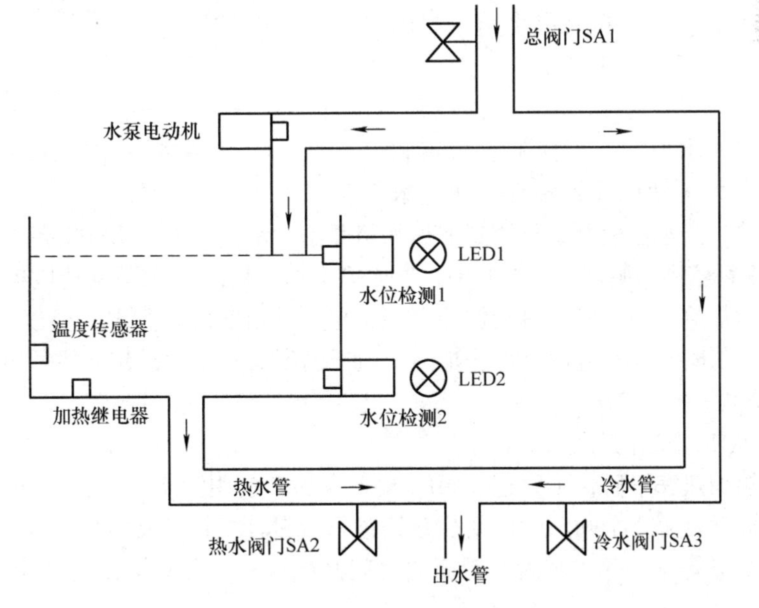

图 9-13　水流控制示意图

1）液晶屏显示系统的温度、时间、金额等信息，其中液晶屏使用亚龙 YL－236 中的 128×64 液晶屏。

2）矩阵键盘用来控制水流量计费器的价格设定、温度设置、密码修改、清空、返回、确定及数字录入等功能，其中矩阵键盘使用亚龙 YL－236 中的 4×4 矩阵键盘。

3）总阀门、热水阀门、冷水阀门分别使用亚龙 YL－236 中的钮子开关 SA1、SA2、SA3。

4）水位显示对应亚龙 YL－236 中的发光二极管 LED1 和 LED2。水位监测对应亚龙 YL－236 中的两个金属传感器。

5）温度传感器及加热继电器对应亚龙 YL－236 温度传感器模块中的 DS18B20。

6）水泵对应亚龙 YL－236 交、直流电动机模块中的直流电动机。

系统控制要求如下：

（1）初始状态

系统上电，如图 9-13 所示，阀门 SA1、SA2、SA3 关闭，加热继电器不加热，水位检测 1、2 无信号，相应指示灯灭，水泵电动机不工作。以上要求满足后，用水流量计费系统面板如图 9-12 所示，否则系统显示面板无任何显示。

（2）定温过程

系统初始化结束后，按下控制面板的“T”键，可以对系统控制器的温度进行设定，此温度为加热水箱内的水将要加热到的温度，按下“T”键后液晶屏第二行“温度”将反白显示，此时可以通过数字键对温度进行设定，温度设定范围为 30～60℃，如果想更改温度值，只要按下“R”键，则自动清空温度值，并可以再次进行温度设定。

（3）工作预备过程

当输入完自己想要加热的温度后，按下“E”键，则液晶屏第二行“温度”不再反白显示，所设置的温度显示在液晶屏上，如图 9-14 所示（如设置温度为 30℃）。

用水计费系统	
温度：	30℃
时间：	00：00 S
金额：	00 元 00 角

图 9-14　工作预备过程

定温过程结束后，进入工作预备过程，打开总阀门 SA1，水由左右流向加热水箱和冷水管，此时水泵电动机开始转动，加速水流流向加热水箱，当水位检测 2 检测到加热水箱开始蓄水，则对应 LED2 亮，之后水位检测 1 检测到加热水箱已满，则对应 LED1 亮，当加热水箱水满之后水泵电动机停止工作，且加热继电器开始对加热水箱内的水进行加热（液晶屏上的温度值转为即时温度），当加热到之前所设定的温度值时，加热继电器停止加热，由于温度具有惯性，允许即时温度显示比设定温度值高 5℃以内。

（4）计费及使用工作过程

当加热水箱加热完毕后，可以打开阀门 SA2 或 SA3 使用温水，当打开 SA2 和 SA3 任何一个阀门或者同时打开 2 个阀门时，系统开始进行流量计费，计费规则系统默认为 1 角/分钟，计费器液晶屏的第三行“时间”后面的时间开始计时，同时第四行“金额”后面开始计费。

时间 00：00S 中后两位为秒计时，秒计时不允许超过 60（不包括 60），到达 60 秒后向前两位进位，前两位为分钟，分钟时间不允许超过99。当计满100分钟时，时间重新变为00：00S，但金额仍然累加，时间从00：00S继续计时。金额00元00角中后两位为角，其数值不允许超过100（不包括100），当到达100时，自动向前两位进位，前两位单位为元，其数值也不能超过100元（不包括100）。以上提到的时间均为现实时间的1/10。

当用水过程中，任意时刻同时关闭SA2、SA3，则液晶屏上的“时间”和“金额”都将暂停计时和计费。当再次打开SA2或SA3或都打开，则计时和计费将继续运行计时计费。

当暂停计时计费后，如果按下“B”键，则将系统重新返回初始状态，表示用水缴费结束。

（5）价格设定

在初始化过程或定温过程中可以对系统的价格进行重新设定，当按下“P”键，液晶屏显示如图9-15所示。

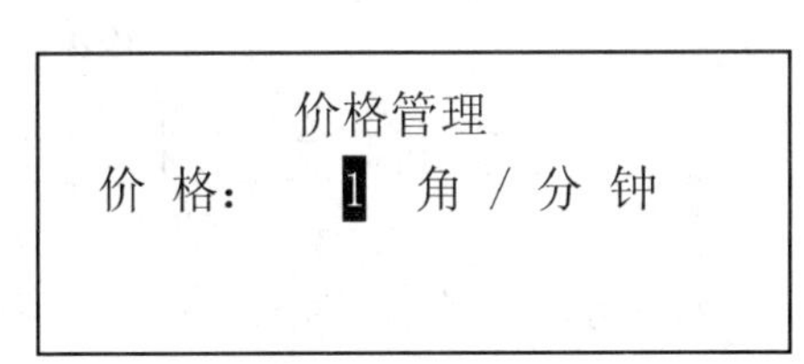

图9-15　价格设定

进入价格管理界面后，每按下1次“G”键，价格都自动加1，价格范围在1~5之间，当到达“5”时，再次按下“G”键，价格重新回到“1”，价格修改过程中，价格数值一直为反白显示。当价格修改完毕后，按下“E”键，价格设置完毕，重新返回初始化界面或者定温结束界面，之后计时计费将按照重新设定的价格进行计时计费。

任务书三：鲜橙汁自动贩卖机模拟控制系统

1. 工作任务要求

使用YL－236型单片机应用实训考核装置制作完成鲜橙汁自动贩卖机控制系统，具体工作任务和要求如下：

1）根据鲜橙汁自动贩卖机控制系统的相关说明和工作要求，正确选用需要的模块和元器件，策划工作过程，完成与制作过程相关的工作分析与记录。

2）根据工作任务及其要求，合理确定各模块的摆放位置，按照相关工艺规范连接硬件电路。

3）根据工作任务及其要求，检查并设置相关软件工作环境，编写鲜橙汁自动贩卖机控制系统的控制程序。

4）请先检测和调整机械手装置，然后调试你编写的程序，完成鲜橙汁自动贩卖机控制系统的工作要求，最后将编译通过的程序“烧入”单片机中。

2. 鲜橙汁自动贩卖机控制系统的相关说明

1）鲜橙汁自动贩卖机可根据用户选择的橙汁杯型、数量和是否加热，自动进行鲜橙的压榨工作。

2）橙子用黄球、白球、黑球进行模拟；黄球表示大个鲜橙，可压榨约100mL橙汁；白球表示小个鲜橙，可压榨约50mL橙汁；黑球表示不合格鲜橙，需将其直接丢入废料区（机械手工位三上方左2cm处），不能参与榨汁。榨汁位置位于工位三正上方。为模拟实际情况，本系统应由手工在工位一、二上随机放置小球。

3）系统进入压榨鲜橙环节后，先由步进电机选取杯子型号。其中，小型杯子位置位于步进电机模块标尺5cm处，中型杯子位置位于10cm处，大型杯子位置位于15cm处，橙汁榨汁出口位于步进电机标尺 2cm 处，整杯橙汁出口处位置位于 0cm 处。其榨汁过程为：步进电机带动手爪到选定位置抓取杯子（手爪固定在指针位置），此时抓取指示灯 LED7 点亮，停顿 2s 后将其搬运至榨汁出口位置（标尺 2cm 处），待榨汁完成并封口后，步进电机带动手爪将杯子搬运至出口位置（标尺 0cm 处），一杯橙汁完成，手爪松开，抓取指示灯 LED7 熄灭。

4）鲜橙汁自动贩卖机的按键如图 9-16 所示。

小杯	中杯	大杯	热/温
+	−		确认
5元	10元	退币	取消
20元			

图 9-16　鲜橙汁自动贩卖机的按键

5）用户可以选择小杯橙汁 150mL、中杯橙汁 250mL、大杯橙汁 400mL；小杯橙汁 8 元/杯，中杯橙汁 12 元/杯，大杯橙汁 20 元/杯。

6）数码管显示：已投币金额显示在数码管左三位处；需找零金额（需退币金额）显示在数码管右三位处。

7）直流电机用于模拟压榨工作，电机顺时针旋转，每旋转 45°表示已榨取 10mL 橙汁。

8）AD 实时检测橙汁当前加热温度，并显示在液晶屏上；0 ~ 5V 表示 0 ~ 90℃。LED0 灯点亮模拟加热橙汁，熄灭表示停止加热。

9）AD 模块中电平指示灯用于实时显示此杯已有橙汁与此杯子总容量的百分比，全亮表示 100%，全灭表示 0%。

3. 鲜橙汁自动贩卖机控制系统制作任务

（1）初始状态要求

接通电源后，系统进行初始化，LCD 显示如图 9-17 所示，其中 XX 表示正在自检的机构名称（直流电机、步进电机、机械手和数码管）。自检动作如下：

1）直流电机旋转一圈。

2）步进电机指针经过 2cm 后返回 0cm。

3）机械手经过工位二后，到工位三上方松开。

4）八个数码管的各笔段 a、b、c、d、e、f、g、h 顺序依次点亮后熄灭，以检测各笔段是否正常。检测结束后，数码管左三位显示 000（表示已投币金额），右三位显示 000（表示需找零金额）。

自检完成后，LCD 显示如图 9-18 所示。

自动榨汁机
自检中：XX

图 9-17　自检中

自动榨汁机
小杯：0杯
温
中杯：0杯

图 9-18　设置界面

（2）鲜橙汁自动贩卖机控制器工作要求

1）选择橙汁杯号，用户通过“小杯”“中杯”“大杯”按键选择不同杯号的橙汁，选中的杯号的数量参数反显，只能同时选中一种杯号。

2）选择橙汁数量与是否加热，选中杯号后，用户可通过“+”“-”按键进行选择，数量参数反显，范围“0～9”；用户可通过“热/温”按键进行对当前杯号橙汁是否加热选择，如图9-19所示。

自动榨汁机
小杯：1杯
热
中杯：0杯

图9-19　参数设置

小杯：1杯
热
中杯：0杯
温

图9-20　投币界面

3）按“确认”键完成选择，显示屏显示需投币总金额，如图9-20所示。按“取消”键可取消前面的各选项并重新选择，回到初始设置界面，如图9-18所示。

4）用户通过“5元”“10元”“20元”按键进行投币，例如，按一次“5元”按键，表示投币5元；按两次“10元”按键，表示投币20元。当已投币总金额大于或等于需要投币的总金额时，再按投币按键无效。投币总金额显示在数码管左三位上，找零总金额显示在数码管右三位上。

5）按“确认”键完成投币，若金额不足，则显示屏上第四行显示内容闪烁3次，以提示用户。此时用户可以按“5元”“10元”“20元”按键继续投币，投币后再按“确认”键确认。

6）按“退币”键退币，系统进入退币界面，液晶屏显示如图9-21所示，此时不可再投币，则已投金额变成退币金额，数码管右三位显示退币金额，投币金额清零，所退的钱币与之前用户所投的钱币的种类及数量相同。LED1点亮2.5s代表退回一张5元，点亮5s代表退回一张10元，点亮10s代表退回一张20元，每张钱币退币的间隔为1s；每退一张钱币，则退币总金额（数码管右三位）减少相应数量金额。退币完成后，系统回到自检完成后状态，液晶屏显示如图9-18所示。

7）当投币金额足够时，按“确认”键系统进入榨汁工作，榨汁机开始进行橙汁压榨，液晶屏显示如图9-22所示，数码管右三位显示找零金额。

自动榨汁机
正在退币……
请稍后……

图9-21　退币界面

自动榨汁机
正在压榨……
请稍后……

图9-22　榨汁界面

8）步进电机根据选择的杯号移动到相应的位置，机械手从工位一或者工位二抓取好的鲜橙送到工位三上方进行压榨工作，直流电机旋转；如果当前鲜橙已榨干或无需再进行压榨

(当前杯号已榨满)，则将此鲜橙丢弃至废料区。电平指示灯实时显示此杯已有橙汁与此杯子总容量的百分比。(注意：应选取合适大小的鲜橙，不可浪费鲜橙，应采取时间最优方式榨汁)。

9）当压榨完一杯橙汁后，系统根据用户的选择对当前杯号中的橙汁进行加热工作；若需加热，则LED0灯点亮；当加热到40℃时，加热完成，LED0灯熄灭。在加热工作下，橙汁加热的温度实时显示在液晶屏上，如图9-23所示；若无需加热，则不显示加热界面，直接跳过此步骤。

10）当一杯橙汁压榨完成后，步进电机需将压榨好的橙汁送到用户取杯口（0cm）处，等待用户按下“确认”键取走橙汁，液晶屏显示如图9-24所示。

自动榨汁机
正在加热……
请稍后……
当前温度:

图9-23　加热界面

自动榨汁机
请取走橙汁，
并
按“确认”键

图9-24　取走橙汁界面

11）一杯橙汁压榨完成后，可以继续从步骤1）开始压榨下一杯橙汁，液晶屏界面恢复到初始设置界面，如图9-18所示。

12）找零：该用户的所有橙汁都压榨完成后，榨汁机进入找零环节，找零均为1元硬币，LED1点亮1s代表找零1元，间隔1s；每找零1元，数码管找零金额显示减1，液晶屏显示如图9-18所示。

找零完成后液晶显示屏回到空闲状态，如图9-18所示。下一个用户可以继续进行榨汁操作。

榨汁机可自动统计每日所售出的橙汁和对应的数量。每个用户使用后，会自动更新信息到上位机中，其显示格式如图9-25所示。

小杯橙汁：XX份
中杯橙汁：XX份
大杯橙汁：XX份
总金额：XX元

图9-25　统计信息格式

注意：此信息应在上位机（超级终端）软件上更新显示。

第 10 章　电子密码锁

【本章导读】

本章通过对电子密码锁（含硬件搭建、程序的编写与调试）的实现，可使读者深入掌握矩阵键盘和 LCD12864 的使用方法，而且可以大幅提高灵活、综合应用所学的 C 语言知识编程解决实用综合性项目的能力。

【学习目标】

1）熟练地使用矩阵键盘。
2）熟练地使用 LCD12864 显示字符。
3）灵活应用数组存储数据。
4）提升解决复杂问题的编程能力。

【学习方法建议】

首先阅读任务书，搞清各关键时刻（状态），设想解决问题的思路。如果不能建立思路，可通过看懂或大致看懂本章程序代码思路，再独立完成本任务书。

10.1　电子密码锁简介

输入密码使用 4×4 矩阵键盘，各键的功能（键值）如图 10-1 所示。

图 10-1　电子密码锁键盘的功能

LCD12864 显示汉字规格为 16×16 点阵，其他数字和字母均为 8×16 点阵显示。第一次上电后，LCD12864 显示“请设置密码:”，如图 10-2 所示。

接着进行 6 位数字的初始密码的设置（首先点按确定键，输入初始密码，再按确定键生效），设置成功后，LCD12864 的第二行居中显示“密码设置成功”，如图 10-3 所示。

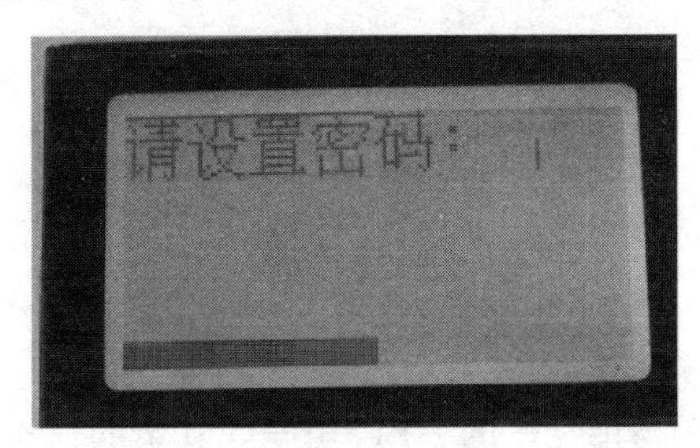

图 10-2　设置步骤一

图 10-3　设置步骤二

初始密码设置成功后，蜂鸣器鸣响 1s 左右，接着 LCD12864 显示“请输入密码:”（见图 10-4），进入工作状态。

要开锁时，需要输入密码（也就是设置的初始密码），每输入一个数字，液晶屏上显示一个“＊”，6 位密码输入完毕，按下确定键后，如果密码正确，蜂鸣器鸣响一声，表示密码正确，此时显示“密码正确”（见图 10-5），同时继电器 A 线圈得电吸合 10s 模拟开门。10s 结束后，继电器线圈失电，门自动关闭。

图 10-4　设置步骤三

图 10-5　设置步骤四

如果密码输入错误，则液晶屏显示密码错误，蜂鸣器会响两声提示，接着返回图 10-4 的状态。

此密码锁如果在密码输入正确、开门之后 1min 内无操作（指修改密码的指令，此时显示“状态：无操作”，见图 10-6），然后会自动返回请输入密码的状态（见图 10-4）。

图 10-6　设置步骤五

修改密码的方法是，在图 10-4 所示的状态，首先点按修改键（显示“请输入旧密码:”，见图 10-7），输入原始密码、点按确定键后，如果原始输入正确，则液晶屏显示“请输入新密码:”，如图 10-8 所示，再按下确定键后生效，则返回“请输入密码:”状态，液晶屏的显示如图10-4所示。

图 10-7　设置步骤六

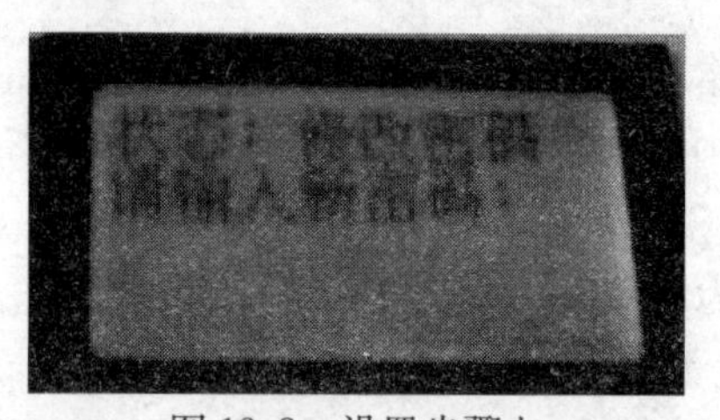

图 10-8　设置步骤七

完成这一项目，主要需涉及矩阵键盘、LCD12864 的应用，并涉及用数组对数据进行存储和比较，有一定的难度。

10.2　电子密码锁的实现

10.2.1　硬件接线及编程思路和技巧

1. 硬件连接

矩阵键盘与单片机的连接如图 10-9 所示。各键充当的功能及接线都可灵活改变，但程序代码要和接线相吻合。LCD12864 液晶屏的 D0 ~ D7 与单片机的 P0 口相连。其余的连接见程序代码中的声明。

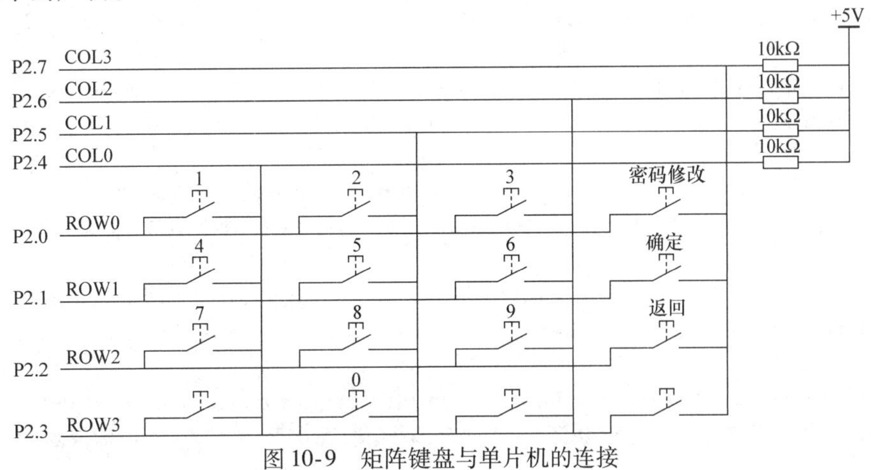

图 10-9　矩阵键盘与单片机的连接

2. 编程思路

对于这种过程比较复杂的项目，任务较多，我们可将各任务写成子函数。该项目存在若干个关键状态（关键时刻），这些关键状态可用一个变量取不同的值来表示，有利于编程时的表达，也便于在各子函数之间以及主函数与子函数之间进行联系。这是一个很重要的方法（或技巧）。

该项目使用了两个数组分别存储原始密码和用户要开锁时输入的密码，将数组的对应元素进行比较，就可以确定输入的密码是否正确。

10.2.2　程序代码示例及解释

```
        /＊包含、声明＊/
        #include < reg52. h >
        #define uint unsigned int
        #define uchar unsigned char
        sbit cs2 = P1^0;    //LCD12864 的右半屏选择端
        sbit cs1 = P1^1;    //LCD12864 的左半屏选择端
        sbit en = P1^2;     //LCD12864 的使能端
        sbit rs = P1^3;     //LCD12864 的读写操作选择端，rw 直接接地(只能写)，不需忙检测
        sbit fmq = P1^4;    //驱动蜂鸣器
        sbit jdq = P1^5;    //控制继电器的端子。输出低电平时继电器线圈得电
        sbit row0 = P2^0;   //矩阵键盘的第 0 行
        sbit row1 = P2^1;   //矩阵键盘的第 1 行
        sbit row2 = P2^2;   //矩阵键盘的第 2 行
        sbit row3 = P2^3;   //矩阵键盘的第 3 行
        sbit col0 = P2^4;   //矩阵键盘的第 0 列
        sbit col1 = P2^5;   //矩阵键盘的第 1 列
        sbit col2 = P2^6;   //矩阵键盘的第 2 列
        sbit col3 = P2^7;   //矩阵键盘的第 3 列
14 行    uchar code hz[] = {      //相关汉字的字模。每一个字的字模有两行。存储在 ROM 中
    0x20,0x22,0xEC,0x00,0x20,0x22,0xAA,0xAA,0xAA,0xBF,0xAA,0xAA,0xEB,0xA2,0x20,0x00,
    0x00,0x00,0x7F,0x20,0x10,0x00,0xFF,0x0A,0x0A,0x0A,0x4A,0x8A,0x7F,0x00,0x00,0x00, /＊请(第
0 个字)＊/
    0x88,0x68,0x1F,0xC8,0x0C,0x28,0x90,0xA8,0xA6,0xA1,0x26,0x28,0x10,0xB0,0x10,0x00,
    0x09,0x09,0x05,0xFF,0x05,0x00,0xFF,0x0A,0x8A,0xFF,0x00,0x1F,0x80,0xFF,0x00,0x00, /＊ 输(第
1 个字)＊/
```

```
0x00,0x00,0x00,0x00,0x00,0x01,0xE2,0x1C,0xE0,0x00,0x00,0x00,0x00,0x00,0x00,0x00,
0x80,0x40,0x20,0x10,0x0C,0x03,0x00,0x00,0x00,0x03,0x0C,0x30,0x40,0xC0,0x40,0x00, /* 入(第2个字) */
0x10,0x4C,0x24,0x04,0xF4,0x84,0x4D,0x56,0x24,0x24,0x14,0x84,0x24,0x54,0x0C,0x00,
0x00,0x01,0xFD,0x41,0x40,0x41,0x41,0x7F,0x41,0x41,0x41,0x41,0xFC,0x00,0x00,0x00, /* 密(第3个字) */
0x02,0x82,0xF2,0x4E,0x43,0xE2,0x42,0xFA,0x02,0x02,0x02,0xFF,0x02,0x80,0x00,0x00,
0x01,0x00,0x7F,0x20,0x20,0x7F,0x08,0x09,0x09,0x09,0x0D,0x49,0x81,0x7F,0x01,0x00, /*码(第4个字) */
0x40,0x40,0x42,0xCC,0x00,0x40,0xA0,0x9F,0x81,0x81,0x81,0x9F,0xA0,0x20,0x20,0x00,
0x00,0x00,0x00,0x7F,0xA0,0x90,0x40,0x43,0x2C,0x10,0x28,0x26,0x41,0xC0,0x40,0x00, /*设(第5个字) */
0x00,0x10,0x17,0xD5,0x55,0x57,0x55,0x7D,0x55,0x57,0x55,0xD5,0x17,0x10,0x00,0x00,
0x40,0x40,0x40,0x7F,0x55,0x55,0x55,0x55,0x55,0x55,0x55,0x7F,0x40,0x60,0x40,0x00, /* 置(第6个字)*/
0x00,0x00,0xF8,0x88,0x88,0x88,0x88,0x08,0x7F,0x88,0x0A,0x0C,0x08,0xC8,0x00,0x00, 0x40,0x20,
0x1F,0x00,0x08,0x10,0x0F,0x40,0x20,0x13,0x1C,0x24,0x43,0x80,0xF0,0x00, /* 成(第7个字)*/
0x08,0x08,0x08,0xF8,0x0C,0x28,0x20,0x20,0xFF,0x20,0x20,0x20,0x20,0xF0,0x20,0x00, 0x08,0x18,
0x08,0x0F,0x84,0x44,0x20,0x1C,0x03,0x20,0x40,0x80,0x40,0x3F,0x00,0x00,  /*功(第8个字) */
0x00,0x02,0x02,0xC2,0x02,0x02,0x02,0xFE,0x82,0x82,0x82,0xC2,0x83,0x02,0x00,0x00,
0x40,0x40,0x40,0x7F,0x40,0x40,0x40,0x7F,0x40,0x40,0x40,0x40,0x40,0x60,0x40,0x00, /* 正(第9个字) */
0x04,0x84,0xE4,0x9C,0x84,0xC6,0x24,0xF0,0x28,0x27,0xF4,0x2C,0x24,0xF0,0x20,0x00,  0x01,
0x00,0x7F,0x20,0x20,0xBF,0x40,0x3F,0x09,0x09,0x7F,0x09,0x89,0xFF,0x00,0x00, /* 确(第10个字) */
0x80,0x40,0x70,0xCF,0x48,0x48,0x48,0x48,0x7F,0x48,0x48,0x7F,0xC8,0x68,0x40,0x00,
0x00,0x02,0x02,0x7F,0x22,0x12,0x00,0xFF,0x49,0x49,0x49,0x49,0xFF,0x01,0x00,0x00, /*错(第11个字)*/
0x40,0x42,0xC4,0x0C,0x00,0x40,0x5E,0x52,0x52,0xD2,0x52,0x52,0x5F,0x42,0x00,0x00,
0x00,0x00,0x7F,0x20,0x12,0x82,0x42,0x22,0x1A,0x07,0x1A,0x22,0x42,0xC3,0x42,0x00, /*误(第12个字) */
0x00,0x08,0x30,0x00,0xFF,0x20,0x20,0x20,0x20,0xFF,0x20,0x22,0x24,0x30,0x20,0x00,
0x08,0x0C,0x02,0x01,0xFF,0x40,0x20,0x1C,0x03,0x00,0x03,0x0C,0x30,0x60,0x20,0x00, /*状(第13个字)*/
0x04,0x04,0x84,0x84,0x44,0x24,0x54,0x8F,0x14,0x24,0x44,0x44,0x84,0x86,0x84,0x00,
0x01,0x21,0x1C,0x00,0x3C,0x40,0x42,0x4C,0x40,0x40,0x70,0x04,0x08,0x31,0x00,0x00,/*态(第14个字)*/
0x00,0x40,0x42,0x42,0x42,0x42,0xFE,0x42,0xC2,0x42,0x43,0x42,0x60,0x40,0x00,0x00,
0x00,0x80,0x40,0x20,0x18,0x06,0x01,0x00,0x3F,0x40,0x40,0x40,0x40,0x40,0x70,0x00, /*无(第15个字)*/
0x10,0x10,0x10,0xFF,0x90,0xF0,0xA0,0xAE,0xEA,0x0A,0xEA,0xAF,0xA2,0xF0,0x20,0x00,
0x02,0x42,0x81,0x7F,0x04,0x44,0x24,0x14,0x0C,0xFF,0x0C,0x14,0x24,0x66,0x24,0x00,/*操(第16个字)*/
0x80,0x40,0x20,0xF8,0x87,0x40,0x30,0x0F,0xF8,0x88,0x88,0xC8,0x88,0x0C,0x08,0x00,
0x00,0x00,0x00,0xFF,0x00,0x00,0x00,0x00,0xFF,0x08,0x08,0x08,0x0C,0x08,0x00,0x00, /*作(第17个字)*/
0x40,0x20,0xF8,0x07,0xF0,0xA0,0x90,0x4F,0x54,0x24,0xD4,0x4C,0x84,0x80,0x80,0x00,
```

```
    0x00,0x00,0xFF,0x00,0x0F,0x80,0x92,0x52,0x49,0x25,0x24,0x12,0x08,0x00,0x00,0x00, /＊修(第
18个字)＊/
    0x04,0xC4,0x44,0x44,0x44,0xFE,0x44,0x20,0xDF,0x10,0x10,0x10,0xF0,0x18,0x10,0x00,
    0x00,0x7F,0x20,0x20,0x10,0x90,0x80,0x40,0x21,0x16,0x08,0x16,0x61,0xC0,0x40,0x00, /＊改(第
19个字)＊/
    0x10,0x4C,0x24,0x04,0xF4,0x84,0x4D,0x56,0x24,0x24,0x14,0x84,0x24,0x54,0x0C,0x00,
    0x00,0x01,0xFD,0x41,0x40,0x41,0x41,0x7F,0x41,0x41,0x41,0x41,0xFC,0x00,0x00,0x00, /＊密(第
20个字)＊/
    0x02,0x82,0xF2,0x4E,0x43,0xE2,0x42,0xFA,0x02,0x02,0x02,0xFF,0x02,0x80,0x00,0x00,
    0x01,0x00,0x7F,0x20,0x20,0x7F,0x08,0x09,0x09,0x09,0x0D,0x49,0x81,0x7F,0x01,0x00, /＊码(第
21个字)＊/
    0x40,0x44,0x54,0x65,0xC6,0x64,0xD6,0x44,0x40,0xFC,0x44,0x42,0xC3,0x62,0x40,0x00,
    0x20,0x11,0x49,0x81,0x7F,0x01,0x05,0x29,0x18,0x07,0x00,0x00,0xFF,0x00,0x00,0x00, /＊新(第
22个字)＊/
    0x00,0x00,0xFE,0x00,0x00,0x00,0xFC,0x84,0x84,0x84,0x84,0x84,0x84,0xFE,0x04,0x00,
    0x00,0x00,0xFF,0x00,0x00,0x00,0x7F,0x20,0x20,0x20,0x20,0x20,0x20,0x7F,0x00,0x00  /＊旧(第
23个字)＊/
          };
          uchar code asc[] = {          //相关ASCII码字符的字模
          0xF8,0xFC,0x04,0xC4,0x24,0xFC,0xF8,0x00, 0x07,0x0F,0x09,0x08,0x08,0x0F,0x07,0x00, /
＊0＊/
          0x00,0x10,0x18,0xFC,0xFC,0x00,0x00,0x00, 0x00,0x08,0x08,0x0F,0x0F,0x08,0x08,0x00, /＊
1＊/
67行      0x08,0x0C,0x84,0xC4,0x64,0x3C,0x18,0x00, 0x0E,0x0F,0x09,0x08,0x08,0x0C,0x0C,0x00, /
＊2＊/
68行      0x08,0x0C,0x44,0x44,0x44,0xFC,0xB8,0x00,0x04,0x0C,0x08,0x08,0x08,0x0F,0x07,0x00, /＊
3＊/
          0xC0,0xE0,0xB0,0x98,0xFC,0xFC,0x80,0x00, 0x00,0x00,0x00,0x08,0x0F,0x0F,0x08,0x00, /
＊4＊/
          0x7C,0x7C,0x44,0x44,0xC4,0xC4,0x84,0x00, 0x04,0x0C,0x08,0x08,0x08,0x0F,0x07,0x00, /
＊5＊/
          0xF0,0xF8,0x4C,0x44,0x44,0xC0,0x80,0x00, 0x07,0x0F,0x08,0x08,0x08,0x0F,0x07,0x00, /＊
6＊/
          0x0C,0x0C,0x04,0x84,0xC4,0x7C,0x3C,0x00,0x00,0x00,0x0F,0x0F,0x00,0x00,0x00,0x00, /＊
7＊/
          0xB8,0xFC,0x44,0x44,0x44,0xFC,0xB8,0x00, 0x07,0x0F,0x08,0x08,0x08,0x0F,0x07,0x00, /
＊8＊/
          0x38,0x7C,0x44,0x44,0x44,0xFC,0xF8,0x00, 0x00,0x08,0x08,0x08,0x0C,0x07,0x03,0x00, /＊
9＊/
          0x00,0x00,0x00,0x30,0x30,0x00,0x00,0x00,0x00,0x00,0x00,0x06,0x06,0x00,0x00,0x00, /＊
:＊/
          0x80,0xA0,0xE0,0xC0,0xC0,0xE0,0xA0,0x80,0x00,0x02,0x03,0x01,0x01,0x03,0x02,0x00  /
＊＊＊/
          };
78行      uchar mima[] = {11,11,11,11,11,11}; /＊这个数组用来保存设置的密码。初始元素只要不为0～
9(密码所用的数字)就行。存储在内存中。＊/
79行      uchar mm[] = {11,11,11,11,11,11}; /＊这个数组用来记录输入的密码。注意,数组名前若加
了code,则在程序运行中数组的元素都不能改变。所以这两个数组名前都不能加code。＊/
```

80 行　　uchar v = 11,abc,n,x,num,ysgs,t;　　/* ①v 用于保存按键按下产生的键值，没有键按下时（初始值）等于 11；②变量 abc 用于判断是否有数字键被按下，每按下一次数字键，这个值就会自加一次；③n 是用来表示工作过程的步骤；④用 x = 1 表示输入旧密码的状态，x = 2 表示输入新密码的状态，首先是输入旧密码，然后才是输入新密码；⑤num 是定时器中用于自加进行计时的一个变量；⑥ysgs 这个变量用在输入正确密码之后，如果长时间没有操作，就会自动关门；⑦t 为继电器线圈得电 10s（模拟开门）计时变量 */

　　bit xg,qr;　　/* 这 2 个 bit 型的变量默认值为 0。在按键中使用时，按下修改密码键，xg（修改）就会等于 1，按下确认键，qr（确认）就会等于 1 */

```
void delay(uint z)       //毫秒级延时函数
{
    uint x,y;
    for(x = z;x > 0;x - - )
        for(y = 110;y > 0;y - - );
}
void write_com(uchar com)              //LCD12864 写指令函数
{
    delay(1);                          //延时 1ms,代替忙检测
    rs = 0;P0 = com;en = 1;en = 0;
}
void write_dat(uchar dat)              //LCD12864 写数据函数
{
    delay(1);                          //代替忙检测
    rs = 1;P0 = dat;en = 1;en = 0;
}
void qp_lcd()                          //LCD12864 清屏
{
    uchar i,j;
    cs1 = cs2 = 1;                     //左右屏都选中
    for(i = 0;i < 8;i + + )
    {
        write_com(0xb8 + i);write_com(0x40);
        for(j = 0;j < 64;j + + ){write_dat(0);
    }
}
```

108 行
```
void init_lcd()                        //LCD12864 的初始化（开启显示）
{
    write_com(0x3f);write_com(0xc0);qp_lcd();
}
```

　　void hz16(uchar y,uchar l,uchar dat)　/* LCD12864 16 × 16 汉字显示函数。参数为 y 表示页，l 表示列，dat 表示数字数组里的第几个字 */

```
{
    uchar i;
    if(l < 64){cs1 = 1;cs2 = 0;}
    else {cs1 = 0;cs2 = 1;l - = 64;}
    write_com(0xb8 + y);write_com(0x40 + l);
    for(i = 0;i < 16;i + + )
    {
        write_dat(hz[i + 32 * dat]);
    }
    write_com(0xb8 + y + 1);write_com(0x40 + l);
```

```
        for(i = 16;i < 32;i + + )
        {
            write_dat(hz[i + 32 * dat]);
        }
    }
    void asc8(uchar y,uchar l,uchar dat) //LCD12864 显示 8 × 16 字符显示函数
    {
        uchar i;
        if(l < 64){cs1 = 1;cs2 = 0;}
        else {cs1 = 0;cs2 = 1;l - = 64;}
        write_com(0xb8 + y);write_com(0x40 + l);
        for(i = 0;i < 8;i + + )
        {
            write_dat(asc[i + 16 * dat]);
        }
        write_com(0xb8 + y + 1);write_com(0x40 + l);
        for(i = 8;i < 16;i + + )
        {
            write_dat(asc[i + 16 * dat]);
        }
    }
    void init()
    {
        TMOD = 0X01;                    //设置定时器 T0 工作方式为方式一
147 行  TH0 = (65536 - 45872)/256;       //给 T0 装入 50ms 产生一次中断的初值
        TL0 = (65536 - 45872)%256;      //给 T0 装入 50ms 产生一次中断的初值
        TH1 = (65536 - 45872)/256;      //给 T1 装入 50ms 产生一次中断的初值
        TL1 = (65536 - 45872)%256;
        EA = ET0 = ET1 = 1;             //开启总中断,开启定时器 T0、T1 中断
        fmq = 0;                        //关掉蜂鸣器
        init_lcd();                     //LCD12864 的初始化（开显示）
    }
    void jzjp()                         //矩阵键盘扫描函数
    {
        P2 = 0xf0;                      /* 给矩阵键盘 4 行全部赋低电平，也就是 1111 0000
                                        (P2 口低四位接的是矩阵键盘的 4 行）*/
        if((P2&0xf0)! = 0xf0)           //判断是否有按键被按下，若有，则执行以下语句
        {
            delay(10);                  //延时消抖
            if((P2&0xf0)! = 0xf0)       //再次判断是否有键被按下，若有，则执行以下语句
            {
                P2 = 0xfe;              //0xfe 即 11111110，扫描第一行是否有按键被按下
                if(col0 = = 0&&abc < = 6){v = 1;abc + + ;}  /* 若第 0 行第 0 列为低电平，则
按键的键值为 1，由于按下的是数字键，abc 的值需要自加 1。由于密码有 6 位数，只有当 abc 小于 7（也
就是数字键在被第 7 次按下以后）时才不响应数字键了 */
                if(col1 = = 0&&abc < = 6){v = 2;abc + + ;}  /* 若第 0 行第 1 列为低电平，则
按键的键值为 2，所以 abc 的值也会自加 1，下同 */
```

```
                    if(col2 = =0&&abc < =6){v=3;abc + +;}
167 行               if(col3 = =0){xg=1;}/*若第0行第3列为低电平，则“修改”键被按下
(xg=1为“修改”键按下的状态标志)，不是数字键，abc不能自加*/
                    P2 =0xfd; //0xfd 即 1111 1101，扫描第1行是否有键被按下
                    if(col0 = =0&&abc < =6){v=4;abc + +;}  /*若第1行第0列为低电平，则
按键的键值就是4，并且按下的数字键，所以abc的值自加1*/
                    if(col1 = =0&&abc < =6){v=5;abc + +;}    //键值为5，abc的值自加1
                    if(col2 = =0&&abc < =6){v=6;abc + +;}    //键值为6
172 行               if(col3 = =0){qr=1;} /*若第1行第3列为低电平，则“确认”键被按下
(qr=1为“确认”键按下的状态标志)，不是数字键，所以abc的值不自加*/
                    P2 =0xfb;  //扫描第2行是否有按键被按下
                    if(col0 = =0&&abc < =6){v=7;abc + +;}    //键值为7，abc的值自加1
                    if(col1 = =0&&abc < =6){v=8;abc + +;}    //键值为8，abc的值自加1
                    if(col2 = =0&&abc < =6){v=9;abc + +;}    //键值为9，abc的值自加1
                    if(col3 = =0&&n = =3){ abc=0; qr=0; xg=0; x=0; n=2;
                       mm[0]=mm[1]=mm[2]=mm[3]=mm[4]=mm[5]=11;qp_lcd();}
  /* n=3即步骤3（见第331行和第350行），也就是修改原始密码的过程。在该过程中，若第3行第3
列为低电平，则是“返回”键按下，返回n=2即输入密码开锁的状态（输入的数字不被保存，即数组各
元素还原为初值11)。返回键用在修改密码过程中，输入原始密码错误后，若不想开锁了，可按“返回”
键返回*/
                    P2 =0xf0;P2 =0xf7;       //扫描第3行是否有按键被按下
                    if(col1 = =0&&abc < =6){v=0;abc + +;}  /*若第3行第1列为低电平，键
值为0，abc自加1*/
                    P2 =0xf0;                //这里最后写一句就是为了方便下一行的按键释放判断
                }
                while((P2&0xf0)! =0xf0);   //判断按键是否释放
            }
        }
  /* 各个汉字在数组的编号为：请—0；输—1；入—2；密—3；码—4；设—5；置—6；成—7；功—
8；正—9；确—10；错—11；误—12；状—13；态—14；无—15；操—16；作—17；修—18；改—19；
密—20；码—21；新—22；旧—23。调用时，注意编号不要搞错*/
184 行      void xs_qszmm()          //显示“请设置密码：”的子函数
        {
            hz16(0,0,0);          //显示“请”
            hz16(0,16,5);         //显示“设”
            hz16(0,32,6);         //显示“置”
            hz16(0,48,3);         //显示“密”
            hz16(0,64,4);         //显示“码”
            asc8(0,80,10);        //显示“:”
            /*以下是判断是否按下数字键，如果按下一个数字键，数组mm[]（用于记录输入的密
码）中就会相应地存入一个数字，此时在液晶屏上显示一个“*”号，而不能把输入的键值显示出来*/
            if(mm[0]! =11){asc8(2,8,11);}        // 显示“*”
            if(mm[1]! =11){asc8(2,24,11);}
```

```
    if(mm[2]! =11){asc8(2,40,11);}
    if(mm[3]! =11){asc8(2,56,11);}
    if(mm[4]! =11){asc8(2,72,11);}
    if(mm[5]! =11){asc8(2,88,11);}        //显示"*"
}
void xs_mmszcg()                           //显示"密码设置成功"的子函数
{
    hz16(2,16,3);hz16(2,32,4);
    hz16(2,48,5);hz16(2,64,6);
    hz16(2,80,7);hz16(2,96,8);
}
void xs_qsrmm()                            //显示"请输入密码:"的子函数
{
    hz16(0,0,0);
    hz16(0,16,1);
    hz16(0,32,2);
    hz16(0,48,3);
    hz16(0,64,4);
    asc8(0,80,10);
    if(mm[0]! =11){asc8(2,8,11);}         //当有密码的数字输入时,在液晶屏显示"*"
    if(mm[1]! =11){asc8(2,24,11);}
    if(mm[2]! =11){asc8(2,40,11);}
    if(mm[3]! =11){asc8(2,56,11);}
    if(mm[4]! =11){asc8(2,72,11);}
    if(mm[5]! =11){asc8(2,88,11);}
}
void xs_mmzq()                             //显示"密码输入正确"
{
  hz16(2,32,3);
225行 hz16(2,48,4);
  hz16(2,64,9);
  hz16(2,80,10);
}
void xs_mmcw()                             //显示"密码输入错误"
{
  hz16(2,32,3);
  hz16(2,48,4);
  hz16(2,64,11);
  hz16(2,80,12);
}
void xs_zt()                               //显示在密码输入正确之后的相关状态的子函数
{
```

```
        hz16(0,0,13);           //显示“状”
        hz16(0,16,14);          //显示“态”
        asc8(0,32,10);          //显示“:”
        if(xg = =0)      /* xg = =0 为“修改”键未被按下（详见第 167 行），就显示“无操作” */
        {
            hz16(0,48,15);      //显示“无”
            hz16(0,64,16);      //显示“操”
            hz16(0,80,17);      //显示“作”
        }
        else if(xg = =1)        //否则（如果按下密码修改键，即 xg = =1）就显示“修改密码”
        {
            hz16(0,48,18);      //修
            hz16(0,64,19);      //改
            hz16(0,80,20);      //密
            hz16(0,96,21);      //码
            hz16(2,0,0);        //请
            hz16(2,16,1);       //输
            hz16(2,32,2);       //入
            if(x = =1){hz16(2,48,23);}   /* “x = =1”为修改原始密码时需要首先输入原始密码
的标志（详见第 332 行）。若 x = =1，则在该位置显示“旧” */
            if(x = =2){hz16(2,48,22);}   /* “x = =2”为修改原始密码时输入原始密码正确后请
输入新密码的标志，若 x = =2，则在该位置显示“新” */
            hz16(2,64,3);       //密
            hz16(2,80,4);       //码
            asc8(2,96,10);      //显示“:”
            if(mm[0]! =11){asc8(4,8,11);}      //显示输入密码的第 1 位
            if(mm[1]! =11){asc8(4,24,11);}     //显示输入密码的第 2 位
            if(mm[2]! =11){asc8(4,40,11);}     //显示输入密码的第 3 位
            if(mm[3]! =11){asc8(4,56,11);}     //显示输入密码的第 4 位
            if(mm[4]! =11){asc8(4,72,11);}     //显示输入密码的第 5 位
            if(mm[5]! =11){asc8(4,88,11);}     //显示输入密码的第 6 位
        }
    }
269 行  void work()                 //对按键键值的处理函数
    {
        uchar i;                //定义一个 uchar 型局部变量 i
        if(n = =0)      /* n 为表示执行步骤的标志变量，初值为 0。每个值对应着一个步骤，
n = =0为步骤 0 */
        {
            jzjp();             //调用矩阵键盘扫描函数
            xs_qszmm();         //调用显示“请设置密码:”子函数
276 行      if(qr = =1)         // “qr = =1”为“确认”键被按下的状态标志，详见第 172 行
            {
```

```
             qr=0;   //然后就把标志 qr 清零，以便能检测到再一次按下“确认”键
279 行        n=1;     //是执行步骤 1（在第 283 行）的条件
280 行        v=11;   /*这里的 11 表示没有键按下（也可以用其他的不等于键值的数），这一行的作用是，按“确认”键之前若有其他数字键按下，则这里的键值均变为 11，即为无效*/
           }
          }
   /*第 276～280 行：“确认”键被按下的作用是产生了“n=1;”，这是执行后续其他语句的条件（入口），“qr=0; v=11;”是变量的清零（还原）*/
283 行     if(n==1)                //如果 n==1 则执行{}内语句，实施步骤 1（设置原始密码）
          {                        //n==1 的来源见第 279 行
             jzjp();               //再调用矩阵键盘扫描函数
             xs_qszmm();           //显示“请设置密码”
   /*下面判断是否有数字键被按下（若按下了数字键，abc 的值就会自加，就不会为 0）*/
             if(abc==1&&v!=11){mm[0]=v;v=11;}/*若第 1 次数字键被按下且按键的值不等于 11，则将按键的值赋给 mm[0]，然后再将 11 赋给 v，为检测第 2 次键是否按下做准备*/
             if(abc==2&&v!=11){mm[1]=v;v=11;}  /*若第 2 次数字键被按下且按键的值不等于 11,则将按键的值赋给 mm[1],然后再将 11 赋给 v,下同*/
             if(abc==3&&v!=11){mm[2]=v;v=11;}if(abc==4&&v!=11){mm[3]=v;v=11;}
             if(abc==5&&v!=11){mm[4]=v;v=11;}
             if(abc==6&&v!=11){mm[5]=v;v=11;}  //第 6 次数字键按下（密码输入完毕）
             if(qr==1&&mm[5]!=11)                //“mm[5]!=11”表示已输入了 6 位数字
             {
                 qp_lcd();                                 //清屏
                 for(i=0;i<6;i++){mima[i]=mm[i];}   /*用 for 循环把刚才输入的 6 个数字的值转存在 mima[]这个数组中，作为设置的原始密码。该数组用于在以后验证输入的密码是否正确*/
                 fmq=1;                                    //开蜂鸣器
                 for(i=0;i<250;i++){xs_mmszcg();}   //显示“密码输入正确”，并起一定延时作用*/
                 qp_1cd();                                 //清屏，以显示新内容
                 fmq=0;                                    //关闭蜂鸣器。蜂鸣器鸣响一声表示设置密码成功
                 abc=0;      /*把记录数字键按下次数的值清零，以能再次响应矩阵按键的按下，因为在矩阵键盘扫描函数中当 abc>6 以后就不能响应数字键了*/
                 qr=0;//把“确认”键按下的状态标志清零，以能下一次使用“确认”键标志
302 行           n=2;          //是执行步骤 2（见第 306 行）的条件（之前 n==1）
          mm[0]=mm[1]=mm[2]=mm[3]=mm[4]=mm[5]=11;  /*把输入数字的数组还原为 11，以再一次接收密码（数字键）的输入*/
             }
          }                                //设置原始密码到此结束
306 行     if(n==2)          //如果 n==2 则执行{}内语句，实施步骤 2（这是输入密码要开锁的部分）
          {                  //n==2 的来源见第 302 行
             xs_qsrmm();     //到这里就显示输入密码
             jzjp();         //调用矩阵键盘
             /*这里输入密码的方法和上面的一样*/
```

```
            if(abc = =1&&v! =11){mm[0] =v;v=11;}
            if(abc = =2&&v! =11){mm[1] =v;v=11;}
            if(abc = =3&&v! =11){mm[2] =v;v=11;}
            if(abc = =4&&v! =11){mm[3] =v;v=11;}
            if(abc = =5&&v! =11){mm[4] =v;v=11;}
            if(abc = =6&&v! =11){mm[5] =v;v=11;}
            if(qr = =1&&mm[5]! =11)     //如果按到6个数字之后并且按下“确认”键
            {
                if(mm[0] = =mima[0]&&mm[1] = =mima[1]&&mm[2] = =mima[2]&&mm[3] = =
                mima[3]&&mm[4] = =mima[4]&&mm[5] = =mima[5])  /*这一句是判断输入密
码与保存的原始设置密码是否相吻合，若吻合则执行下面{}内的语句，进行开锁等处理*/

            {
321行           qp_lcd();                              //清屏
                jdq=0;                                 //继电器线圈得电，吸合，模拟开门
                TR1=1;                                 //启动T1计时，为继电器线圈吸合10s开始计
                                                         时
                fmq=1;                                 //蜂鸣器鸣响
                for(i=0;i<50;i++){xs_mmzq();}          //延时并显示“密码正确”
                fmq=0;                                 //关掉蜂鸣器
                for(i=0;i<200;i++){xs_mmzq();}         //延时并显示密码正确
                abc=0;                                 //把记录按下按键次数的变量清零
                mm[0] =mm[1] =mm[2] =mm[3] =mm[4] =mm[5] =11;  /*存储输入密码的数
组清零（即还原到初始状态），以便下一次接收输入的密码*/
                qr=0;                                  //“确认”键按下的标志变量清零
331行           n=3;                                   //为步骤3（见第350行）的状态标志
332行           x=1;qb_lcd();                          //为修改密码时需输入原始密码的状态标志
        }
        else                                           //否则（如果密码输入错误）
        {
            qp_lcd();                                  //清屏
            fmq=1;                                     //蜂鸣器鸣响
            for(i=0;i<83;i++){xs_mmcw();}              //83次调用“密码错误”显示函数做短暂
                                                         延时
            fmq=0;                                     //关掉蜂鸣器
            for(i=0;i<83;i++){xs_mmcw();}
            fmq=1;                                     //蜂鸣器鸣响
            for(i=0;i<83;i++){xs_mmcw();}              //延时鸣响一段时间
            fmq=0;                                     //关掉蜂鸣器。蜂鸣器鸣响两次，提示密码
                                                         错误
            abc=0;                                     //把变量清零
            mm[0] =mm[1] =mm[2] =mm[3] =mm[4] =mm[5] =11;//数组清零
            qr=0;qb_lcd();                             //“确认”键按下的标志清零
        /*若密码与原始密码不符，则第321~332行之间的语句不会被执行，n仍为2，因此程序在下
一次循环中仍进入步骤2，不会进入步骤3。只有输入的密码与原始密码相符、开锁后，才能进入步骤3 */
```

```
            }
        }
    }
350 行  if(n = =3)/ * 实施步骤 3（修改原先设置的密码部分。注：需首先输入原密码，正确后，才能进
行新密码的设置），n = =3 的来源见第 331 行 */
351 行      {
            xs_zt( );           //显示状态
            jzjp( );            //矩阵键盘
            TR0 =1; / * 开启定时器 T0，为无操作持续 1min 就自动返回步骤 2 开始计时 */
            if(xg = =1)         //如果按下“修改”密码键
            {
                TR0 =0;         //在修改密码的状态，不需要定时器进行 1min 倒计时，关闭 T0
                ysgs =0;        //定时器 T0 的计时变量清 0
                if(x = =1)  //以下进入输入原始密码状态
                {
                    jzjp( );
                    if(abc = =1&&v!  =11){mm[0] =v;v =11;}
                    if(abc = =2&&v!  =11){mm[1] =v;v =11;}
                    if(abc = =3&&v!  =11){mm[2] =v;v =11;}
                    if(abc = =4&&v!  =11){mm[3] =v;v =11;}
                    if(abc = =5&&v!  =11){mm[4] =v;v =11;}
                    if(abc = =6&&v!  =11){mm[5] =v;v =11;}
                    if(qr = =1&&mm[5]!  =11)      //如果输入 6 位数字且按下确认键后
                    {
                if(mm[0] = =mima[0]&&mm[1] = =mima[1]&&mm[2] = =mima[2]&&mm[3]
= =mima[3]&&
                mm[4] = =mima[4]&&mm[5] = =mima[5])  //判断输入的原始密码是否正确
372 行          {
                    abc =0;             //记录次数的变量清零
                    mm[0] =mm[1] =mm[2] =mm[3] =mm[4] =mm[5] =11;//数组清零
                    qr =0;              //“确认”键清零
                    v =11;              //把按键的键值还原为 11
                    x =2;               //为“输入新密码的地方”的状态标志
378 行              qp_lcd( );          //清屏
                }
                else  / * 如果在输入原始密码时输入错误，则第 372 ~378 行不会被执行，n 仍为 3，
                        x 仍为 1 */
                {
                    abc =0;
                    mm [0]  =mm [1]  =mm [2]  =mm [3]  =mm [4]  =mm [5]  =11;
                                        //数组清零
                    qr =0;
                    v =11;
                    qp_ lcd ( );        //清屏
```

```
            }
        }
    }

    if(x = =2)                                          //输入要设置的新密码
    {
        jzjp();
        if(abc = =1&&v! =11){mm[0] =v;v =11;}
        if(abc = =2&&v! =11){mm[1] =v;v =11;}
        if(abc = =3&&v! =11){mm[2] =v;v =11;}
        if(abc = =4&&v! =11){mm[3] =v;v =11;}
        if(abc = =5&&v! =11){mm[4] =v;v =11;}
        if(abc = =6&&v! =11){mm[5] =v;v =11;}
        if(qr = =1&&mm[5]! =11)                         //输入6位数字后，设置的新密码生效
        {
            qp_lcd();                                   //清屏
            for(i =0;i <6;i + +){mima[i] =mm[i];}       //把输入的数字转存到mima这个数组中
            fmq =1;                                     //蜂鸣器鸣响（其实密码修改成功）
            for(i =0;i <250;i + +){xs_mmszcg();}        //延时
            fmq =0;                                     //关掉蜂鸣器
            abc =0;                                     //数字键按下的次数清零
            qr =0;                                      //“确认”键清零
            xg =0;                                      //“修改”键清零
            x =0;                                       //输入旧密码和新密码的标志x清零
            n =2;                                       //跳转到输入密码的地方（步骤2）
            mm[0] =mm[1] =mm[2] =mm[3] =mm[4] =mm[5] =11;
            qp_lcd();              }
        }
    }
  }
}
void main()
{
    init();
    while(1)
    {
        work();
    }
}
void time() interrupt 1
{
```

```
        TH0 = (65536 - 45872)/256;          //50ms 产生 1 次中断的初值
        TL0 = (65536 - 45872)%256;
        if(xg = =0){num + +;}               //"修改"键未按下，如果无操作，就开始计时
        if(num = =20)                       //1s
        {
            num =0;
            ysgs + +;                       //1s 加一次
            if(ysgs = =60&&xg = =0)         //加到 60s
            {
                ysgs =0;
                n =2;                       //返回到请输入密码（步骤 2）
                TR0 =0;
                qp_lcd();
            }
        }
    }
    void time1() interrupt 3
    {
        TH1 = (65536 - 45872)/256;          //50ms 产生 1 次中断的初值
        TL1 = (65536 - 45872)%256;
        t + +;
            if(t = =200)                    //10s 时间到（见程序结尾的定时器 T1 中断函数）
            {
                TR1 =0;jdq =1;              //T1 停止，继电器线圈失电，自动关上门
            }
    }
```

【复习训练题】

任务一：自动点焊机控制系统的实现。

自动点焊机控制系统描述及控制要求说明如下。

1. 自动点焊机的人机交互部分

自动点焊机的人机交互部分如图 10-10 所示，该交互界面含有一个液晶显示屏和两个操作按钮。功能说明如下。

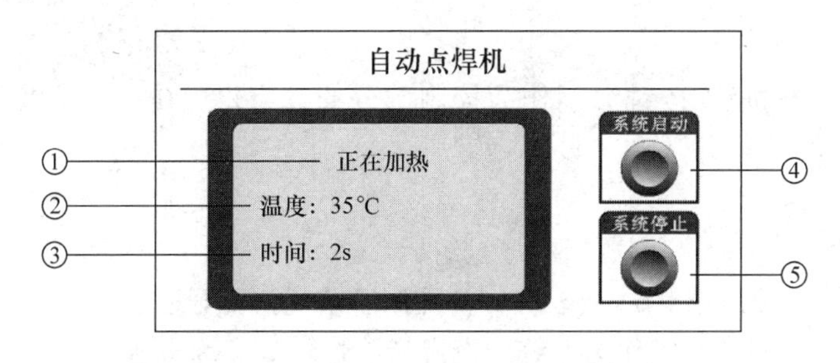

图 10-10　自动点焊机的人机交互部分

① 为状态指示，共有 3 种状态：“正在加热”“正在工作”“等待关机”。开机后，系统立即加热点焊机，等待温度上升到 50℃，这个状态为“正在加热”；当温度达到 50℃后，系统保持温度在（50 ±1)℃范围内，点焊机才能工作，此时状态为“正在工作”。

② 为当前温度，实时显示点焊机的温度。

③ 为点焊时间。当点焊机开始点焊时计时，计到 3s 后结束点焊并归零。计时时间在此显示。

④ 为系统启动按钮。此按钮是一个点动按钮，按下启动按钮后主机模块得电，开始一系列动作。注意：当没有按下此按钮时，电源模块上的 +5V 电源不得引入系统内，主机模块也不能得电。

⑤ 为系统停止按钮。此按钮是一个点动按钮，按下停止按钮后系统停止工作，系统状态变为“等待关机”，并且等待温度下降到 40℃时，系统 +5V 电源失电。

2. 自动点焊机的温度测控部分

温度测控用温度传感器模块中的任一传感器部分模拟。

3. 自动点焊机的焊件处理部分

工位一至工位八处于 1 条直线上，且间距相等。用显示模块中的 LED0 ~ LED7 某个 LED 亮模拟点焊机到达某工位，其中 LED0 对应工位一，LED1 对应工位二，以此类推，LED7 对应工位八。点焊机可在工位一至工位八间正向、反向依次移动，上电时默认点焊机位置在工位一，点焊机在相邻工位间移动花费时间均为 2s，到达新工位后，该工位对应的 LED 亮，原工位对应的 LED 灭。

用钮子开关 SA1 ~ SA8 分别模拟工位一至工位八处的焊件有无，当某钮子开关打到下面时为该工位有焊件；打到上面时为该工位无焊件。不会出现多个工位同时有焊件的情况。

系统启动后，如果检测到焊件位有焊件且温度达到要求时，点焊机移动到该工位，继电器模块中的继电器 K1 吸合，开始点焊并计时，计到 3s 后，继电器 K1 失电，停止焊接。

当某工位焊件处理完毕，在该焊件离开工位（钮子开关打到上面）前，系统不再处理该工位。

任务二：智能通风控制系统的实现。

1. 组成部分

智能通风控制系统是集一氧化碳（CO）浓度检测和温度检测于一体，智能控制风机运转、天窗开闭及联动消防设备的一种节能、高效的控制系统。它很好地解决地下车库智能通风的问题。该系统主要是由控制、显示、检测和执行等部分组成，其结构示意图如图 10-11 所示。

（1）控制部分

使用指令模块中的矩阵按键分别作为控制部分的数字键（0 ~ 9），以及“向上”“向下”“取消”“确认”“电源”和“设置”键。

（2）显示部分

显示部分由液晶显示器和电源指示灯等组成。

1）用显示模块中的 128 ×64 液晶屏作为控制系统的液晶显示器。

2）用显示模块中的 LED1 作为系统的电源指示灯：灯亮为电源接通，灯灭为电源断开；用显示模块中的 LED2 作为系统的报警指示灯：系统正常工作灯灭，报警时该灯以亮 2s、灭

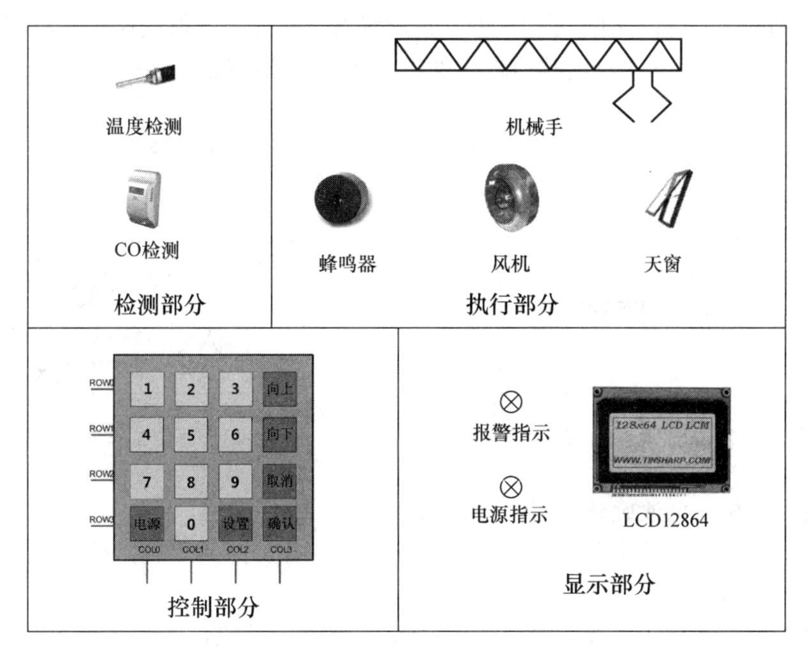

图 10-11　智能通风控制系统组成结构

1s 左右的时间间隔进行闪烁报警。

（3）检测部分

检测部分有 CO 传感器和温度传感器两种。CO 传感器输出的电压使用 ADC/DAC 模块上的电压源的输出电压来模拟（CO 的浓度范围为 $0\sim500\times10^{-6}$对应的输出电压为 0～5V）；温度传感器使用温度传感模块中的模拟量温度采集模块。

（4）执行部分

1）使用主机模块上的蜂鸣器进行报警提示：报警时蜂鸣器以接通 0.5s、断开 0.5s 的时间间隔持续报警。

2）风机使用电动机模块上的直流电动机来模拟：直流电动机有高速和低速两种运行速度。

3）采光天窗的开闭角度由步进电机来模拟：步进电机指针每走 10mm，则开启的角度改变 10°（开启的角度为 0°～90°）。

2. 智能通风控制系统的制作要求

（1）系统上电

系统开机后电源处于断开状态，这时长按“电源”键 3s，则电源接通；当电源接通后，如再次长按“电源”键 3s，则电源断电。在电源断电情况下，液晶屏清屏，电源指示灯熄灭，所有机械动作处于停止状态。

（2）系统初始化

电源上电后系统进入初始化，各部分初始状态要求如下：

1）电源指示灯点亮。

2）液晶显示器显示界面如图 10-12 所示（居中显示“智能通风控制系统”），5s 后进入正常工作显示界面，如图 10-13 所示，其中第二行显示实时时钟（如 12：30：30），第三行显示系统的工作状态（自动时显示 AUTO，自动状态下执行部分根据输入传感器的改变自动工作；手动时显示 MAN，手动时执行部分通过系统设置菜单控制工作），第四行显示检测到的温度和 CO 的浓度。

注意：系统中液晶屏显示的所有汉字使用 16 × 16 宋体，英文字母和数字符号均使用半角字符。

智能通风控制系统

图 10-12　液晶初始化显示界面

智能通风控制系统
12:30:30
工作状态:AUTO
温度:XX 浓度:XX

图 10-13　正常工作显示界面

3）直流电动机先低速旋转一圈，然后高速反转一圈停止。

4）步进电机复位使其指针指示于 0cm 处（系统工作原点为步进指针 0cm 处）。

（3）系统菜单设置

1）主菜单介绍和操作。按下键盘上的“设置”键，系统首先进入显示输入密码界面，提示输入密码，显示界面如图 10-14 所示（系统初始密码为 000000，可以在系统菜单密码设置中修改）。通过键盘上的数字键输入密码后按“确认”键：密码错误，则返回到图 10-13所示的工作显示界面；密码正确，系统进入主菜单设置显示界面，如图 10-15 所示。

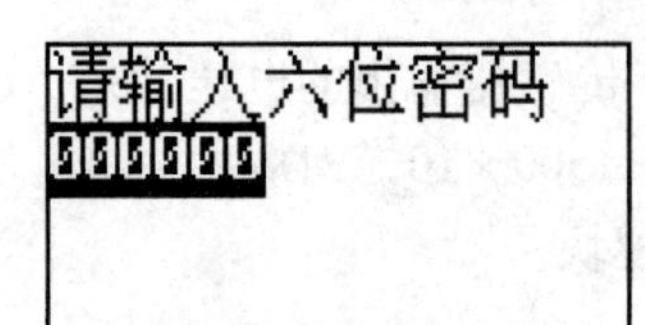

图 10-14　密码输入显示界面

图 10-15　主菜单设置显示界面

系统进入主菜单设置界面后，界面中选中的菜单使用反白显示，用户使用“向上”“向下”键选择不同的条目，选中光标所在行后按“确认”键进入相应的设置或子菜单，按“取消”键返回到上层菜单，在主菜单界面下按“取消”键则返回到工作显示界面。主菜单共有 2 页，当按“向下”键超出第 1 页的范围后，菜单显示第 2 页，第 2 页显示界面如图 10-16 所示。其中，密码设置主要用于设定进入菜单密码，当前时间设置用于设定系统的时间；定时时段用于设定系统工作的时间段；工作状态切换用于切换手动或自动工作状态：在手动状态下可以设定天窗开启的角度，可以手动打开或关闭消防通道。

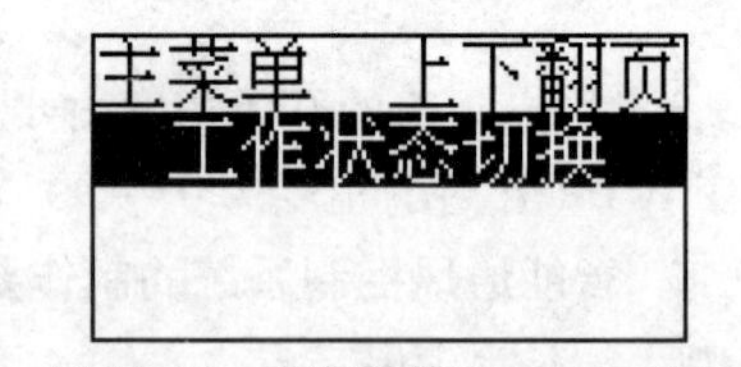

图 10-16　主菜单第 2 页显示界面

2）菜单参数设置操作。菜单的各项具体操作流程及显示界面如下：

① 系统密码设置（见图 10-17）。

② 时间设置（见图 10-18）。

③ 定时时段设置（见图 10-19）。

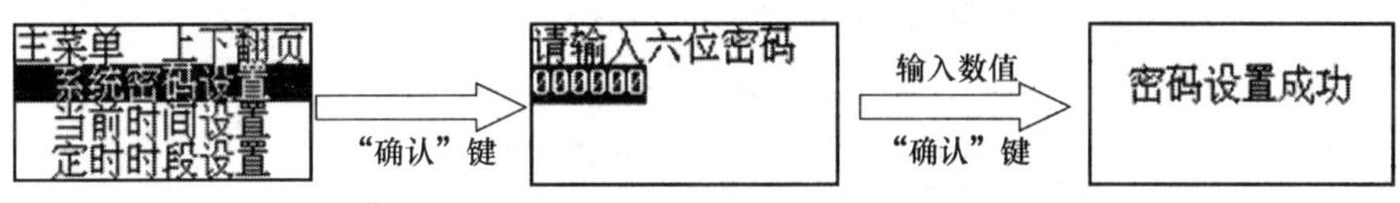

图 10-17　密码设置操作流程及相应显示界面

图 10-18　时间设置操作流程及相应显示界面

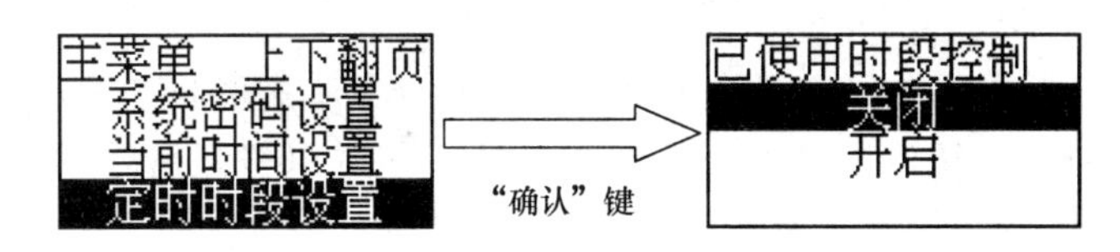

图 10-19　定时时段设置工作界面及操作流程

显示"已关闭时段控制"：初始状态定时时段控制没有启动；显示"已使用时段控制"：定时时段控制已经启动。通过"向上"或"向下"键选择相应的项目进行设置（见图10-20和图 10-21）。

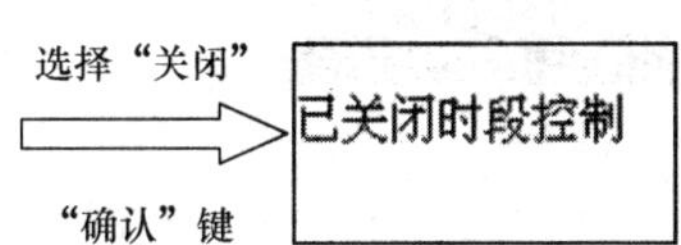

图 10-20　关闭时段控制显示界面

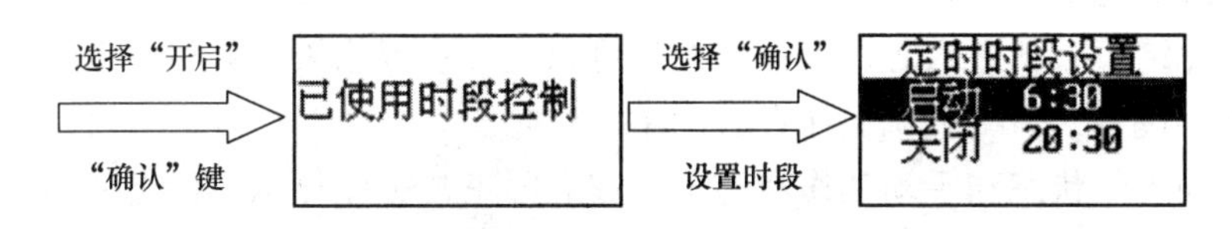

图 10-21　启用定时时段设置显示界面

其中，菜单中的时间通过数字键输入。设置完毕后按"取消"键返回到上一层菜单。

④ 工作状态切换（见图 10-22）。

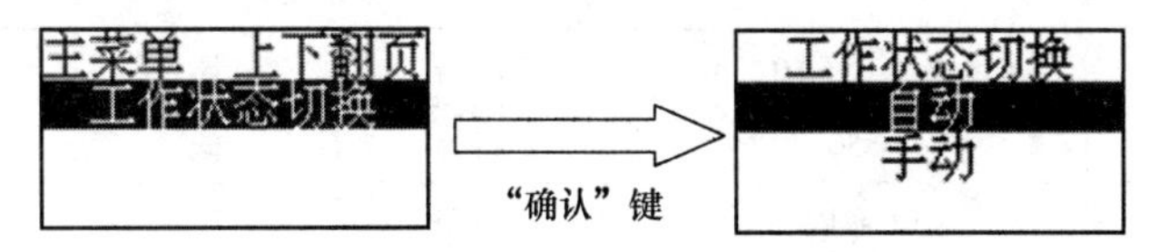

图 10-22　工作状态切换选择界面

"自动"状态：系统自动进行控制风机的运行与天窗的开启和关闭，系统默认为自动状态。"手动"状态：通过菜单进行控制风机的运行与天窗的开启和关闭（见图 10-23 和图

10-24）。

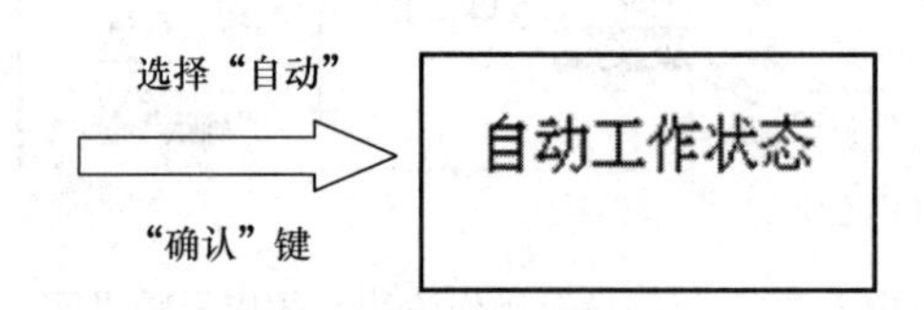

图 10-23 自动工作状态显示界面

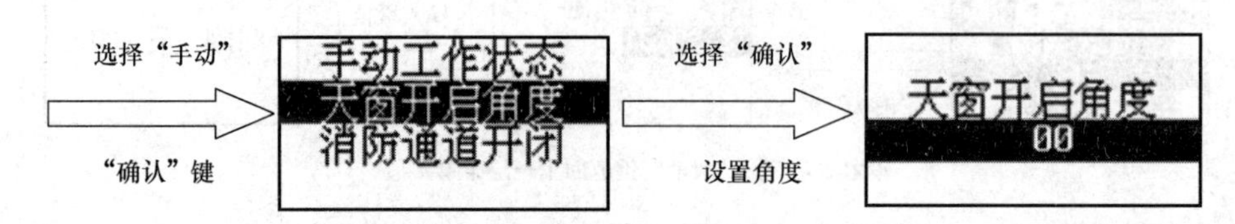

图 10-24 手动开启天窗操作界面

开启角度为输入不同的数字（范围为 00 ~ 90），对应步进电机从 0mm 运转到 9mm，输入完毕按“取消”键，系统返回到上一层菜单，同时步进电机运转带动指针运行到设定的位置后步进电机停止。

选择开启和关闭，可以控制消防通道的开启和关闭，图 10-25 的显示界面中显示实际的状态。输入完毕按“取消”键，系统返回到上一层菜单，同时机械手按设定的动作进行工作。

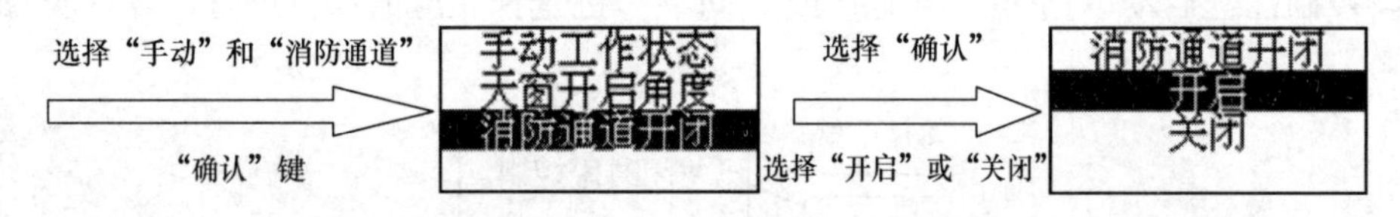

图 10-25 手动开启消防通道显示界面

（4）系统工作过程及要求

系统初始化结束后就进入正常工作，用户可以设置系统相关参数后再返回到正常工作显示界面，如果不设置，系统默认工作在自动工作状态。

系统在自动工作状态和手动工作状态下，液晶屏正常工作显示界面上只有工作状态后面的显示内容不同。在手动工作状态下，执行部分的风机以低速运转，天窗的开闭和消防通道的开闭由菜单中的设置值确定。在自动工作状态下，系统根据检测的温度和 CO 的浓度按表 10-1 所示的要求自动控制执行机构的动作。

表 10-1 自动状态下的工作要求

序号	温度/℃	CO 浓度（$\times 10^{-6}$）	蜂鸣器	风机	天窗
1	<30	<50	不报警	低速	关闭
2	<30	50 ~ 100	不报警	高速	关闭
3	<30	100 ~ 200	报警	高速	开启 45°
4	>30	>200	报警	高速	开启 90°

任务三：多段式定时控制交通灯

1. 工作任务要求

使用 YL－236 型单片机控制实训考核装置制作完成多段式定时控制交通灯（即单个交叉口离线点变周期独立控制）模拟装置，具体工作任务和要求如下：

1）根据多段式定时控制交通灯的相关说明和工作要求，正确选用需要的控制模块和元器件。

2）在图纸上，画出多段式定时控制交通灯模拟装置的模块接线图。

3）根据工作任务及其要求，合理确定各模块的摆放位置，按照相关工艺规范连接多段式定时控制交通灯模拟装置的硬件电路。

4）根据工作任务及其要求，编写多段式定时控制交通灯模拟装置的控制程序。

5）调试你编写的程序，最后将编译通过的程序“烧入”单片机中。

6）进行理论知识答题。

2. “多段式定时控制交通灯”相关说明

（1）多段式定时控制交通灯的组成与功能简述

多段式定时控制交通灯系统由两部分组成：控制部分和显示部分。控制部分由相关控制按键、液晶显示器等部分组成，其主要功能有：设置系统运行参数、运行或复位，显示南北绿灯通行时间与设置的北京时间等信息。显示部分由 LED 显示通行方向、数码显示通行时间、警示时间和禁止时间（即绿灯、黄灯和红灯对应的时间）等部分模拟交通灯，其主要功能是，在控制部分指挥下显示交通灯分时段自动通行状态和紧急情况手动通行状态，且只有南北直行和东西直行两种通行方向。

（2）多段式定时控制交通灯模拟装置的组成模块及相关说明

系统使用 YL－236 型单片机控制实训考核装置来模拟制作，具体要求如下：

1）液晶显示：使用 1602 液晶显示模块，显示控制部分的信息。

2）数字按键：使用指令模块中的 4 ×4 矩阵按键，前 10 个键为数字键，用于输入时间。

3）参数设置按键：指令模块中的 4 ×4 矩阵按键中剩下的后 4 个为功能键，分别确定正常通行模式的南北通行时间（系统设置东西通行时间与南北通行时间相同）和北京时间的时、分、秒时间，分别设置为“南北通行时间”键、“小时”键、“分钟”键、“秒”键，输入参数后，再按下相应的功能键，四个参数输入完成后，立即进入交通灯运行状态。

4）紧急情况键（手动模式）：使用指令模块中的 8 个独立按键之一或 4 ×4 矩阵键之一，当需要南北或东西手动控制通行时，多次按下此键，分别出现相应南北通行、东西通行或熄灭所有指示灯（交警手势指挥交通）时即停止。

5）实时时间检查键：使用指令模块中的 8 个独立按键之一或 4 ×4 矩阵键之一，当按下此键时，在数码管中显示当前北京时间的分和秒。

6）复位键：使用主模块中的复位键，完成系统重启，便于重新输入参数。

7）数码管：使用显示模块中的 4 个数码管分别显示南北（两个数码管）和东西（两个数码管）红灯、绿灯和黄灯的时间，用标签指示相应的南北或东西方向。

8）LED 显示：使用显示模块中的 6 个 LED，分别对应南北和东西的绿、红、黄灯，用标签指示相应的颜色及南北或东西方向。

3. 控制要求

（1）系统初始化

系统上电后进行初始化，各部分初始状态要求如下：

1）6 只交通灯 LED 和数码管各段亮 1 ~2s 后熄灭。此后，液晶屏显示如图 10-26 所示。

2）1 ~2s 后，系统进入开始使用界面，如图 10-27a 所示，系统提示输入交通灯南北绿灯通行时间和北京时间。南北绿灯通行时间不能超过 100s（注意：绿灯时间 + 黄灯时间 = 红灯时间，系统中黄灯时间设置为 3s）。输入南北通行时间（如需设置为 9s，则输入 09；如需设置为 23s，则输入 23）后，按下“南北通行时间”键（注意：输入的南北绿灯通行时间只用于正常通行模式，正常通行模式下，东西通行时间与南北通行时间是一样的），出现界面如图 10-27b 所示提示输入北京时间的格式，从左至右分别是时：分：秒，1 ~2s 后出现图 10-27c 所示提示，请按提示输入时间（先输入“时”时间，按下“小时”键后开始输入“分”时间，按下“分钟”键后开始输入“秒”时间，按下“秒”键则完成时间的设定），结果如图 10-27d 所示，时分秒输入数据不能大于和等于 24 和 60，无效数据不得进入系统，四个参数输入完成后，立即进入交通灯自动运行状态。

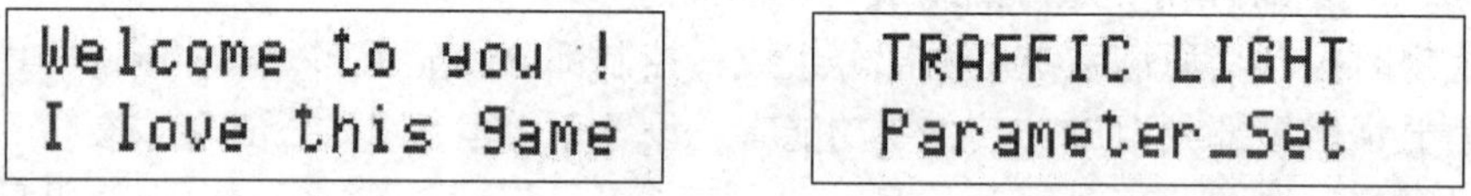

```
Welcome to you !
I love this 9ame
```

a)

```
 TRAFFIC LIGHT
 Parameter_Set
```

b)

图 10-26　初始化显示界面

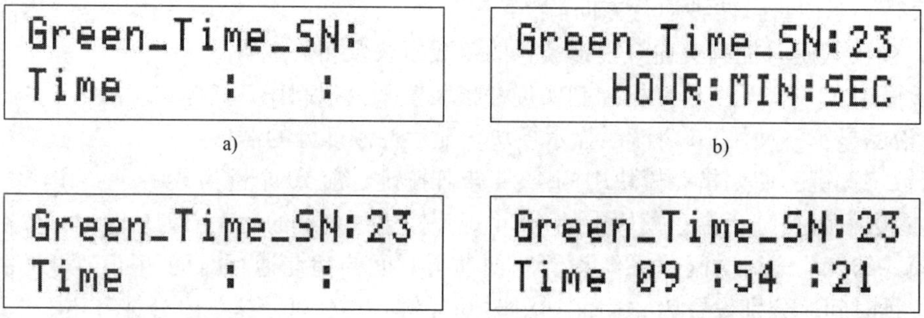

```
Green_Time_SN:
Time    :  :
```

a)

```
Green_Time_SN:23
   HOUR:MIN:SEC
```

b)

```
Green_Time_SN:23
Time    :  :
```

c)

```
Green_Time_SN:23
Time 09 :54 :21
```

d)

图 10-27　开始使用界面

（2）系统运行要求

1）模式选择：在图 10-27 所示界面中，根据时间小时的设定值，总共有 4 种模式可以选择，4 种模式的设置如下：

模式	深夜值守	早高峰	晚高峰	正常通行
北京时间	0 点到 5 点	7 点到 9 点	16 点到 20 点	其他时间
南北通行时间（绿灯）	双向黄灯闪烁	57 秒	20 秒	XX 秒
东西通行时间（绿灯）		20 秒	57 秒	

注：1. “0 点到 5 点”，含 0 点和 5 点，其他相同处理，“其他时间”则不含相应的时间点。

2. “双向黄灯闪烁”指黄灯闪烁的频率为 1s，XX 是输入的南北通行时间，正常通行时东西通行时间由系统设置与南北通行时间相同。

2）自动运行模式：在当前时间设置完成后，自动进入相应运行模式，6 只 LED 分别指示东西方向和南北方向的绿、黄、红三种指示灯，两只数码管显示东西方向的绿灯、黄灯或红灯时间，另外两只数码管显示南北方向的绿灯、黄灯或红灯时间，采用倒计时，系统运行指示如图 10-28 所示（注意：绿灯时间 + 黄灯时间 = 红灯时间，系统中黄灯时间设置为 3s）。

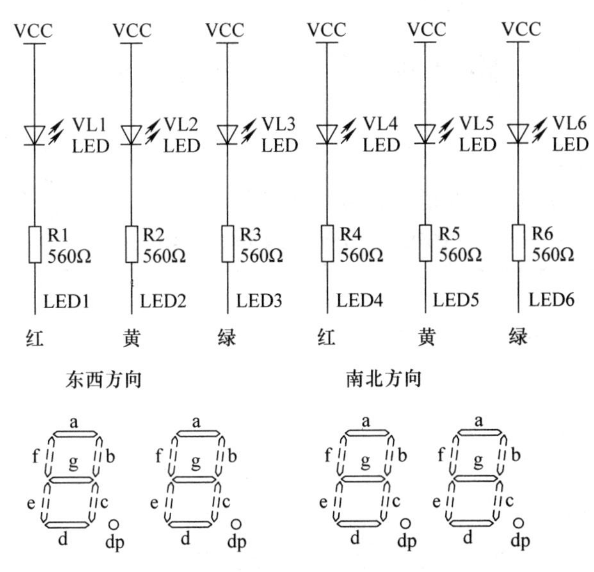

图 10-28　运行方向和时间指示

3）实时时间检查：在图 10-28 运行模式中，按下“时间检查”键，在数码管中显示当前北京时间的分和秒；释放键后，交通灯系统继续运行，在数码管中显示相应绿灯、黄灯或红灯时间，不会影响系统正常运行。注意，此时北京时间继续运行，不能停止。无论按下“时间检查”键的时间有多长，退出实时时间检查时，交通灯指示能自动进入正常运行。

4）复位：系统处于任意运行模式时，按下“复位”键，则放弃所有任务，进行系统初始化（参阅“系统初始化”）。

5）紧急情况（手动模式）：在运行模式下，当出现紧急情况时，多次按下“紧急情况”键，分别出现南北通行（南北绿灯亮和东西红灯亮）、东西通行（东西绿灯亮和南北红灯亮）和熄灭所有指示灯（交警手势指挥交通）三种情况，以应对相应紧急情况，此时数码管熄灭。注意，此时北京时间继续运行，不能停止。无论按下“紧急情况”键的时间有多长，退出紧急情况时，交通灯指示能自动进入正常运行。

理论题：

1）当时间设定为 09：37：59 时，此时系统工作在什么模式？

2）当系统工作在晚高峰时，东西禁止红灯时间与南北通行绿灯时间分别为多少？

附　录

附录 A　C 语言的关键字

1. ANSI C 标准关键字

ANSI C 标准共规定了 32 个关键字，详见表 A-1。

表 A-1　ANSI C 标准关键字

关 键 字	用　途	说　明
auto	存储种类说明	用以说明局部变量
break	程序语句	退出最内层循环
case	程序语句	switch 语句中的选择项
char	数据类型说明	单字节整型数或字符型数据
const	存储类型说明	在程序执行过程中不可更改的常量值
continue	程序语句	转向下一次循环
default	程序语句	switch 语句中的失败选择项
do	程序语句	构成 do...while 循环结构
double	数据类型说明	双精度浮点数
else	程序语句	构成 if...else 选择结构
enum	数据类型说明	枚举
extern	存储种类说明	在其他程序模块中说明了的全局变量
float	数据类型说明	单精度浮点数
for	程序语句	构成 for 循环结构
goto	程序语句	构成 goto 转移结构
if	程序语句	构成 if...else 选择结构
int	数据类型说明	基本整型数
long	数据类型说明	长整型数
register	存储种类说明	使用 CPU 内部寄存的变量
return	程序语句	函数返回
short	数据类型说明	短整型数
signed	数据类型说明	有符号数，二进制数据的最高位为符号位
sizeof	运算符	计算表达式或数据类型的字节数
static	存储种类说明	静态变量
struct	数据类型说明	结构类型数据
switch	程序语句	构成 switch 选择结构

（续）

关键字	用途	说明
typedef	数据类型说明	重新进行数据类型定义
union	数据类型说明	联合类型数据
unsigned	数据类型说明	无符号数据
void	数据类型说明	无类型数据
volatile	数据类型说明	该变量在程序执行中可被隐含地改变
while	程序语句	构成 while 和 do... while 循环结构

2. C51 编译器中的扩展关键字

Keil C51 编译器除了支持 ANSI C 标准关键字外，还根据 51 单片机的特点扩展了一些关键字，详见表 A-2。

表 A-2　C51 编译器的扩展关键字

关键字	用途	说明
bit	位标量声明	声明一个位标量或位类型的函数
sbit	位标量声明	声明一个可位寻址变量
sfr	特殊功能寄存器声明	声明一个特殊功能寄存器
sfr16	特殊功能寄存器声明	声明一个 16 位的特殊功能寄存器
data	存储器类型说明	直接寻址的内部数据存储器
bdata	存储器类型说明	可位寻址的内部数据存储器
idata	存储器类型说明	间接寻址的内部数据存储器
pdata	存储器类型说明	分页寻址的外部数据存储器
xdata	存储器类型说明	外部数据存储器
code	存储器类型说明	指定存储于程序存储器中的数据
interrupt	中断函数说明	定义一个中断函数
reentrant	再入函数说明	定义一个再入函数
using	寄存器组定义	定义芯片的工作寄存器

附录 B　ASCII 码表

ASCII 是基于拉丁字母的一套计算机编码系统，它是现今最通用的单字节编码系统。各字符对应的编码详见表 B-1。

表 B-1　ASCII 码（各字符对应的编码表）

八进制	十六进制	十进制	字符	八进制	十六进制	十进制	字符
00	00	0	nul	04	04	4	eot
01	01	1	soh	05	05	5	enq
02	02	2	stx	06	06	6	ack
03	03	3	etx	07	07	7	bel

（续）

八进制	十六进制	十进制	字符	八进制	十六进制	十进制	字符
10	08	8	bs	54	2c	44	,
11	09	9	ht	55	2d	45	-
12	0a	10	nl	56	2e	46	.
13	0b	11	vt	57	2f	47	/
14	0c	12	ff	60	30	48	0
15	0d	13	cr	61	31	49	1
16	0e	14	so	62	32	50	2
17	0f	15	si	63	33	51	3
20	10	16	dle	64	34	52	4
21	11	17	dc1	65	35	53	5
22	12	18	dc2	66	36	54	6
23	13	19	dc3	67	37	55	7
24	14	20	dc4	70	38	56	8
25	15	21	nak	71	39	57	9
26	16	22	syn	72	3a	58	:
27	17	23	etb	73	3b	59	;
30	18	24	can	74	3c	60	<
31	19	25	em	75	3d	61	=
32	1a	26	sub	76	3e	62	>
33	1b	27	esc	77	3f	63	?
34	1c	28	fs	100	40	64	@
35	1d	29	gs	101	41	65	A
36	1e	30	re	102	42	66	B
37	1f	31	us	103	43	67	C
40	20	32	sp	104	44	68	D
41	21	33	!	105	45	69	E
42	22	34	"	106	46	70	F
43	23	35	#	107	47	71	G
44	24	36	$	110	48	72	H
45	25	37	%	111	49	73	I
46	26	38	&	112	4a	74	J
47	27	39	`	113	4b	75	K
50	28	40	(	114	4c	76	L
51	29	41	)	115	4d	77	M
52	2a	42	*	116	4e	78	N
53	2b	43	+	117	4f	79	O

（续）

八进制	十六进制	十进制	字符	八进制	十六进制	十进制	字符
120	50	80	P	150	68	104	h
121	51	81	Q	151	69	105	i
122	52	82	R	152	6a	106	j
123	53	83	S	153	6b	107	k
124	54	84	T	154	6c	108	l
125	55	85	U	155	6d	109	m
126	56	86	V	156	6e	110	n
127	57	87	W	157	6f	111	o
130	58	88	X	160	70	112	p
131	59	89	Y	161	71	113	q
132	5a	90	Z	162	72	114	r
133	5b	91	[	163	73	115	s
134	5c	92	\	164	74	116	t
135	5d	93	]	165	75	117	u
136	5e	94	^	166	76	118	v
137	5f	95	_	167	77	119	w
140	60	96	'	170	78	120	x
141	61	97	a	171	79	121	y
142	62	98	b	172	7a	122	z
143	63	99	c	173	7b	123	{
144	64	100	d	174	7c	124	|
145	65	101	e	175	7d	125	}
146	66	102	f	176	7e	126	~
147	67	103	g	177	7f	127	del

附录 C　C 语言知识补充

一、C51 的预处理

C51 的预处理指令较多。下面着重介绍较为常用的几种。

1. #define

（1）#define 的使用格式

#define 的使用格式为

```
#define 标识符 替换对象
```

其中，#define 是宏定义指令，标识符是用户自定义的一个名称（称为宏名），替换对象是字符串、常量或表达式。在编译时，如果源程序中出现该标识符，均以定义的替换对象来代替该宏名。为了便于识别，宏名一般用大写。

典型宏定义指令示例及解释如下：

```
#define  PI  3.14                    //编译时若遇到 PI，则用 3.14 代替
#define  str  welcome!               //编译时若遇到 str，则用 welcome! 代替
#define DJZZ {c1 =1;c2 =0;}          //编译时若遇到 DJZZ，则用语句{c1 =1; c2 =0;}代替。{}可省略
```

在程序中使用宏定义的好处是

1）可用较短的易识别的标识符（宏名）代替较长的字符串，特别是较长的字符串在程序中多次出现的情况，用宏名来代替，可减少输入的工作量。

2）便于整体修改一个程序中经常使用的常量或字符串，方便程序的调试。

3）可以提高程序的可移植性。

（2）使用宏定义指令的注意事项

1）宏定义语句应放在程序文件的开始处。

2）后面不加分号。若加了分号，则程序在被编译时，分号会被当作字符串中的一个字符来使用。

3）若程序中的宏定义指令较多，则可以将宏定义指令及其他一些声明放在一个独立的文件中（保存为 .h 文件），在 .c 文件中编程需要使用 .h 文件时，可用#include 指令来包含，这样容易实现模块化编程。

4）如果被替换的字符串较长，为了利于阅读，可以写成多行。这时需要在一行的末尾使用一个“\”来续行。示例如下：

```
#define DISPLAY  "hubeisheng changyangxian \
zhiyiejiaoyizhongxing"
```

（3）带参数的#define 指令

带参数的#define 指令类似一个函数。其一般格式为

```
#define  ADD(X,Y)  X + Y;  //ADD 为宏名,X、Y 为形参(形式参数)
```

在程序中若遇到宏名 ADD，则其形参均由程序中的实参（实际参数）来代替。如：

```
z = ADD(2,8);
```

其结果是 z = 10。

2. #undef 指令

#undef 指令用于取消前面定义过的宏名。其一般格式如下：

```
#undef 宏名
```

宏名是前面定义过的标识符。这样，前面用 C 语言定义过的宏名就只能在#define 指令和#undef 指令之间有效。

3. 条件编译指令

（1）#ifdef 指令

#ifdef 指令的应用格式如下：

```
#ifdef  宏名
    语句段;
#endif
```

解释：#ifdef 指令的作用是判断宏名是否被定义。如果已被定义，则编译后面的语句段，否则语句段不被编译。#endif 表示条件编译的结束。

（2）#ifndef 指令

#ifndef 指令的应用格式如下：

```
#ifndef  宏名
    语句段;
#endif              //结束
```

解释：#ifndef 指令的作用是判断宏名是否被定义。如果没有被定义，则编译后面的语句段，否则语句段不被编译。#endif 为条件编译的结束。

二、补充介绍几个语句

1. do while 循环语句

do while 语句和 while 语句有区别。其一般格式如下：

```
do
{
    语句段;
}while(表达式);
```

在执行时，首先执行 {} 内的语句段，然后判断表达式是否成立，若成立（值为真），则再次执行 {} 的语句段，否则（值为假），跳出循环而执行后续程序。do while 语句的流程图如图 C-1 所示。

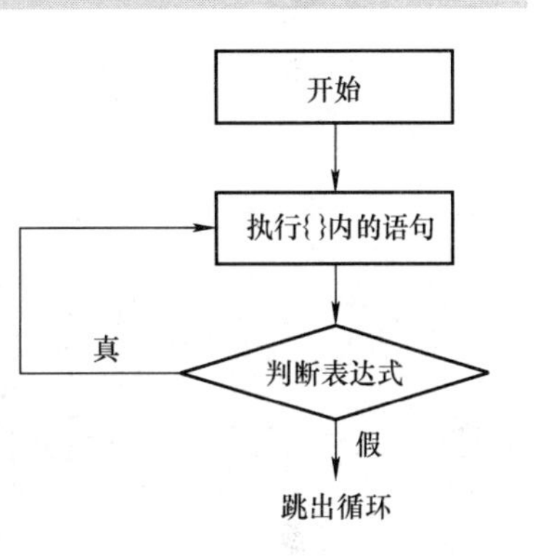

图 C-1 do while 语句的流程图

2. break 语句

break 语句常用于 switch…case 语句中。放在 case 语句后面，执行到 break 语句时，便可跳出 switch 语句；放在 do while、for、while 语句中，break 语句可使程序强制跳出循环。它常与 if 语句配合使用。注意，如果遇到多层循环，break 只能向外跳出一层循环。

3. continue 语句

continue 语句用于强制结束当前循环体内部的后续语句（即 continue 语句不被执行），转而执行下一次循环。它常用于 do while、for、while 等语句中。

4. goto 语句

goto 语句是一种无条件跳转语句，其一般格式如下：

goto 语句标号;

其中，语句标号为要跳转到的语句行的标识符。语句标号由用户自己定义，只需符合 C51 标识符的命名规则就可以了。

goto 语句的用法示例如下：

```
语句段 1;
tt:         //tt 为语句标号。注意后面为冒号而不是分号
语句段 2
goto tt;    //无条件跳转到语句 tt 所在的那一行，再顺序执行。实际上语句段 3 不会被执行
语句段 3;
```

C 语言不限制程序中使用标号的次数，但各标号不得重名。goto 语句的语义是改变程序

流向，转去执行语句标号所标识的语句。

goto 语句通常与条件语句配合使用，可用来实现条件转移，构成循环，跳出单重循环和多重循环等。当用于跳出多重循环时，只能从内层循环跳到外层循环，而不能从外层循环跳到内层循环中。

但是，在结构化程序设计中一般不主张使用 goto 语句，以免造成程序流程的混乱，使理解和调试程序都产生困难。